国防科技图书出版基金

U0413896

# 基于机器学习理论的通信辐射源个体识别

Specific Emitter Identification for Communication Based on Machine Learning Theory

雷迎科　刘　辉　著

国防工业出版社
·北京·

**图书在版编目(CIP)数据**

基于机器学习理论的通信辐射源个体识别/雷迎科,刘辉著. —北京:国防工业出版社,2024. 1
ISBN 978-7-118-13118-5

Ⅰ. ①基… Ⅱ. ①雷…②刘… Ⅲ. ①机器学习—应用—通信系统—辐射源—识别 Ⅳ. ①TP181②TN911. 72

中国国家版本馆 CIP 数据核字(2024)第 018745 号

※

国防工业出版社出版发行
(北京市海淀区紫竹院南路 23 号 邮政编码 100048)
雅迪云印(天津)科技有限公司印刷
新华书店经售

*

**开本** 710×1000 1/16 **印张** 14½ **字数** 250 千字
2024 年 1 月第 1 版第 1 次印刷 **印数** 1—1300 册 **定价** 78. 00 元

---



国防书店:(010)88540777 书店传真:(010)88540776
发行业务:(010)88540717 发行传真:(010)88540762

# 致　读　者

本书由中央军委装备发展部**国防科技图书出版基金**资助出版。

为了促进国防科技和武器装备发展，加强社会主义物质文明和精神文明建设，培养优秀科技人才，确保国防科技优秀图书的出版，原国防科工委于 1988 年初决定每年拨出专款，设立国防科技图书出版基金，成立评审委员会，扶持、审定出版国防科技优秀图书。这是一项具有深远意义的创举。

**国防科技图书出版基金**资助的对象是：

1. 在国防科学技术领域中，学术水平高，内容有创见，在学科上居领先地位的基础科学理论图书；在工程技术理论方面有突破的应用科学专著。

2. 学术思想新颖，内容具体、实用，对国防科技和武器装备发展具有较大推动作用的专著；密切结合国防现代化和武器装备现代化需要的高新技术内容的专著。

3. 有重要发展前景和有重大开拓使用价值，密切结合国防现代化和武器装备现代化需要的新工艺、新材料内容的专著。

4. 填补目前我国科技领域空白并具有军事应用前景的薄弱学科和边缘学科的科技图书。

国防科技图书出版基金评审委员会在中央军委装备发展部的领导下开展工作，负责掌握出版基金的使用方向，评审受理的图书选题，决定资助的图书选题和资助金额，以及决定中断或取消资助等。经评审给予资助的图书，由国防工业出版社出版发行。

国防科技和武器装备发展已经取得了举世瞩目的成就，国防科技图书承担着记载和弘扬这些成就，积累和传播科技知识的使命。开展好评审工作，使有限的基金发挥出巨大的效能，需要不断摸索、认真总结和及时改进，更需要国防科技和武器装备建设战线广大科技工作者、专家、教授，以及社会各界朋友的热情支持。

让我们携起手来，为祖国昌盛、科技腾飞、出版繁荣而共同奋斗！

**国防科技图书出版基金**
评审委员会

# 国防科技图书出版基金
# 2020 年度评审委员会组成人员


**主 任 委 员** 吴有生

**副主任委员** 郝 刚

**秘 书 长** 郝 刚

**副 秘 书 长** 刘 华

**委 员**
（按姓氏笔画排序）

于登云 王清贤 甘晓华 邢海鹰 巩水利
刘 宏 孙秀冬 芮筱亭 杨 伟 杨德森
吴宏鑫 肖志力 初军田 张良培 陆 军
陈小前 赵万生 赵凤起 郭志强 唐志共
康 锐 韩祖南 魏炳波

# 前　言

通信辐射源个体识别技术是通过提取通信信号中的个体细微特征进行分类识别的技术手段。这种识别技术在军用领域，一旦实现对辐射源个体身份属性的判别，就能够识别敌方重要电子装备及其载体（如指挥所、航空母舰等），判断其威胁等级，并有针对性地进行监视跟踪和实施有效对抗措施，也能够为敌方通信网络组成判定、敌方动向预测、战场态势分析等提供情报支持。而且在民用方面，可对各种通过伪装或克隆的方式接入网络进行虚假信息传播、信息窃取、恶意攻击的非法辐射源（如非法伪基站等）进行定位识别，对保障有序、安全的频谱环境有着重要的意义。

当前，通信辐射源个体识别技术研究主要针对大量有标签通信辐射源信号样本，利用监督学习方法实现对多个同型号通信辐射源个体识别。但是在实际环境下，“小样本”“细微特征提取”等问题，严重制约了通信辐射源个体识别技术的应用与发展。本书将机器学习方法引入通信辐射源个体识别中，在介绍机器学习和通信辐射源个体识别的基本概念与研究现状的基础上，用机器学习领域最新的理论成果去解决通信辐射源个体识别存在的具体问题。

本书共8章。第1章为绪论，该章全面而系统地叙述了通信辐射源个体识别研究背景、研究现状、存在的问题及机器学习在通信辐射源个体识别中的应用前景。第2章为通信辐射源个体识别基础，该章主要在对通信辐射源个体识别指纹特征产生机理分析的基础上，对通信辐射源信号截获与参数测量、信号分选、个体指纹特征提取、个体分类识别等识别过程进行了介绍，最后重点分析了通信辐射源个体识别分类的方法和现状。第3章为机器学习理论基础，对机器学习的定义和主要理论进行了介绍，阐述了机器学习的方法、应用以及发展现状和趋势。第4章为基于流形学习的通信辐射源个体识别，以流形学习理论为基础，展开对通信辐射源个体识别细微特征提取的研究，分析了流形学习应用于通信辐射源个体细微特征提取的可行性，针对目前流形学习算法应用于辐射源个体识别存在的主要问题，提出了两种改进算法并进行了实验验证。第5章为基于稀疏表示的通信辐射源个体识别，在介绍稀疏表示的基本理论和方法的基础上，针对通信辐射源个体识别面临的“小样本”和噪声干扰问题，分别提出了基于潜在低秩表示的通信辐射源细微特征提取，以及基于协作表示与基于相关熵协作表示的通信辐射源个体识别方法并进行了实验验证。第6章为基于浅层学习的通信辐射源个体识别，首先介绍浅层学习的代表——径向基函数神经网络的基本理论和方法，其次重点阐述了径向基函数神经网络用于通信辐射源个体识别总体方案、所需解决的具体问题和实验验证。第7章为基于深度学习的通信辐射源个体识别，该章在介绍深度学习的基本概念和主要算法的基础上，对基于深度学习的通信辐射源个体识别可行性进行了分析，重点针对通信辐射源个体识别存在的“小样本”问题，研究了基于堆栈自编码网络、降噪深度学习机、图嵌入堆栈自编码网络和降噪矩形网络的通信辐射源个体识别方法，并进行了实验验证。第8章为基于聚类的通信辐射源个体识别，对基于聚类的通信辐射源个体识别方法进行了探索，以克服战场通信辐射源个体识别样本不足的问题，重点研究了仿射传播聚类和双层数据流聚类的通信辐射源个体识别技术，并在实际数据集上进行了实验验证。

本书理论体系完整，是作者近年来在机器学习和通信辐射源个体识别领域的最新研究成果。注重基础，面向应用，书中包含大量的实例，便于自学和应用。通过本书的学习，读者可以对通信辐射源个体识别以及流形学习、稀疏表示、深度学习、浅层学习等机器学习理论的基本概念和大量算法有深入的认识与掌握，很容易进行仿真实验，并且可以应用这些算法解决一些实际问题。

感谢国家自然科学基金(62071479)和国防科技图书出版基金的资助，正是它们的资助才使得我们努力钻研，深入探索，在基于机器学习的通信辐射源个体识别方面取得了一定的进展，先后在重要的期刊和会议上发表 SCI/EI 学术论文 20 余篇。本书充分吸收了这些论文的精华，并在此基础上进行了增删和补改。

本书可作为高等院校通信、信息、计算机、自动化、控制与系统工程等专业本科生或研究生的教材或教学参考书，也可供其他专业的师生以及科研和工程技术人员自学或参考。由于作者水平所限，缺点和不足在所难免，敬请专家、学者和读者批评指正。

作 者

2023 年 1 月

# 目　　录

# Contents

# 第1章 绪论

## 1.1 引言

特定通信辐射源个体识别(Specific Emitter Identification for Communication, SEIC)是现代信息化战场上必不可少的一环,它是指对接收的通信电磁信号进行特征测量,根据已有的先验信息确定产生信号的辐射源个体,并可以根据已有的先验信息确定产生信号的辐射源个体,进而将其与辐射源个体及所属平台和武器系统关联起来,以探知敌方的作战指挥信息,为各种战术行动提供电子干扰或军事打击等技术支援[1-2],有着非常重要的战略和战术意义。

美国国防高级研究计划局(Defense Advanced Research Projects Agency, DARPA)曾正式对外发布了基于行为学习的自适应电子战的军事需求,即人们熟知的第79号公告(Broad Agency Announcement,BAA):*Behavioral Learning for Adaptive Electronic Warfare*[3],公告内实现的功能模块如图1-1所示。

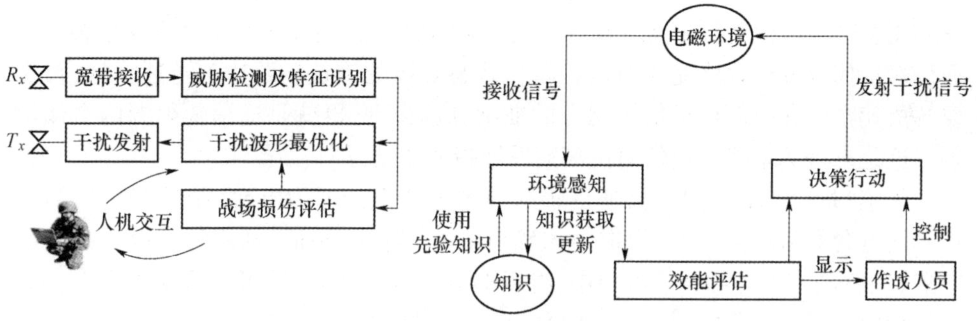


图1-1 基于行为学习的自适应电子战系统构成

自适应电子战系统主要功能分为4块,分别是威胁检测与特征识别模块、干扰波形最优化模块、战场损伤评估模块及电子战军官(Electronic Warfare Officer, EWO)交互模块。在发布的威胁检测与特征识别模块需求中专门提及到了辐射源个体识别技术。随着电子元器件的快速发展以及各种新型信号处理技术的出现,现代电磁环境中的各种新型和复杂的辐射源信号正在日益增多。较宽的频率使用范围、多样化的调制类型方式、灵活多变的信号处理能力,以及逐渐密集的辐射源信号流使得当前电磁环境变得日益复杂,也给通信辐射个体识别带来了很多挑战。

辐射源个体识别在民用领域同样展现出了较大的应用价值。在无线网络安全方面,针对无线通信信号,可以利用信号处理技术对其进行辨识并提取细微特征,然后与密钥系统配合使用,建立基于软硬件的双重识别体制,使得无线局域网(Wireless Local Area Network,WLAN)系统的信息安全得到提高,展现出了极为诱人的前景。辐射源个体识别技术在无线电监测设备中也得到了广泛应用,使用该技术分析无线通信信号辐射源的工作参数并提取设备硬件特征,识别并控制用户频谱资源,都大大地方便了无线电管理部门。同时,还能够定点区分出不同种类的用户,分离割断出未知干扰信号的特征,从而提升设备的智能化和性能。

辐射源个体识别技术不但具有理论价值,同时也具有工程实用价值,是现代通信信号处理和通信对抗领域的重要内容,越来越受到国内外多家科研院所、学术团体等诸多单位的重视。

## 1.2 通信辐射源个体识别概述

### 1.2.1 通信辐射源"指纹"

近年来,我军通信对抗技术已经取得了长足发展,通信对抗装备已经完成了从单机对抗到系统对抗的过渡,正在进入区域综合电子对抗的发展阶段。但无论是在部队训练演习还是现代战争情况下,电子信号环境都是非常密集复杂的,为了合理利用有限的通信对抗干扰资源,并提供有价值的电子情报,其前提条件是必须在通信对抗侦察分析阶段完成对网台目标威胁等级的确认。要达到上述目标,首先要解决侦察引导中对目标信号网台的准确分选识别,也就是通信辐射源的个体识别。这是未来信息战为通信对抗侦察发展指明的新方向、新需求。

借鉴"指纹"的基本思想,通信辐射源的个体识别即为电台"指纹"特征识别。从不同电台发射的信号中,提取出该辐射源的"指纹"特征,利用每部电台独有的"指纹"特征,在众多的通信电台中,将每部电台区分开来,即可实现对电台个体的分析识别。但是截获的通信信号中是否包含反映电台个体特点的"指纹"特征呢?不论从理论上还是从实践上看,回答都是肯定的。

军用无线电通信体制主要有卫星通信、对流层散射通信、微波和超短波接力通信、短波单边带通信、跳频通信、直扩通信、跳/扩结合的通信、长波通信、超长波通信以及超短波战术通信等。由于不同体制的通信信号的特征差异较大,比较容易根据工作频段、信号带宽、来波方向等加以区别。同一通信体制的不同通信电台技术性能的差异有些会反映在信号的一般技术特征上,如信号频率覆盖范围不同、信号调制样式不同、发射功率不同(需要根据测向定位估算)、数字信号码元速率的不同都可以作为进一步区分电台的依据。对于发射相同信号的电台而言,由于每部电台元器件性能、生产工艺、安装调试以及工作流程等方面的随机离散性,必然使该电台的发射信号带有区别其他电台的个体属性特点。“指纹”特征理论上是存在的,但是必须考虑到,通信信号在传播过程中,会受到发射机、传输信道以及接收机的影响。因此,有效的“指纹”特征提取技术、模式识别理论,以及传播过程的影响评估与消除通信辐射源个体识别的重点研究内容。

指纹是个体人识别的一种细微特征,而电台的个体识别,主要是依据从信号中提取个体电台的细微“指纹”技术特征。所以,通信电台“指纹”特征应具备以下特点:

(1) 电台“指纹”特征的普遍存在性和个体唯一性。

从理论上来讲,不同的电台,其电台型号、配置单位、工作环境、工作历程等都是不尽相同的。可以说,世界上不存在两个完全相同的电台。

(2) 电台“指纹”特征的可得性。

对通信侦察方来说,电台“指纹”特征的唯一来源是截获的通信信号。所以必须保证通信信号中携带有相应发射电台的指纹特征,而且该指纹特征可以通过目前的信号处理技术和现有设备进行提取。

(3) 电台“指纹”特征的高稳定性。

电台“指纹”特征只有被检测出来,并具有较高的可信度才具有实际意义。高稳定性是指电台“指纹”特征不因时间推移或环境条件变化而发生显著的变化,否则检测到的特征就失去了可信度。

(4) 电台“指纹”特征的复合性与多样性。

电台“指纹”特征能反映某个体电台所特有的技术特征,某个体电台的“指纹”特征应该有多个,也就是说,电台的个体属性应当由多个“指纹”特征的集合进行描述。但是对于不同的电台,“指纹”不尽相同。尤其是对于不同工作模式的电台来说,这一特点体现得尤为明显。

### 1.2.2 通信辐射源个体识别及其地位

通信辐射源个体识别是建立在通信辐射源“指纹”的基础上,先对接收的通信辐射源电磁信号进行特征测量,提取通信辐射源细微“指纹”特征,并根据已有的先验信息,确定产生信号的通信辐射源个体的过程。

通信辐射源个体识别主要依据各通信辐射源硬件设备在发射信号上所表现出来的细微差异进行分类,因此,通信辐射源个体识别问题本质上是基于通信辐射源发射信号的模式识别问题,其基本的识别流程主要包含侦察截获、特征生成、特征提取以及分类决策 4 部分,主要处理流程如图 1-2 所示。

侦察截获是接收待处理的通信辐射源发射信号,分析信号的时频参数、频域参数和调制域参数等先验信息;特征生成是指根据输入的侦察信号计算特征量(各种时域、频域、时频域特征等)的过程,一般是通过某种数学变换(如傅里叶变换、高阶谱分析,时频分析等)将输入的侦察信号投影到某一变换域,以便能更好地反映

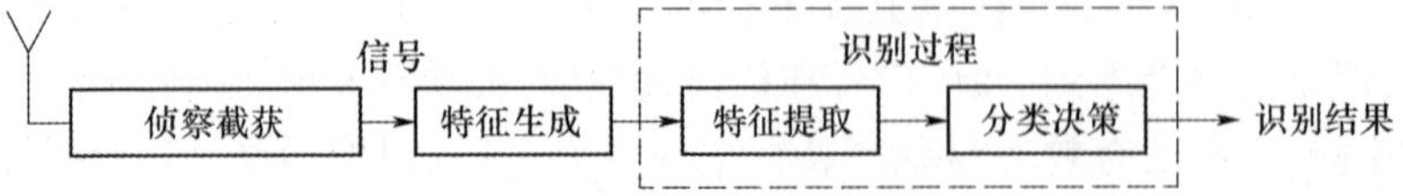


图 1-2　辐射源个体识别示意图

信号的非线性特性;特征提取是则结合侦察截获部分获取的通信辐射源发射信号的先验信息,利用信号处理、机器学习以及维数约简等技术提取能够反映通信辐射源硬件的细微特征;分类决策的目的是确定分类原则,构造分类器模型,实现对目标辐射源的识别。

从通信辐射源个体识别流程中可以发现,特征提取和分类决策在很大程度上决定了识别过程的复杂度和识别结果的优劣,涉及信号处理的多种理论和方法。其中,信号特征提取是针对通信信号个体细微特征的提取。通过分析侦测到的通信信号,从中提取细微且稳健的特征信息(即通信信号"指纹"),这些特征信息仅仅由特定通信辐射源个体唯一决定。分类决策是根据"指纹"特征,通过一定的分类原则,完成通信辐射源个体的"判别"。本书重点研究通信辐射源细微特征提取与分类器设计方法。

辐射源识别是现代数字化、信息化战场上必不可少的一环,通过辐射源识别能够及时准确地获取敌方通信设备的电子情报,甚至可以通过辐射源的特征获取敌方武器设备的相关信息,以探知敌方的作战指挥信息,从而为各种战术行动提供电子干扰或军事打击等技术支援。所以,通信辐射源信号识别不但是侦察系统信号处理的目的,而且是判断敌方威胁情况的依据,在通信对抗过程中具有十分重要的地位和作用,具体表现在以下三个方面:

(1) 通信辐射源个体识别是电子情报侦察(Electronic Intelligence Reconnaissance, ELINT)和电子支援措施(Electronic Support Measures, ESM)中都需要解决的关键问题。一般来说,通信对抗能力主要取决于情报能力。信号识别,尤其是实时识别,是现代战争中非常重要和关键的要求,一架飞机能否幸存在很大程度上取决于这架飞机的侦察系统对威胁信号能否实时识别,对飞行员能否及时告警。

(2) 通信辐射源信号识别是通信对抗过程中关键性的信号处理过程。信号分选和信号分析都是为信号识别做准备,信号识别才是信号处理的目的,信号识别的结果是采取各种通信对抗措施的依据。整个通信侦察系统的性能、测量参数精度等要求,需根据信号识别的要求来确定;而且,ELINT 在平时和战时所进行的信号参数的精确测量,也都直接或间接为信号识别数据库提供积累数据。

(3) 通信辐射源信号识别能力直接关系到通信对抗设备技术水平的先进程度。早期的侦察机,由于信号环境和信号形式简单,由操纵员利用其已备的知识即可进行辐射源识别,而现代通信设备的信号形式和信号环境极其复杂,信号识别需要向自动化、智能化方向发展。

## 1.3 基于机器学习的通信辐射源个体识别

传统的参数匹配法直接将测量得到的特征参数构成模式矢量，通过与通信数据库进行匹配识别出辐射源的属性。这种方法简单、易于实现，但采用的均为外部特征参数，对复杂脉内调制信号难以识别，且不具备依据先验知识进行学习、容错和模糊辨识的能力。

近年来，研究人员开始探索信号在变换域的特征（时频特征、小波特征、高阶统计量特征等）。机器学习（Machine Learning）作为一种智能的数据分析工具，可以模拟人类的学习行为，使计算机程序随着经验的积累不断提高自身性能，受到辐射源识别领域学者的广泛关注[4]。基于机器学习的通信辐射源识别可以通过学习数据库中的样本对侦收的通信信号进行分类预测，具有一定的鲁棒性和泛化能力，且适用于高维、非线性特征参数分类问题（变换域参数一般是高维的）。

作为人工智能技术的重要方向，机器学习从训练数据（数据库样本）中学习规律，并利用这些规律对新数据进行预测。基于机器学习的通信辐射源识别原理框图如图 1-3 所示。

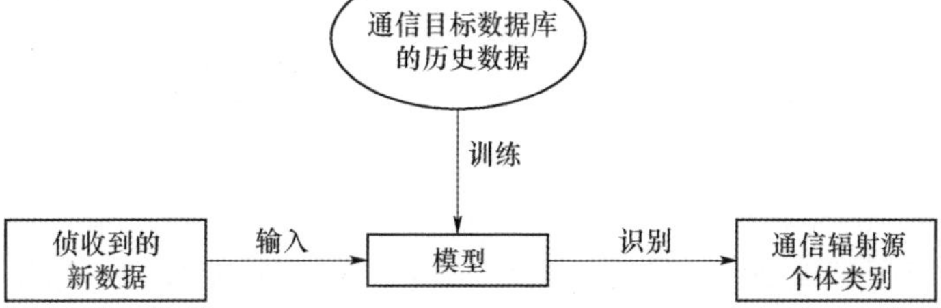


图 1-3 通信辐射源识别原理框图

基于机器学习的辐射源分类器本质上是一个映射 $c':X \rightarrow Y$，$c'(x)$ 是对未知的真实映射 $c(x)$ 的一个估计。用于训练分类器的样本形式为 $(x,c(x))$，其中 $x \in X$ 为通信电台数据库中的已知样本，而 $c(x)$ 为该样本所属的真实类别。机器学习的目的在于构造一个函数 $c'$，以使它尽可能地逼近 $c$，从而尽可能准确地预测待识别辐射源的属性信息。

设 $\boldsymbol{X} = \{x_1,x_2,\cdots,x_n\}$ 是通信辐射源数据库中的样本集合，$\boldsymbol{T} = \{t_1,t_2,\cdots,t_k\}$ 为样本中包含的 $k$ 个特征参数组成的特征向量，$\boldsymbol{Y} = \{C_1,C_2,\cdots,C_q\}$ 是一个基数很小的由类别标签构成的有限集。把已知的数据样本 $x_i \in \boldsymbol{X}$ 及对应标签 $C_j \in \boldsymbol{Y}$ 输入分类器中进行训练，将待识别信号特征输入训练好的分类器中，即可得到对应的信号类别及辐射源信息。

目前，常用的基于机器学习的辐射源识别方法如图 1-4 所示。

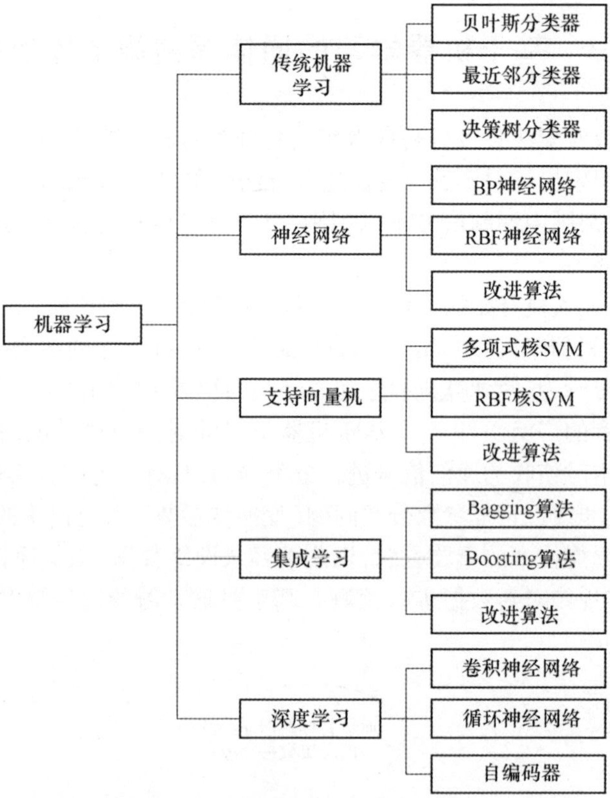


图 1-4　基于机器学习的辐射源识别方法

随着机器学习理论的发展,以模式识别的思想来处理通信辐射源个体识别问题逐渐成为该领域的研究共识与未来方向,机器学习算法的引入使通信辐射源识别在时间复杂度和识别准确性方面都有了大幅提高,以支持向量机为代表的分类识别算法得到了广泛应用。但基于机器学习的通信辐射源识别仍需要从以下几个方面进行改进和完善:

(1) 现有的识别算法为了获得较好的泛化能力,需要足够多的带标记样本来建立训练集。但样本的标记往往需要大量的人力和时间,不但影响了机器学习的效率,也使在实验室测试良好的分类算法在实战中的效果大打折扣。应着眼于减少标记样本数量、降低标记成本,寻找最有效利用样本的途径,通过尽量少的查询样本获得最大限度的有用信息,提高学习效率、改善分类器性能,研究更具实战意义的算法。

(2) 由于样本的采集代价和时间等因素,一次性获得全部通信辐射源样本十分困难,通信辐射源数据的获取一般都是少量多次的。传统算法是在多次收集后对信号样本进行批量学习,但实际中辐射源识别不允许等收集到全部样本后再进行机器学习。把传统的批量学习方式转变为在线模式是辐射源识别领域极具现实意义的一项课题。

(3) 现有算法在有限样本识别上较传统的匹配方法有了大幅提高,但当难以获得足够多的训练样本时,依然不能训练出分类精度高的分类模型。如何充分利用已有的知识和数据,辅助训练目标分类模型,提高对样本较少情况下通信辐射源的识别能力,也是实战需求中要继续研究的方面。

(4) 尽管神经网络具有较好的非线性映射和学习能力,但是这种基于无穷样本推导的经验风险最小化方法在应对通信辐射源识别问题时,存在局部极值和过(欠)学习等难以克服的缺点,在理论上一直没有取得突破性进展,与神经网络相比,支持向量机(Support Vector Machine,SVM)理论的数学推理严格,不存在局部最优等问题,具有结构简单、全局最优、泛化能力强等优势,但仍然存在核函数选择和参数确定问题以及对多分类问题处理能力不足等缺点。集成分类是机器学习中最强大的一类技术,但却以增加算法和模型的复杂度为代价。寻找一种性能更加优良、更适于工程实现的分类器,可以将特征的作用发挥到最大。

深度学习作为近年发展迅速的一种无监督(或半监督)学习方法,为通信辐射源个体识别带来了新的增长点,深度学习可以对大规模数据进行有效的自动特征提取,反映通信辐射源个体本质特征,它通过建立一个含有多层隐藏神经元的非线性表达的网络模型,对输入的高维数据进行非线性映射,以低维特征空间表现高维数据的隐藏结构,有利于在通信辐射源个体识别中提取复杂通信信号中隐蔽性强的非线性个体特征。

## 1.4 国内外研究现状

现代战场对特定辐射源识别系统的需求越来越迫切,各国相继开展对辐射源个体识别技术的研究。目前,在这方面研究较为领先的少数军事强国,已经逐步实现了工程应用,相应的巨大军事和民用价值也逐渐显现。由于雷达辐射源信号大多是高频窄束脉冲波,具有信噪比高、周期性强等特点,实现辐射源个体识别较为容易,早期的辐射源个体识别研究主要是针对雷达辐射源的。由于通信信号的周期性、规律性较差,通信发射机的发射功率也没有雷达发射机大,通信辐射源个体的细微特征一般是很微弱、难以提取的。相比于雷达辐射源个体识别,针对通信辐射源个体识别的研究难度要大很多,研究进展也相对滞后。

美国在 20 世纪 60 年代就开始与 Northrop Grumman 公司合作,开展针对移动通信信号识别、跟踪及定位等相关技术的研究。1986 年,美国国防部制定了基于观测与特征的智能情报分析体系的规范(Measurement and Signature Intelligence,MASINT),将射频测量和特征分析纳入其中,明确提出对开关子系统、供电子系统的无意辐射(Unintentional Radiated Emissions,URE)中所蕴含的信号特征进行研究,以期获得能够反映辐射源个体身份信息的细微特征。到了 20 世纪 90 年代,美国海军、美国 Litton 公司、英国 QinetiQ 公司、捷克的 ERA 公司等各国的研究机构也纷纷开始进行辐射源个体识别技术的研究。进入 21 世纪,随着机器学习的快速发展,辐射源个体识别技术也突飞猛进,不仅能够对雷达辐射源和通信辐射源进行探测、电子情报侦察,而且还能够识别同型号的不同辐射源个体。

总的来说,自 20 世纪 60 年代至今,美国在辐射源个体识别领域已经完成了十分完整的理论体系研究,同时也制定了较为可行的工程标准,并将所研制的辐射源个体识别系统装备于美军,实现了实战化应用。与此同时,英国、德国、加拿大、乌克兰、波兰等国家在这方面的研究也日趋成熟,并将辐射源个体识别成功应用于军事和民用的多个领域,如电子情报搜集、分析,无线网络用户安全保护,国际海事通信卫星终端用户认证等。

由于辐射源个体识别技术在军事和民用应用中的敏感性、保密性,相关技术的文献很少公开发表。不过可以肯定的是,各国仍在加大力度进行辐射源个体识别技术的研究,从美国海军将辐射源个体识别技术研究作为首项支持项目列入 2000 年预算报告就可以得到很好的佐证。

国内在该领域的研究起步较晚,直到 20 世纪 90 年代,国内的研究单位包括中电集团第 36 研究所、第 54 研究所、西安电子科技大学、成都电子科技大学、哈尔滨工程大学、华中科技大学、陆军工程大学、战略支援部队信息工程大学以及国防科技大学等科研院所才逐渐对通信辐射源个体识别问题进行深入分析与研究。但由于理论体系尚不完善,数据实验不具有系统性,课题研究进展较为缓慢,相关的实际应用技术仍有待突破。特别是“指纹”机理、“指纹”模型、识别系统构建、特征提取和分类方法等方面还存在很多亟待解决的问题,需要广大研究人员采用新的思路开展更为实际而深入的研究。

### 1.4.1 特征提取

协作条件下的通信辐射源特征提取难度较小,可以在发射信号中嵌入通信双方事先规定好的伪随机序列进行识别。但实际的应用场景大多为非协作条件,现有的通信辐射源细微特征提取方法主要分为暂态信号特征提取方法和稳态信号特征提取方法,图 1-5 所示为某部通信辐射源暂态信号和稳态信号波形示意图。国外早期主要围绕暂态信号的特征提取展开研究,针对辐射源“指纹”机理进行了较为基础性的探索,而国内则主要围绕稳态信号特征进行研究。

#### 1.4.1.1 暂态信号特征提取

暂态信号指的是通信辐射源在非稳定工作状态下的信号,包括设备的开关机信号、频率变化以及工作模式转换过程中的过渡信号等。由于辐射源发射机在启动过程中信号未掺加调制信息,所以暂态信号理论上能够反映发射机本身固有的指纹特征,可以用来识别辐射源个体。“turn-on”暂态信号特征由于个体差异较

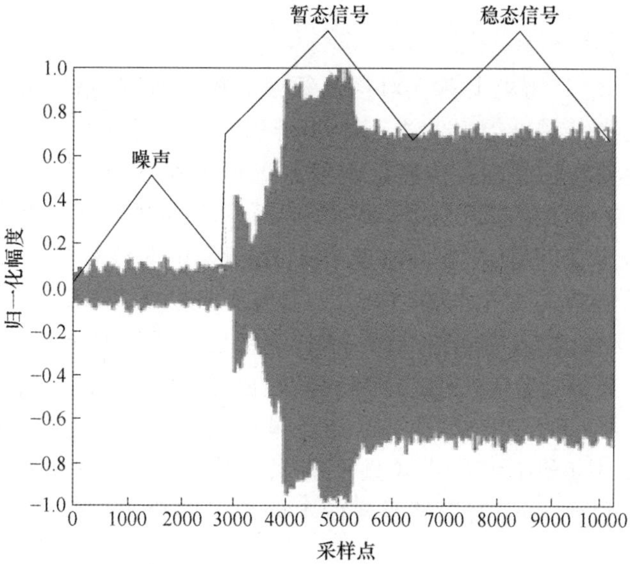


图 1-5　通信辐射源信号波形示意图

大,常被提取并用于辐射源的个体识别,如图 1-6 所示,6 部通信辐射源的"turn-on"暂态信号特征在波形上具有明显区别,具有很强的辨识度。

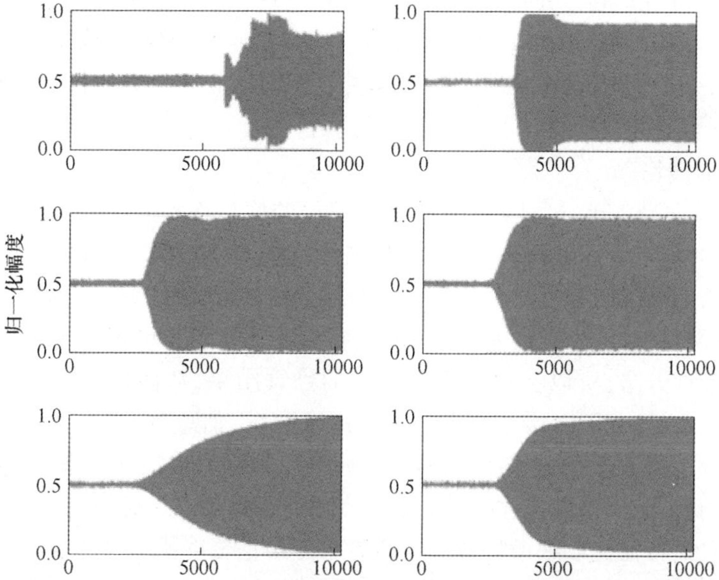


图 1-6　6 部通信辐射源"turn-on"暂态信号

国外的研究人员在早期主要利用小波变换、Wigner-Ville 分布以及分形等数学方法。

**1. 时频分析**

参考文献[5]是历史上首次对这一领域的相关研究，指出可以利用信号的暂态特征对无线发射机辐射源进行个体辨识。现有方法中，多采用 Hilbert 变换提取信号的瞬时幅度和相位特征对信号进行识别，在参考文献[6]中，Wisell 和 Oberg 通过对整个模型进行非线性估计，采用信号的幅度和相位的畸变等特征来识别不同信号，但是存在着在实际应用场景中非线性模型很难建立的问题。频率特征分析主要采用离散小波变换和时频分析，Gillwspie、Atlas[7] 和 Hirano[8] 将时频特征运用到信号的个体识别中去，通过对最佳核函数的构造，使类间距最大化，取得了不错的分类效果。但是，该方法具有自适应能力差的缺点。参考文献[9-10]通过提取时频能量谱的能量熵、一阶矩和二阶矩作为特征研究了点对点和中继信道场景下的识别情况，但文中并未对时频能量谱进行分块研究，即忽略了时频能量谱的不同部分的分布信息，从而对其识别率有所影响。

**2. 小波分析**

在参考文献[11]中，Hippenestiel 和 Paya 利用小波分解对通信辐射源信号进行个体识别研究，经过小波分解后，可以得到信号局部的时间频率信息，从而寻找不同类辐射源信号的个体差异，但是该算法的实际性能只有在信号的信噪比在 20dB 以上时才能取得一定的效果。参考文献[11-12]通过对信号进行多尺度和多分辨率分析，所提特征在时域和频域都能够达到很高的分辨率，取得了很好的分类效果。小波分析虽然能够通过增加分解层数使信号的个体差异得以体现，但是也带来了特征信息较为冗余、计算量较大的问题[13]。

**3. 分形理论**

在 2000 年，Serinken 和 Ureten 提取了信号的信息维和关联维数特征对暂态信号进行识别，具有一定的识别效果，但是缺乏对暂态信号时变特性的描述，因为时变特性明显不同的信号可能会具有相同的复杂度，当出现这种情况时，分类器对所提特征进行判决时会出现误判的现象，最终会降低平均正确识别率。因为分形维的计算有多种方法，所以会存在多种不同的计算结果，从而得到的识别率也不相同。在参考文献[14]中，分别提取了信号的盒数维、信息维、相关维作为特征输入神经网络分类器进行识别，结果表明不同分形维的识别结果不同，相关维数的识别率最高。当然，除了采用上述方法，还可以采用正交多项式对暂态信号进行逼近，然后采用双谱特征提取细微特征[15]；或者采用通信辐射源信号的混沌特征进行分类识别等。但是值得注意的是，暂态特征的提取具有以下困难：暂态信号持续时间极其短暂、出现时间随机、能量弱、包含的辐射源特征信息非常有限，对捕捉信号的设备硬件要求比较高。

在实际的战场电磁环境中，电磁信号密集、复杂、交错而多变，信号的传输时间短,变化较为剧烈,使得暂态信号特征存在难以提取的问题,并且该方法存在难以识别同厂家同工作模式的通信辐射源个体等问题,国内仅有少部分学者继续针对暂态信号特征的混沌特性进行研究。

#### 1.4.1.2 稳态信号特征提取

稳态信号指的是通信辐射源个体进入稳定工作状态后发射的信号,此时信号中包含调制信息,可以通过解调器解调出相应的基带信息。相比于暂态信号特征,由于辐射源内部各个元器件工作频率的不稳定性、性能参数的非线性、元器件加工工艺存在技术缺陷等因素,使得同厂家、同型号、同批次的通信辐射源在稳态信号上依旧能够表现出一定的个体差异,只不过这种个体差异是内部元器件差异以“合力”的形式在信号的特征上的综合表现,很难以数学方法进行仿真建模,一定程度上增加了稳态信号特征的提取难度。21 世纪以来,国外学者对稳态信号特征的提取方法进行了较为基础性的研究工作,而国内的学者则对稳态信号特征进行了大量的算法研究与实践探索[15-17],其基本的研究思路主要是通过分析通信辐射源硬件设备的噪声特性、非线性器件的杂散特性以及频率稳定特性等,进而提取通信辐射源信号的调制参数、瞬时特性、分形特征、杂散特征以及高阶统计特征等细微特征表征辐射源个体差异,进行分类识别,现有方法研究的主要稳态信号特征如图 1-7所示[18]。

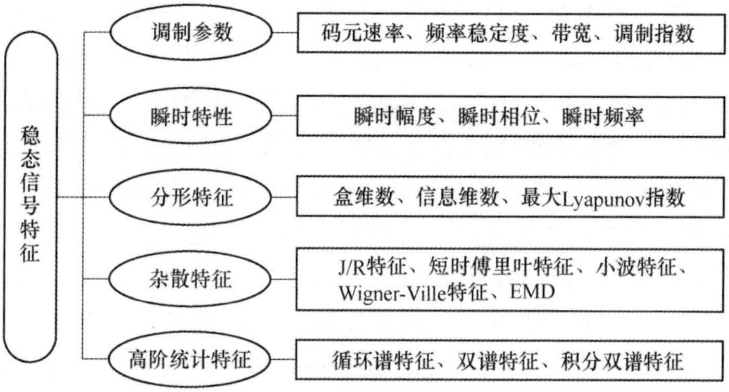


图 1-7　稳态信号特征

**1. 基于调制参数的特征提取**

基于调制参数的特征提取方法主要是针对信号在时域或频域上的参数进行提取,包括频率稳定度、码元速率、带宽以及调制指数等。其中,频率稳定度由于能够反映频率振荡器的工作特性,体现辐射源个体的硬件特征,对揭示辐射源细微特征机理具有重要的启示意义。针对频移键控(Frequency Shift Keying,FSK)通信辐射源,黄渊凌和郑辉[19]分析了各模块的“指纹”机理,建立了基于瞬时频率的指纹信号模型,通过最小二乘估计得到 FSK 频率畸变特性参数,并利用支持向量机对实际采集的4个FSK通信辐射源进行分类，识别率能够达到90%以上。但是，对于组网的通信辐射源个体，其工作模式较为相近，使得该方法提取的辐射源调制参数往往差异性较小，识别精度容易受到影响。

**2. 基于瞬时特性的特征提取**

基于瞬时特性的特征提取方法主要依赖信号的瞬时包络、瞬时频率、瞬时相位，通过计算相应的统计特征参数以及分析彼此响应的特性进行通信辐射源个体识别[20]。陆满君等[21]在提取FSK信号的瞬时频率的基础上，通过定义特征参数*k*来表示码元持续时间内瞬时频率的变化趋势，同时定义特征参数来表示固定载波频率与频率偏差之和，得到较好的特征样本分离效果。李少伟等[22]从数字调制系统的线性特性入手，以系统辨识的方法建立调制系统的黑盒模型，将辐射源的幅频和相频响应差异作为区分依据，对3种型号通信辐射源进行了识别，验证了该方法的有效性。瞬时特性反映的是辐射源信号在时域上的变化特性，而辐射源的细微特征往往在时域上表现为比较复杂的变化规律，加之电磁环境中各种噪声影响，使得该识别方法的稳健性受到影响。

**3. 基于分形特征的特征提取**

基于分形特征的特征提取方法是利用辐射源“指纹”在不同层次上的相似结构，将时域波形信号中的“指纹”波形看作一种混沌过程，通过盒维数、信息维数、最大Lyapunov指数等对信号的瞬时特性进行有效的刻画[23]。盒维数主要反映了分形信号的复杂度和不规则度，赵国庆等[24]针对多进制数字相位调制(Multiple Phase Shift Keying, MPSK)信号幅度中包含振荡器的频率稳定度信息的特点，提取其小波变换的盒维数特征，力图刻画其频率抖动的自相似结构，在仿真条件下验证了算法的有效性。信息维数反映了分形集在区域空间上的分布疏密，汪勇等在文献[25]中针对FSK信号，直接通过瞬时频率的信息维数特征刻画其信号的频率稳定度特性，同样在仿真条件下验证了方法的有效性。最大Lyapunov指数是定量描述混沌系统对初始值敏感性的重要指标，顾晨辉和王伦文[26]针对跳频通信辐射源的频率跳变特点，利用最大Lyapunov指数刻画通信辐射源对频率变化的敏感程度，并利用构造神经网络分类器实现对3部跳频通信辐射源的有效识别。辐射源分形特征提取的有效性是基于辐射源“指纹”的混沌特性，而这一假设缺乏一定的理论保证，并且通信辐射源“指纹”的混沌特征在实际当中很容易与噪声混淆，其有效性同样需要大量的实验验证。

**4. 基于杂散特征的特征提取**

基于杂散特征的特征提取方法是利用振荡器无意调制造成的非平稳特性和非线性特性、器件之间的内部噪声以及本振源频率不纯产生的谐波频率、互调频率来刻画辐射源的个体差异。由于信号中各种交叉调制、寄生调制等造成的杂散成分以多种形式伴随辐射源信号发射出去，在信号波形上必然呈现不同的变化规律，使得利用杂散成分进行辐射源个体识别的方法具有理论可行性。对于杂散特征的提取，常见的有高阶特征，如 J/R 特征；时频分析，如短时傅里叶特征、小波特征以及 Wigner-Ville 特征。徐玉龙等[27]针对调频（Frequency Modulation，FM）手持式对讲机，在提取辐射源信号的功率谱后，结合小波变换和香农熵，得到不同尺度下小波系数的熵特征，在概率神经网络的分类下，达到 90%以上的识别效果。此外，由黄锷提出的基于经验模态分解（Empirical Mode Decomposition，EMD）的 Hilbert 谱的时频分析方法被成功用于识别通信辐射源个体[28]，在低信噪比条件下取得了较好的仿真实验结果。杂散特征理论上虽然能够反映辐射源个体内部元器件的工作特性，但由于其本身较为微弱，最终在信号波形上表现出的纹理变化较为复杂，与环境噪声较为相近，距实际应用仍有一定差距。

**5. 基于高阶统计特征的特征提取**

基于高阶统计特征的特征提取方法主要是利用高阶统计量来反映辐射源信号的非平稳性、非高斯性和非线性特性，通过抑制高斯噪声以及携带更多幅度和相位信息刻画辐射源信号更为细致的“指纹”，达到个体识别的目的。常用的高阶统计量特征包括双谱、循环谱、矩形积分双谱（Square Integral Bispectra，SIB）、径向积分双谱（Radial Integral Bispectra，RIB）、圆周积分双谱（Rircular Integral Bispectra，CIB）以及轴向积分双谱（Axial Integral Bispectra，AIB）等。蔡忠伟和李建东将双谱与 Fisher 准则相结合，采用选择双谱（Selected Bispectra）作为辐射源个体识别的基本特征向量[29]，并融合辐射源先验的特征属性参数，采用径向基神经网络分类器实现了在较低信噪比条件下 90%的识别率。由于矩形积分双谱能够很好地提取信号中具有的时移不变性、尺度变化性和相位保持性的特征，徐书华等[30]将通信辐射源信号的矩形积分双谱与信号调制指数、载频变化率相融合，并对融合后的特征向量利用主成分分析（Principal Component Analysis，PCA）进行降维处理，在实际数据集上通过支持向量机分类，实现了 90%以上的识别率，但识别结果受主成分个数的影响较大，识别性能不稳定。郭瑞等[31]采用相位信息更丰富的三谱表征通信辐射源个体差异，利用三谱系数的极大值和对应频率构成的一维三谱切片作为辐射源最终的分类特征，在 15dB 信噪比条件下，通过 SVM 分类器对同型号、同批次的 5 部 FSK 通信辐射源达到 90%的识别率。一般而言，高阶统计特征提取的特征维度相对较高，而大部分的分类器不能很好地利用其中的高维信息，一定程度上制约了识别效果。

在实际的通信辐射源特征提取中，对于某种特定型号、调制样式或者工作频段的辐射源目标，往往通过一种特征很难有效地反映通信信号的差异性，难以实现有效的识别。因此，一些研究人员通过提取多种细微特征，以特征融合的思想多层次、多角度地反映辐射源的个体差异，一定程度上克服了单个细微特征表征能力不足的局限性。但通信辐射源信号的细微特征通常会随调制样式的不同产生较大的变化，使得特征融合方式以及特征组成都会出现一定的改变，其适用性仍需进一步的理论分析和实验论证。

### 1.4.2 分类器设计

特征选择完成之后,就需要开始进行模式识别分类,分类器的设计直接影响辐射源分类的效果。一个优秀的分类器不但具有较强的分类能力,还应具有较好的泛化能力。在分类能力满足限定要求的基础上,尽量使分类器对类间特征的变化具有较高的敏感度,而对类内特征的变化具有较低的敏感度,以加强该分类器的泛化能力;另外,至于类内特征的变化,分类器也具有一定的分类能力,即存在大量样本的情况下,分类器对于高频变化也能进行识别。在提取出多种辐射源细微特征后,需要根据相应的分类器对辐射源进行识别。目前存在的辐射源识别算法有多种,从基本理论依据来说,包括统计决策理论、模式识别以及人工神经网络等[32]。从样本特性方面来看,包括有监督分类和无监督分类。

以统计决策理论为基础的分类器应用比较广泛的有贝叶斯分类器、二元分类树分类器、神经网络分类器、最近邻分类器等,K-近邻分类器是基于相似性思想即同类相聚的思想而构造的分类器,通过确定衡量相似性的测度,使得相似的样本归属于相同类别。李楠等对5种调制样式的辐射源信号分别提取其分形盒维数和信息维数特征,并且分析了二维联合特征的分离特性,采用邻近算法(K-Nearest Neighbor,KNN)在仿真的条件下达到了90%以上的识别结果[33]。KNN在计算过程中需要存储全部训练样本,进行繁重的距离计算,从而导致分类速度下降,并且其性能容易受距离函数的选取、$K$的取值不同而产生波动。此类分类器的特点是需要大量的训练样本才能得到最佳的分类性能,如果在小样本的条件下,难以达到预期的分类效果,但是基于统计决策理论的分类器仍然在该领域广泛应用。

以统计学理论为基础的分类器最具代表性的就是支持向量机分类器,比较适用于小样本环境,而且泛化能力强。支持向量机是基于训练样本间隔最大化准则,通过训练最优权向量来构造最优分类超平面,从而实现对样本的分类。参考文献[34]针对MPSK辐射源的个体识别问题,提取其信号瞬时相位的信息维数作为分类特征,利用SVM进行辐射源样本类别的判定,在3dB信噪比的仿真实验条件下,识别率能够达到95%。SVM在处理小样本、非线性及高维模式识别等问题时,能够缓解“维数灾难”和“过学习”等问题。在人脸识别、图像检索以及生物信息学等领域同样得到广泛应用。

神经网络分类器起源于20世纪40年代,它是一种通过模仿人脑结构及其功能来处理信息的系统。针对手持式对讲机,陈志伟等[35]首先提取信号的循环谱密度矩阵,其次将其循环谱密度切片通过PCA降维,得到最终的辐射源指纹特征,采用概率神经网络分类器对辐射源个体进行识别,在10dB的信噪比条件下,达到了90%以上的识别率。然而,由于神经网络分类器的学习过程是一个非线性优化过程,所以不可避免地会遇到局部极值问题,而收敛速度慢和“过学习”等问题同样会影响其分类效果。

在通信辐射源个体识别中,现有的分类器模型设计常与通信辐射源细微特征提取过程相互割裂,即不考虑通信辐射源细微特征提取与分类器模型之间的关联性,从而导致所设计的分类器模型缺乏针对性。如何利用特征提取阶段获得的通信辐射源细微特征所包含的某些先验信息,来设计更优的分类器模型仍需进一步探索与研究。

### 1.4.3 深度学习理论在通信辐射源个体识别中的应用现状

近年来,关于深度学习的理论与应用研究占据机器学习领域研究成果的半壁江山,目前,继在图像分类、语音识别领域取得突破性进展后,深度学习在各个领域大放异彩,包括文本理解、机器翻译、自动问答、音乐作曲、图文转换、生物信息以及通信领域等,还有最近发表的语音合成、唇语识别等,深度学习几乎深入工程应用领域的方方面面。深度特征表示是通过多层神经网络结构构成,从浅层接收原始数据输入,每一层抽取对象的特征,随着层数加深,抽取的特征越来越抽象,最后构建出数据的高层特征。实践表明,深度学习十分擅长发现高维数据的潜在结构和模式,而且需要几乎较少的领域知识。

现有的通信辐射源个体识别方法主要采用人为定义的特征进行分类识别。但是,由于人为定义的特征依赖于专家经验,其对辐射源个体信息的表征能力存在一定的局限性,主要表现在以下两方面:一是鲁棒性较差,由于人为定义的特征不可避免地受到通信场景、通信参数和信道环境的影响,在特定的通信场景、通信参数和信道环境下能够区分不同辐射源个体的人工特征,在另外的通信场景、通信参数和信道环境下可能无法有效区分不同个体;二是特征区分能力有限,人为定义的特征主要源于各种信号处理方法,如高阶谱、时频分析、非线性动力学等,上述方法仅能提取信号的某些特性,所提特征难以充分体现辐射源个体差异信息。

深度学习能够自动地学习样本的特征表示,并且得益于深度学习的多层非线性结构,其所学习的特征一般具有较好的表示能力。将深度学习应用于通信辐射源个体识别具有以下两方面优势:一是自适应性,对于不同的通信场景、通信参数和信道环境,只需要用相应条件下的数据训练深度神经网络,就能够得到有效区分不同辐射源个体的特征,并有效识别不同个体的信号;二是特征表征能力强,在训练数据充分的条件下,深度学习能够学习到表征能力较强的特征,并取得较高的准确率。例如在图像识别领域,相关研究表明,通过深度学习方法提取的特征的表征能力优于传统的人工定义的特征,如颜色直方图、尺度不变特征变换、方向梯度直方图等。因此,将深度学习应用于通信辐射源个体识别,能够克服人为定义特征方法的局限性。

深度学习在通信辐射源个体识别中的应用研究尚处于起步阶段,已有学者将深度学习理论引入通信辐射源个体识别中[36-38],尝试将深度学习中的卷积神经网络、循环神经网络以及自编码器应用于通信辐射源个体识别,逐渐显示出其相对于传统分类方法的优越性。

## 1.5 通信辐射源个体识别面临的挑战

随着通信技术的多样化发展,复杂电磁环境中截获信号的信噪比往往比较低、信号持续时间较短、样本数据不足,信号容易与噪声相混淆,这些都为辐射源信号个体识别带来了很大的挑战,其原因主要在于以下几点:

(1) 同型号通信设备指纹特征的差异非常微小,需要极高的提取测量精度;而且,通信信号经信道传输引起的信号畸变会使得信号指纹特征变模糊、置信度下降,这就增大了信号指纹特征分析提取的难度。随着信号处理技术的发展进步,一方面测量技术会逐步提高;另一方面由于通信设备技术性能的提高和改善,也会给特征提取和测量带来新的困难。

(2) 通信对抗信号环境的特点是密集、复杂、交错和多变,通信的时间往往很短,采集的样本数据有限,而且信噪比较低,变化比较剧烈;由于通信设备的体制多,波形复杂多变,信号源在频域上拥挤,在时域上密集而且交叠在一起,这些都会给设备指纹特征提取带来困难。

(3) 对于通信辐射源信号个体识别,国内还没有系统的理论研究,目前的水平与先进发达国家相比,尚存在较大差距。现有通信对抗装备中的识别技术还很落后,所以有关这方面的研究显得非常迫切而重要。

具体到通信辐射源个体识别的各个环节上,面临的挑战有:

(1) "指纹"机理建模。通信辐射源"指纹"反映的是辐射源内部硬件的工作特性,但其具体的产生过程、存在形式尚未得到机理性的分析与建模,并且当辐射源的工作频率、调制样式发生变化后,其"指纹"变化形式、变化特性等问题同样缺乏理论上的证明以及实验上的验证。虽然已有大量的技术理论被用于提取通信辐射源的细微特征,但大部分方法缺乏实际应用针对性,导致通信辐射源个体识别理论缺乏实质性进展。

(2) 细微特征提取。国内外的研究学者相继围绕通信辐射源的暂态信号特征和稳态信号特征开展了一系列的特征提取方法,这些特征提取方法在某些特定的实验条件下获得了较为理想的实验结果,然而面临实际复杂的电磁环境,这些方法的性能将受到严重的影响,究其原因主要在于现有的特征提取方法没有提取到通信辐射源个体鲁棒的、本质的细微特征。

(3) 分类器设计。就通信辐射源个体识别的分类器设计而言,现有的方法主要存在以下两个方面的问题:一是大多数方法直接采用现成的分类器模型,如K-近邻分类器、支持向量机以及神经网络分类器等,并没有考虑这些分类器模型对于通信辐射源个体识别问题是否合适,或者说采用这些分类器模型是否能够实现对通信辐射源个体最优的分类识别;二是有些通信辐射源个体识别方法虽然设计了专门的分类器模型,但这些模型并未有效融入通信辐射源个体识别的领域知识,如通信辐射源细微特征提取阶段的先验信息等。因此,如何设计高效并融入特征提取阶段先验信息的分类器模型是通信辐射源个体识别中分类器设计的重点问题。

由于通信辐射源个体识别的复杂性、重要性和紧迫性,有关这方面的研究是通信对抗领域中非常关键而又困难的研究课题。美国、英国、法国等发达国家在辐射源信号识别方面具有明显的领先优势,其从 20 世纪 80 年代后期就开始了 ELINT 和 ESM 等对抗设备的智能化研究;从有关资料和通过某些途径从国外的一些实验结果中了解到,我国通信辐射源信号的识别水平距发达国家还有较大差距,缺乏能有效支持辐射源信号识别技术的理论根据。因此,探索有效的通信信号指纹特征分析提取和分类器设计技术,实现对同类通信辐射源个体的识别,将为我国新一代电子对抗情报侦察设备的研制和现有侦察设备的改造奠定坚实的技术基础,在实际应用中具有重要的意义。

本书正是针对目前通信辐射源个体识别存在的问题,引入机器学习领域的最新研究成果,探索神经网络、流形学习、深度学习等理论在通信辐射源个体识别中的应用。

## 1.6 专用数据集[39-40]

本书采用的通信辐射源个体特征提取与分类识别的数据库主要包括 kenwood 数据集、krisun 数据集、USW 数据集以及 SW 数据集。各数据集分别采集了不同频段(短波和超短波)、不同调制样式(FM、USB)、不同功率(小功率和大功率)、不同传输模式(直射和绕射)和不同说话人($A$、$B$ 和 $C$)条件下同厂家、同型号多部通信辐射源的发射信号数据(kenwood 手持式超短波通信辐射源 5 部,krisun 手持式超短波通信辐射源 5 部,TBR-121B 型超短波背负通信辐射源 5 部,TBR-134A 型短波背负通信辐射源 5 部),从而为通信辐射源个体特征提取与分类识别实验提供了数据支撑。

### 1.6.1 Kenwood 数据集

kenwood 手持式 FM 通信辐射源数据采集流程如图 1-8 所示,将 5 部 kenwood 手持式 FM 通信辐射源放置于相距 30m 处进行通信,采用近距离直射和绕射的方式进行通信,通过距离通信辐射源约 20m 处的射频接收机截获通信辐射源信号。kenwood 数据集通信辐射源与接收机的工作参数如表 1-1 所列。接收机经过采集和正交变换获得的信号为零中频 I/Q 信号,构成 kenwood 数据集存储至计算机,其中包含 3 个说话人在近距离直射和绕射的情况下进行语音通信的信号序列,共有 30 个信号样本,数据点数为 $9.216 \times 10^7$,每个通信辐射源包含 $1.8432 \times 10^7$ 个数据点,数据集中每个通信辐射源的 2048 个数据点构成的信号时域波形如图 1-9 所示。

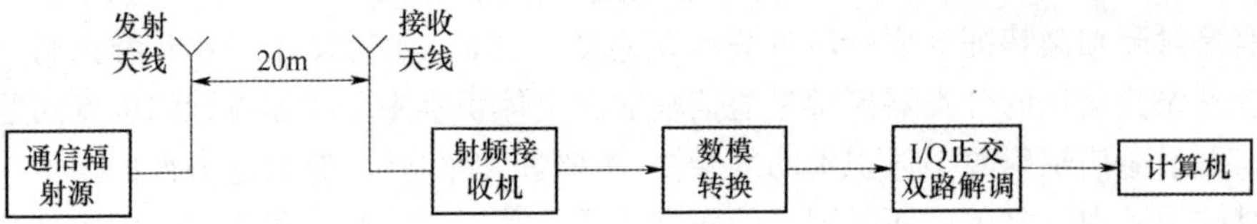


图 1-8　kenwood 手持式 FM 通信辐射源数据采集流程

表 1-1　kenwood 数据集通信辐射源与接收机的工作参数

| kenwood 通信辐射源参数 | | 接收机参数 | | |
|---|---|---|---|---|
| 信号带宽 | 信号中心频率 | 接收机信道带宽 | 采样频率 | 采样时间 |
| 25kHz | 160MHz | 100kHz | 204.8kHz | 15s |

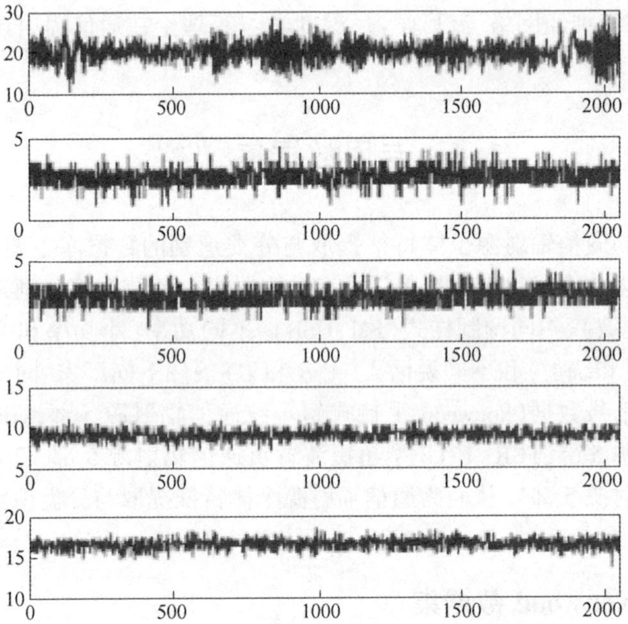

图 1-9　kenwood 数据集部分信号时域波形

为了验证本书提出的通信辐射源个体识别算法的可行性与有效性，需要基于上述 kenwood 数据集设置“小样本”条件下的实验环境。在表 1-2 中，将 $9.216 \times 10^7$ 个数据点的 kenwood 数据集中的 30 个样本进行数据切分，每个样本切分为 10000 段子样本，每一段子样本包含 307 个数据点，将所有子样本划分为有标签训练样本集、无标签训练样本集以及测试样本集，并按照有标签训练样本集中样本数目的不同将实验条件编为 $E_1$、$E_2$、$E_3$、$E_4$，其中 $E_1$、$E_2$、$E_3$ 中的有标签样本数目按照总样本的10%、20%、30%随机选取，无标签样本数目为总样本的50%，测试样本从剩余20%中随机抽出10%；$E_4$表示的是有监督条件，供传统有监督方法使用，旨在对照有监督方法在有监督条件下与“小样本”条件下的识别性能差异。

表 1-2　kenwood 数据集实验条件设置

| 实验条件 | 有标签样本量 | 无标签样本量 | 测试样本量 |
|---|---|---|---|
| $E_1$ | $3\times10^4$ | $1.5\times10^5$ | $3\times10^4$ |
| $E_2$ | $6\times10^4$ | $1.5\times10^5$ | $3\times10^4$ |
| $E_3$ | $9\times10^4$ | $1.5\times10^5$ | $3\times10^4$ |
| $E_4$ | $2.4\times10^5$ | 0 | $3\times10^4$ |

### 1.6.2　Krisun 数据集

krisun 数据集由 5 部相同型号的 krisun 手持式 FM 通信辐射源的语音通信信号组成，3 个说话人使用 5 部 krisun 手持式 FM 通信辐射源在冬季下午室外（晴天，气温约 0℃）无高大建筑等遮挡物场地采用近距离直射和绕射的方式逐部通信辐射源进行语音通信，采集者通过接收机接收通信信号。5 部 krisun 手持式 FM 通信辐射源之间距离约 20m，信号接收机距离通信辐射源约 20m。

krisun 数据集采集设备参数如表 1-3 所列，通信辐射源发射机信号中心频率分别采用 400.25MHz、425.25MHz、449.025MHz，最终接收机将采集得到的数据通过正交变换获得零中频 I/Q 信号，构成 krisun 数据集存储至计算机，数据集包括 5 部通信辐射源的 90 个语音信号样本，共包含了 $8.4375\times10^8$ 个数据点，每个通信辐射源样本有 $1.6875\times10^8$ 个数据点。从每个通信辐射源的所有信号样本中选取 2048 个数据点构成的信号时域波形如图 1-10 所示。采集系统界面如图 1-11 所示，显示了 3 个说话人使用 krisun 手持式 FM 通信辐射源在 400.25MHz 频率下进行语音通信的信号频域波形。

表 1-3　krisun 数据集采集设备参数

| krisun 通信辐射源参数 | | 接收机参数 | | |
|---|---|---|---|---|
| 信号带宽 | 接收机采集增益 | 接收机信道带宽 | 采样率 | 采样时间 |
| 25kHz | 6dB | 100kHz | 312.5kHz | 30s |

为了验证本书提出的 4 种基于深度学习的通信辐射源个体识别算法的可行性与有效性，需要基于上述 krisun 数据集设置“小样本”条件下的实验环境。在表 1-4中，将 $8.4375\times10^8$ 个数据点的 krisun 数据集 90 个样本进行数据切分，每个样本切分为 10000 段子样本，每一段子样本包含 937 个数据点，将所有子样本划分为有标签训练样本集、无标签训练样本集以及测试样本集，并按照有标签训练样本集中样本量的不同将实验条件编为 $E_1$、$E_2$、$E_3$、$E_4$，其中 $E_1$、$E_2$、$E_3$、$E_4$ 对应的各样

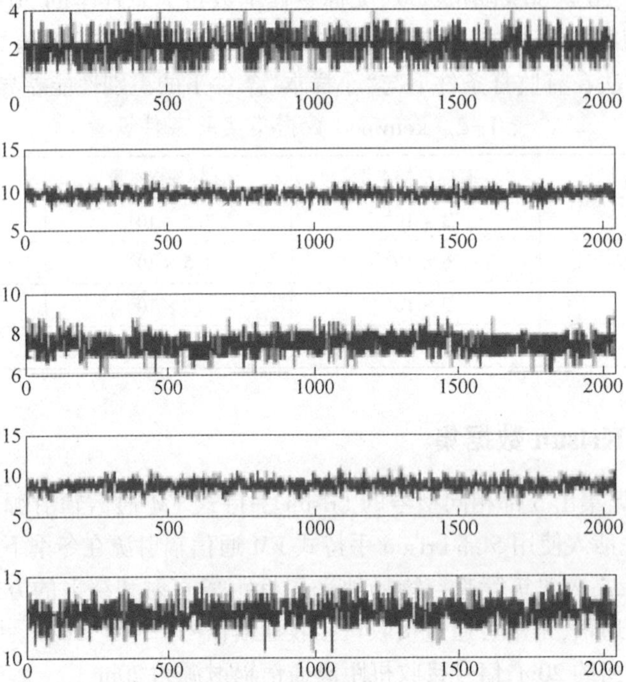


图 1-10　krisun 数据集部分信号时域波形

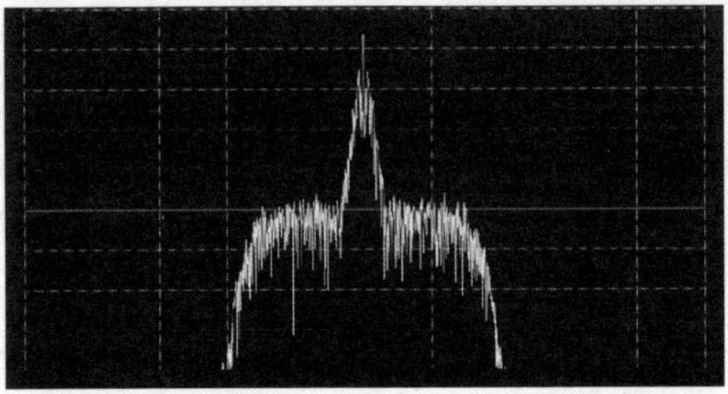

图 1-11　采集系统界面显示的 krisun 数据集频域波形

本集样本占总样本比例与 kenwood 数据集实验条件设置相同。

表 1-4　krisun 数据集实验条件设置

| 实验条件 | 有标签样本量 | 无标签样本量 | 测试样本量 |
|---|---|---|---|
| $E_1$ | $9.0\times10^4$ | $4.5\times10^5$ | $9\times10^4$ |
| $E_2$ | $1.8\times10^5$ | $4.5\times10^5$ | $9\times10^4$ |
| $E_3$ | $2.7\times10^5$ | $4.5\times10^5$ | $9\times10^4$ |
| $E_4$ | $7.2\times10^5$ | 0 | $9\times10^4$ |

### 1.6.3 USW 数据集

采集的 USW 数据集由 5 部相同型号的 TBR-121B 超短波背负式 FM 通信辐射源的语音通信信号组成,数据采集方式与 krisun 手持式 FM 通信辐射源相似,采集实况如图 1-12 所示。说话人使用 5 部 TBR-121B 超短波背负式 FM 通信辐射源在冬季下午室外(晴天,气温约 0℃)无高大建筑等遮挡物场地采用近距离直射和绕射方式进行语音通信,通过接收机接收通信信号。5 部 TBR-121B 超短波背负式 FM 通信辐射源之间距离约 20m,信号接收机距离通信辐射源约 20m。利用 5 部 TBR-121B 超短波背负式 FM 通信辐射源分别在 50MHz、65MHz、85MHz 的频率上进行语音通信,工作模式为"小功率",其余参数如表 1-5 所列。

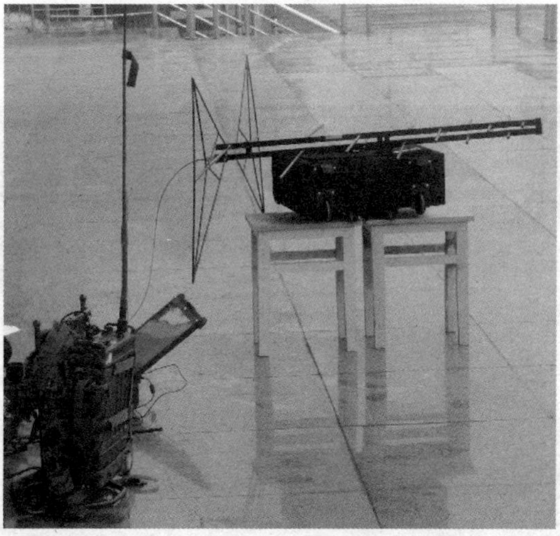

图 1-12　USW 数据集采集实况

表 1-5　USW 数据集信号采集参数

| TBR-121B 通信辐射源参数 | | 接收机参数 | | |
|---|---|---|---|---|
| 信号带宽 | 接收机采集增益 | 接收机信道带宽 | 采样率 | 采样时间 |
| 11.2kHz | 6dB | 100kHz | 312.5kHz | 30s |

最终采集得到的 USW 数据集中包含 5 部超短波背负式通信辐射源分别通过 2 种通信环境下以 3 种工作频率、3 个说话人进行语音通信的 90 个信号样本,包含 $8.4375 \times 10^8$ 个数据点,每个通信辐射源样本有 $1.6875 \times 10^8$ 个数据点。图 1-13 显示的是每个通信辐射源对应的信号时域波形,包含 2048 个数据采样点。采集系统界面如图 1-14 所示,显示了 3 个说话人使用超短波背负式 FM 通信辐射源在 50MHz 频率下进行语音通信的信号频域波形。

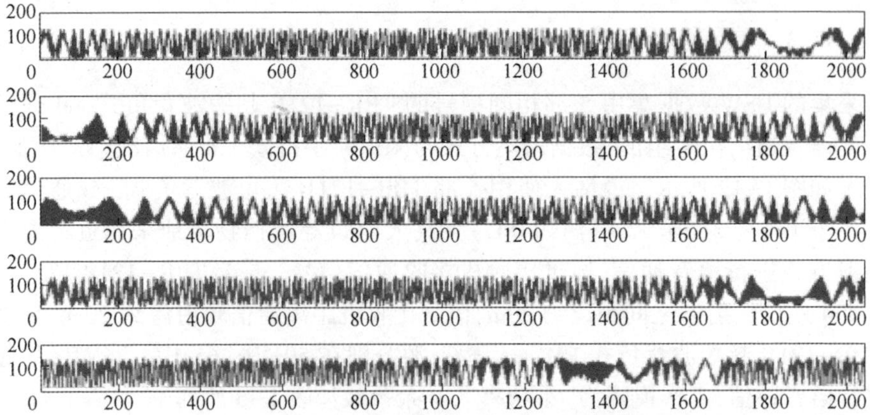


图 1-13　USW 数据集部分信号时域波形

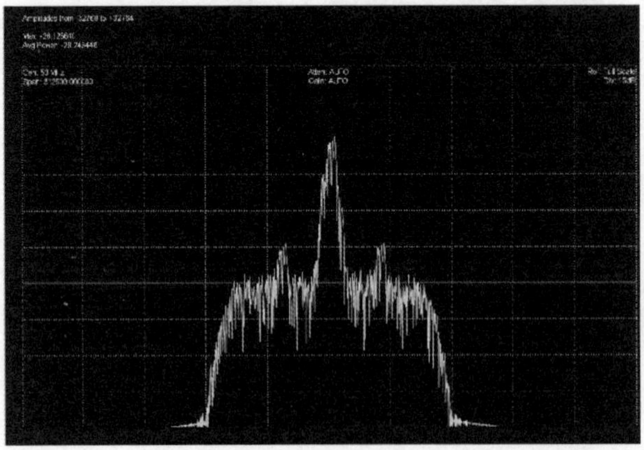

图 1-14　采集系统界面显示的 USW 数据集频域波形

为了验证提出的 4 种基于深度学习的通信辐射源个体识别算法的可行性与有效性，需要基于上述 USW 数据集设置“小样本”条件下的实验环境。在表 1-6 中，将 $8.4375\times10^8$ 个数据点的 USW 数据集 90 个样本进行数据切分，每个样本切分为 10000 段子样本，每一段子样本包含 937 个数据点，将所有子样本划分为有标签训练样本集、无标签训练样本集以及测试样本集，并按照有标签训练样本集中样本量的不同将实验条件编为 $E_1$、$E_2$、$E_3$、$E_4$，由于采集参数设置相同，$E_1$、$E_2$、$E_3$、$E_4$ 对应的各样本集样本量与 krisun 数据集实验条件设置相同。

表 1-6　USW 数据集实验条件设置

| 实验条件 | 有标签样本量 | 无标签样本量 | 测试样本量 |
|---|---|---|---|
| $E_1$ | $9\times10^4$ | $4.5\times10^5$ | $9\times10^4$ |
| $E_2$ | $1.8\times10^5$ | $4.5\times10^5$ | $9\times10^4$ |

（续）

| 实验条件 | 有标签样本量 | 无标签样本量 | 测试样本量 |
|---|---|---|---|
| $E_3$ | $2.7 \times 10^5$ | $4.5 \times 10^5$ | $9 \times 10^4$ |
| $E_4$ | $7.2 \times 10^5$ | 0 | $9 \times 10^4$ |

### 1.6.4 SW 数据集

采集了 5 部 TBR-134A 型短波背负式 USB 通信辐射源的信号构造 SW 数据集，数据采集方式与 krisun 手持式 FM 通信辐射源相似，说话人使用 5 部 TBR-134A 型短波背负式 USB 通信辐射源在冬季下午室外（晴天，气温约 0℃）无高大建筑等遮挡物场地采用直射和绕射方式进行语音通信，通过接收机接收通信信号。5 部通信辐射源相互之间的部署距离约为 20m，采集设备离通信辐射源的直线距离约 30m。采用的通信频率分别为 6MHz、15MHz、25MHz，工作模式选用“小功率”，其余主要采集参数如表 1-7 所列。

表 1-7　SW 数据集信号采集参数

| TBR-134A 通信辐射源参数 | | 接收机参数 | | |
|---|---|---|---|---|
| 信号带宽 | 接收机采集增益 | 接收机信道带宽 | 采样率 | 采样时间 |
| 11.2kHz | 54dB | 100kHz | 312.5kHz | 30s |

最终获得的 SW 数据集中包含 5 部 TBR-134A 型短波背负式 USB 通信辐射源分别通过 2 种通信环境下以 3 种工作频率、由 3 个说话人进行语音通信的 90 个信号样本，包含 $8.4375 \times 10^8$ 个数据点。每部通信辐射源的部分信号时域波形如图 1-15所示。采集系统界面如图 1-16 所示，显示了 3 个说话人使用 TBR-134A 型短波背负式 USB 通信辐射源在 6MHz 频率下进行语音通信的信号频域波形。

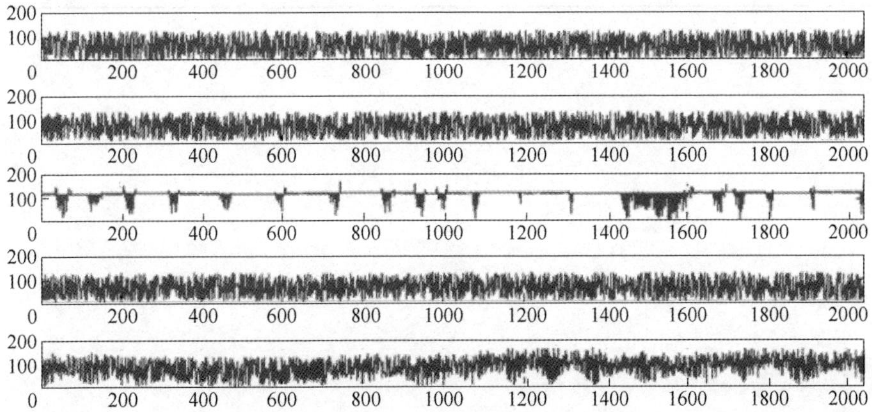


图 1-15　SW 数据集部分信号时域波形

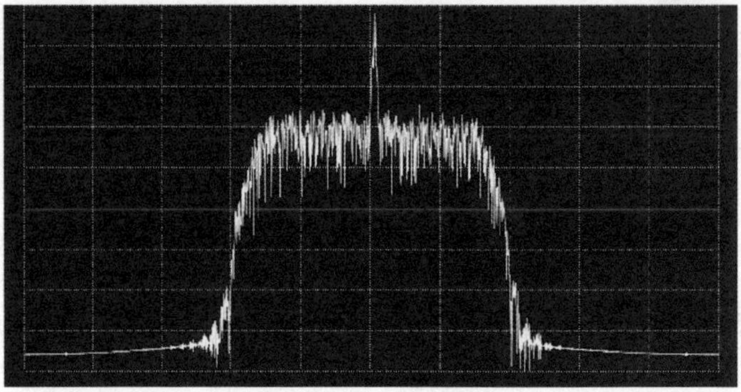

图 1-16　采集系统界面显示的 SW 数据集频域波形

为了验证本书提出的通信辐射源个体识别算法的可行性与有效性，需要基于上述 SW 数据集设置"小样本"条件下的实验环境。在表 1-8 中，将 $8.4375\times10^8$ 个数据点的 SW 数据集 90 个样本进行数据切分，每个样本切分为 10000 段子样本，每一段子样本包含 937 个数据点，将所有子样本划分为有标签训练样本集、无标签训练样本集以及测试样本集，并按照有标签训练样本集中样本量的不同将实验条件编为 $E_1$、$E_2$、$E_3$、$E_4$，由于采集参数设置相同，$E_1$、$E_2$、$E_3$、$E_4$ 对应的各样本集样本量与 krisun 数据集实验条件设置相同。

表 1-8　SW 数据集实验条件设置

| 实验条件 | 有标签样本量 | 无标签样本量 | 测试样本量 |
|---|---|---|---|
| $E_1$ | $9\times10^4$ | $4.5\times10^5$ | $9\times10^4$ |
| $E_2$ | $1.8\times10^5$ | $4.5\times10^5$ | $9\times10^4$ |
| $E_3$ | $2.7\times10^5$ | $4.5\times10^5$ | $9\times10^4$ |
| $E_4$ | $7.2\times10^5$ | 0 | $9\times10^4$ |

# 第2章　通信辐射源个体识别基础

## 2.1 引　　言

通信辐射源个体识别技术是通过获取终端通信信号,分析信号的特征,根据通信不同硬件设备发射的通信信号中表现出不同特征,对辐射源个体进行有效判断,在此基础上实现对敌方设备的跟踪,为对敌方关键通信设备、平台的电子干扰和军事打击提供技术支撑。

本章主要在对通信辐射源个体识别指纹特征产生机理分析的基础上,对通信辐射源信号截获与参数测量、信号分选、个体指纹特征提取、个体分类识别等识别过程进行介绍,最后重点分析通信辐射源个体识别分类的方法和现状。

## 2.2　通信辐射源个体指纹特征产生机理分析

### 2.2.1　通信辐射源个体指纹特征概述

辐射源个体识别技术的最为重要环节在于如何有效地提取用于个体分类识别的目标特征,即“指纹”,它决定了分类效果的好坏。特征提取是把冗余度高、难处理、特征不明显的原始电磁信号转换为冗余度低、易于后端处理、带有尽可能多的个体特征信息的特征参数,个体特征的提取既是一个信息大幅度压缩的过程,也是一个信号解卷的过程,目的是使所提取的特征类内分散性小,类间分散性大,使模式划分器能更好地划分。特征提取得适当与否直接影响整个识别系统的设计复杂度,并决定了系统识别的准确率。因此,研究如何把高维信号空间映射到低维特征空间就成为通信辐射源个体识别的一个重要课题。

指纹识别学是一门最早源自我国秦朝,基于人体指纹特征的普遍存在性、终身稳定性与唯一性而发展起来的学科。随着计算机图像处理和模式识别理论以及大规模集成电路技术的不断发展与成熟,以指纹识别技术为主的生物特征识别被评为21世纪十大高科技之一,并将成为未来几年IT产业的重要革新。

人体指纹的特征由指纹的中心点、三角点、端点、叉点、桥接点、断点、褶皱、疤痕、纹型、纹密度、纹曲率甚至包含像血流分布、导电率、微循环等生命特征的诸多元素所构成。在实际应用中,根据需求的不同,可以把人体的指纹特征分为永久性特征、非永久性特征和生命特征。

指纹识别是生物特征识别技术中比较成熟的技术,该方法通过对人的指纹提取特征点后存储在证件中作为唯一标识,很好地解决了人的身份验证问题。目前来说,其主要应用于三大领域:①物理门禁,即各种看得见的门禁;②政府项目,包括各种IC卡类、身份证等;③逻辑门禁,即无形的门禁,包括计算机系统及网络信息安全等。但指纹识别成功应用的前提是个体间指纹的各异性和个体内指纹的稳定性。借鉴"指纹"特征的基本思想,应用到目标辐射源识别,即为目标辐射源"指纹"特征识别。尽管目标辐射源的概念和种类涵盖较广,但在电子对抗侦察中,主要是指通信电台辐射源"指纹"特征识别与雷达辐射源"指纹"特征识别。

由于不同体制的通信电台的信号特征差异较大,比较容易根据工作频段、信号带宽、来波方向等加以区别。对于同一通信体制的不同通信电台,电台技术性能的差异有些会反映在信号的一般技术特征上,如信号频率覆盖范围不同、信号调制样式不同,发射功率不同、数字信号码元速率的不同都将可以作为进一步区分电台的依据。对于相同型号的电台而言,每部电台元器件性能、生产工艺、安装调试以及工作流程等方面的随机离散性,必然使该电台的辐射信号带有区别于其他电台的个体属性特点。因此,"指纹"特征从理论上分析来说是存在的,但是必须考虑到,在通信信号传播过程中,会受到传输信道以及接收机的影响。

### 2.2.2 通信辐射源个体指纹特征产生机理

信号细微特征是指由于设备之间的个体差异,在信号的表现形式上存在着不影响信息传递的可检测、可重现的细微特征差异。这些信号细微特征产生的根源具体在于发射机设备的个性特征,多是自身电路的工艺差异,包括器件加工过程中的工艺缺陷(材料、加工设备、加工方法、环境等)造成器件特性和技术指标的离散,以及装备在设计、生成、调试过程中的个体差异。由于发射机的工艺不可再现性,导致了信号细微特征的差异,以及设备个体的差异,所以信号细微特征包含在发射机发射的信号之中,是发射机不同工艺的表现形式,因此对发射机构成的研究是首要任务。

发射机主要由信号产生器、功率放大器和天线三个基本部分组成,如图2-1所示。信号产生器用来产生主信号形式,需加若干级功率放大器,以逐步提高输出功率,最后将输出功率提高到所需的发射功率电平,经过发射天线辐射出去[1]。

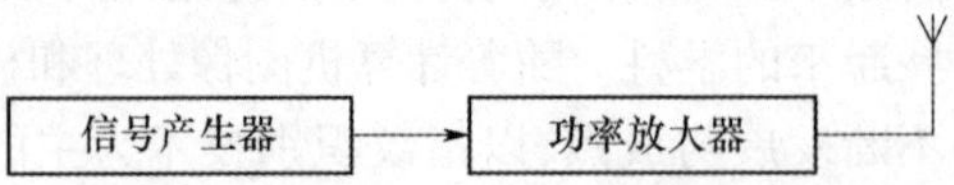


图2-1 发射机基本组成

#### 2.2.2.1 信号产生器和信号细微特征存在性分析

信号产生器的基本组件包括振荡器、变频电路和滤波器等。振荡器产生高频振荡信号经放大后作为载波,变频电路用来完成信号调制等功能,滤波器完成对有用信号的提取和其他信号的滤除[41]。

**1. 振荡器**

振荡器是不需外信号的激励、自身将直流电能转换为交流电能的装置,作为发射电台的频率源,主要有反馈型振荡器、LC 振荡器、石英晶体振荡器和压控振荡器等几种形式。其中,普遍采用的是石英晶体振荡器。

以并联型晶体振荡器为例,可以用图 2-2 所示的等效电路来表示。石英谐振器可视为电阻 $R_e$ 和电抗 $jX_e$ 的串联, $R_N$ 是外电路的等效负电阻部分, $C_L$ 是外电路的等效电容部分。

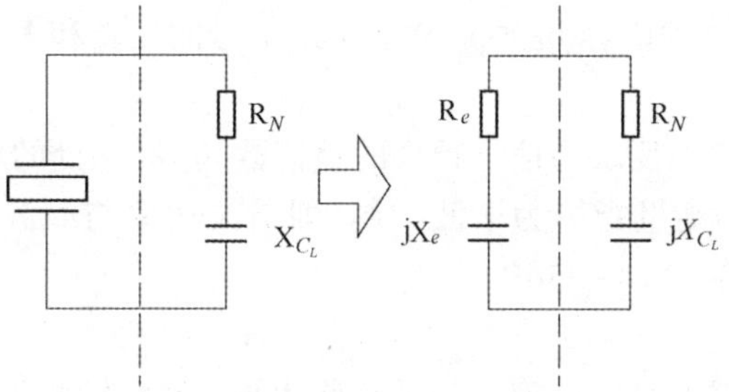


图 2-2　并联型振荡器的等效电路

因此,晶体振荡器(简称晶振)产生稳幅振荡的条件是 $Z_e = -Z_{C_L}$ ,其中 $Z_e$、$Z_{C_L}$ 分别表示石英谐振器和外电路等效电容部分的阻抗。

相位平衡条件为 $jX_e = -jX_{C_L}$ ,振幅平衡条件为 $R_e = R_N$ 。

当达到所有条件时,理想的正弦波振荡器的输出信号为 $v(t) = A\cos(\omega_c t)$ ,它的频谱是一条单一的幅度为 $A$ 的谱线。但是现实情况中,会因为振荡器自身因素以及环境因素,包括存在有源器件的固有噪声、电阻热噪声以及外部干扰等原因不能达到平衡条件,因此当所有这些噪声和干扰通过振荡器这个非线性系统时,对它的输出信号的幅度和相位都可能进行调制,目前振荡器通过辅助电路的调整,基本可以保证输出是等幅振荡,所以振荡器实际的输出信号应该为一个调相波,即

$$v(t) = A\cos[\omega_c t + \varphi_n(t)] \tag{2-1}$$

式中: $\omega_c$ 为标称角频率; $\varphi_n(t)$ 为相位调制。振荡器输出频谱如图 2-3 所示。

由上可以看出振荡器的输出是“不完美”的,同时由于每部设备的制造工艺的独一无二性和不可再现性,必然在输出中包含由于该设备独有的细微特征所造成的信号包络、相位、频谱失真等。

从图 2-3 可以看出, $\varphi_n(t)$ 是晶体振荡器体现出的信号细微特征的载体,我们将从 $\varphi_n(t)$ 的表征形式对信号细微特征的表现形式进行说明: $\varphi_n(t)$ 包含了电路元件的非线性产物和电路内部的一种固有的扰动信号,它是由于组成电路的元器件、材料的物理性能以及温度等原因引起电荷载流子运动发生的不规则变化而引

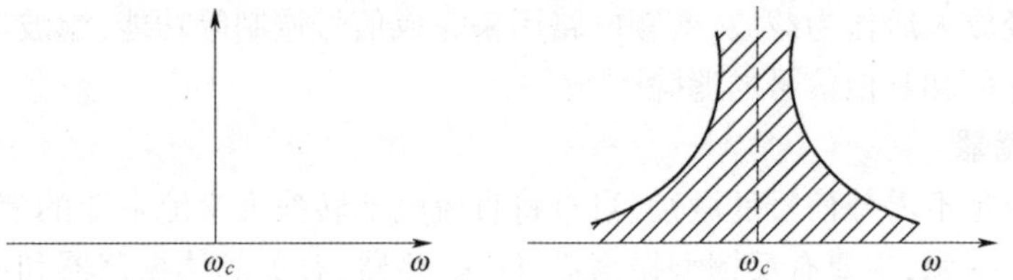


（a）理想正弦振荡器输出频谱　　（b）实际正弦振荡器输出频谱

图 2-3　振荡器输出频谱

起的结果,也是一种随机信号,在任一瞬间不能预知其精确大小。其表征形式有频域和时域两个方面,但二者是可以互相转换的,考察 $\varphi_n(t)$ 的频域产物主要有谐波、杂散(寄生)、离散频谱等,这些产物会带来信号的失真和表现形式,具体如下。

1）谐波失真

谐波失真在频谱上反映为信号频率的整倍数 $nf_c$ 频率处的单根谱线( $n=2,3,4,\cdots$ )。谐波失真的衡量指标为谐波抑制,即谐波功率与载波功率之比。合格晶振的谐波抑制控制在-25～-35dB。

2）杂波失真

杂波失真在频谱上可能表现为若干对称边带,可能表现为在信号频率 $f_c$ 谱线旁存在的非谐波关系离散单根谱线,一般以离散的单根谱线出现在距载频 50Hz、100Hz、200Hz 等处。杂波失真的衡量指标为杂波抑制,是指杂波功率与载波功率之比。合格晶振的杂波抑制控制在-85～-95dB。

3）开、关机特性

开、关机特性是指晶体振荡器从冷状态下开机或从热工作状态下关机后,在一定时间间隔内频率的稳定度。这一特性的产生原因是电子元件的起振特性和热敏性造成的,具有鲜明的个性特征。且热敏性不但会出现在开、关机特性中,也会出现在晶振正常工作状态中,但是在设计合格的晶振电路时,会加上温度补偿电路,其晶体频率—温度补偿曲线如图 2-4 所示,Ⅰ为 AT 切型晶体频率—温度特性曲线,Ⅱ为晶体串联回路补偿曲线,Ⅲ为补偿后的晶体振荡器频率-温度特性曲线,一般能够在-40～+85℃宽温范围内获得较好的补偿。

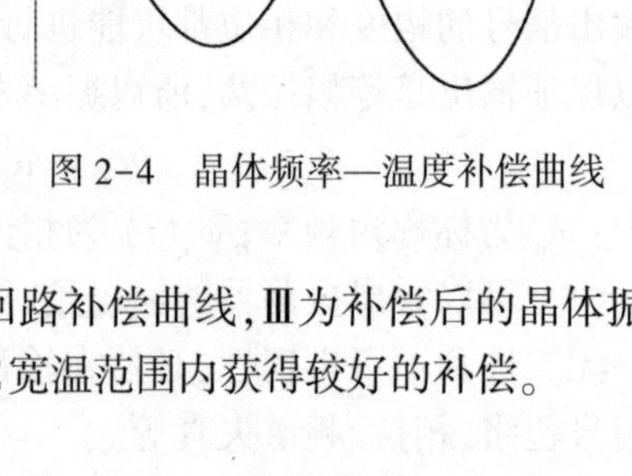

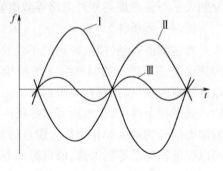

图 2-4　晶体频率—温度补偿曲线

4）短期频率稳定度

$\varphi_n(t)$ 决定高稳定晶振的短期频率稳定度。衡量晶振的频率稳定度,常用频率相对频率稳定度来表示,即 $\dfrac{\Delta f}{f_c}=\dfrac{f-f_c}{f_c}=\dfrac{\dfrac{\mathrm{d}}{\mathrm{d}t}\varphi_n(t)}{w_c}$。

通常采用各种谱密度来衡量短期频率稳定度,目前比较广泛采用的是单边带相位噪声 $L(f_c)$ 。单边带相位噪声是指偏离载频 $f_c$ 处一个相位调制带的功率谱密度与载波功率之比,其表达式为

$$L(f_c) = \frac{P_m}{B_n P_c} \tag{2-2}$$

式中:$P_m$ 为测得的偏离载频 $f_c$ 处一个相位调制带的平均功率;$P_c$ 为载波功率;$B_n$ 为测量系统的等效噪声分析带宽。

以几种军用电台之间所使用的晶体振荡器的单边带相位噪声的比较,如表2-1所列不同振荡器的单边带相位噪声指标是有差别的。

表 2-1　几种晶体振荡器单边带相位噪声的比较　　(单位:dBc/Hz)

| 振荡器<br>$L(f_c)$<br>频偏 | SDH/SONET VCXO<br>$f_0=155.52\text{MHz}$ | OCXO820<br>$f_0=10\text{MHz}$ | ZD503<br>$f_0=100\text{MHz}$ | 原子频标锁相 VCXO<br>$f_0=10\text{MHz}$ |
|---|---|---|---|---|
| @1Hz | — | -75 | — | -90 |
| @10Hz | -60 | -110 | -100 | -120 |
| @100Hz | -90 | -135 | -125 | -140 |
| @1kHz | -120 | -145 | -150 | -150 |
| @10kHz | -140 | -150 | -160 | -155 |
| @100kHz | -140 | -150 | -160 | -155 |

5) 频率再现性

频率再现性是指同一台晶体振荡器在相同的条件下,多次开机在指定的相同时间的频率复合程度。这个指标是对晶振品质的衡量,指标越高表示品质越好,从另一个侧面说明晶振的细微特征具有再现性。

如果以理想信号输出为标准,由晶振电路输出的基本指标参数可以将其归结为包含多种失真的输出信号。因为"完美"信号都是相同的,"不完美"信号则因为产生机理原因各有各的不同,因此这些失真中必然包含信号细微特征的载体,下面针对这些失真的来源进行分析。

6) 振荡器电路的谐波失真来源

(1) 石英晶体元件和压控元件的固有谐振频率。以石英晶体元件为例,其高频振荡的产生原理是反压电效应,在晶片两面上加上高频交变电压时,晶片将产生伸缩、弯曲、切变、扭转等周期性的机械振动,同时两表面产生周期性的正负电荷。一定尺寸的晶片对于一定的振动方式有一个机械谐振频率,由于晶片的切割方位、形状和大小以及材质的均匀度差异使得石英晶体的振荡输出产生谐波失真,因而石英晶体振荡器的输出存在谐波失真。

(2) 电源的不稳定性。参考源电源的不稳定造成石英晶体振荡输出产生谐波

失真。石英晶片材质作为力敏材质,会使振荡器输出品质不同,因此使得输出包含谐波失真,这种由于器件原因造成的失真不但包含了设备的个性特征,而且存在信号细微特征。

7) 晶振电路的输出来源

晶振电路的输出包含丰富的杂散和寄生,主要来源有两点:①参考源的电源波纹会在参考源输出信号处引起杂波,它们常以离散的单根谱线出现在距载频50Hz、100Hz、200Hz 等处。②晶振电路中的引线电感和接触电阻会带来输出的杂散寄生。不同的引线电感和接触电阻会使频域上主频率和寄生杂散频率的间隔不同,因此这种杂散输出包含了设备的个性特征以及信号细微特征。

8) 开、关机特性的产生根源

晶片振荡的起振特性,属于晶片的本质属性。振荡器组成电路其他元件的本质属性,以晶体二极管为例,该特性与其导电机理,即自由电子的漂移和扩散有关,且不同的材质有不同的特征。晶片的起振特性是由于材质特性产生的,因而开、关机特性是信号细微特征的载体,这一结论对发射机设备的其他电路组成也适用,以下不再赘述。

**2. 变频电路**

变频电路是将信号自某一个频率变成另一个频率。下面主要对相乘器和频率合成器电路进行介绍。

1) 相乘器

以单边带发射机为例,从频域的观点来看单边带信号仅是调制信号频谱的搬移,因此只要设法把调制信号的频谱搬到工作频率范围内。如果采用滤波法实现调制信号的频谱搬移,最通用的方法是用相乘器作载频抑制电路,相乘器示意图如图 2-5 所示。

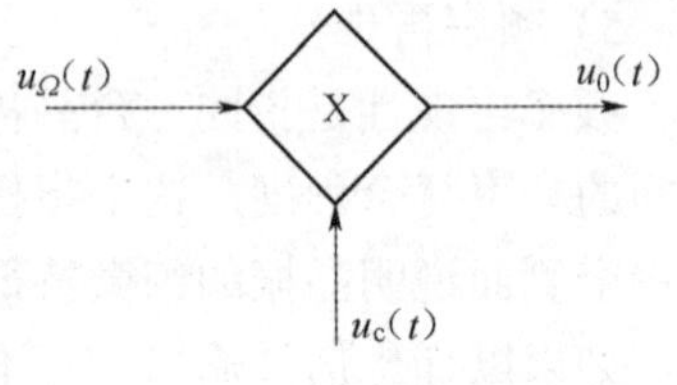

图 2-5　相乘器示意图

相乘器的作用是把两个输入信号相乘后输出,其数学表达式为

$$u_0(t) = Ku_\Omega(t) \cdot u_c(t) \qquad (2-3)$$

式中:$u_\Omega(t) = U_\Omega(t)\cos\theta_\Omega(t)$ 为调制信号;$u_c(t) = U_c\cos w_c(t)$ 为载频信号;$u_0(t)$ 为相乘器输出端的双边带信号;$K$ 为比例系数。

把 $u_\Omega(t)$ 和 $u_c(t)$ 代入 $u_0(t)$ ,经变换后,就可发现输出信号中的载频被抑制了,只有上、下两个边带信号,即

$$\begin{aligned} u_0(t) &= Ku_\Omega(t) \cdot u_c(t) = KU_\Omega(t)\cos\theta_\Omega(t) \cdot U_c\cos(w_c t) \\ &= \frac{1}{2}KU_\Omega(t) \cdot U_c\{\cos[w_c t + \theta_\Omega(t)] + \cos[w_c t - \theta_\Omega(t)]\} \\ &= kU_\Omega(t)\cos[w_c t + \theta_\Omega(t)] + kU_\Omega(t)\cos[w_c t - \theta_\Omega(t)] \end{aligned} \qquad (2-4)$$

其中,$k = \dfrac{K}{2}U_c$ 。

显然,以上结果是理想相乘器的输出结果,按照性能和理想相乘器最接近的电路是环形调制器,实际电路如图 2-6 所示。

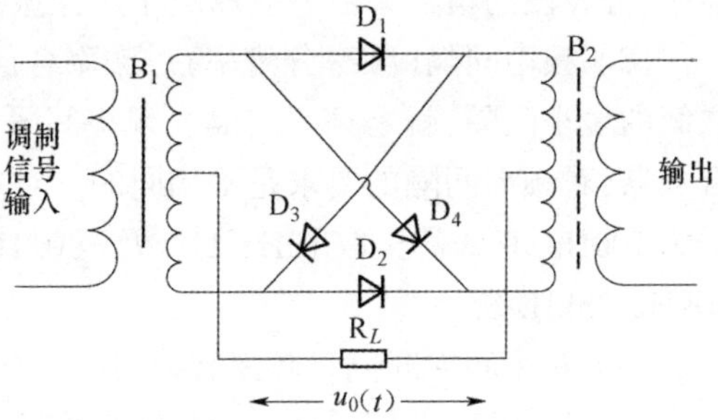


图 2-6 环形调制器的实际电路

理想情况下,相乘器的输出中载波完全被抑制,而实际输出则不可能,载波总有一些泄漏(载漏)。因而相乘器的主要参数指标为载漏抑制比 $N_c$ ,用来衡量抑制载频的能力,通常要求 $N_c$ 为-20~-30dB。

$$N_c = 20\lg \frac{\text{载漏电压}}{\text{边带信号电压}} \tag{2-5}$$

载漏造成相乘器的输出包含了丰富的寄生频率,产生原因有以下几方面:

(1) 变压器绕组抽头的位置不可能完全做到在绕组的中心。

(2) 4 个晶体二极管的特性不一致。

(3) 加电路各点的分布电容不可能完全平衡。

以上三点均是由于设备制作工艺造成的,带有设备鲜明的个性特征,因而相乘器的输出包含了信号细微特征。

2) 频率合成器

频率合成技术是一个利用高稳定度、高精度的标准频率产生出一系列等间隔的离散频率信号的技术。其主要合成方法有 3 种:直接频率合成(Direct Frequency Synthesis,DFS)法、锁相环合成(Phase Locked Loop,PLL,又称间接频率合成)法、直接数字频率合成( Direct Digital Frequency Synthesis,DDS)法。DDS 基本构成框图如图 2-7 所示。

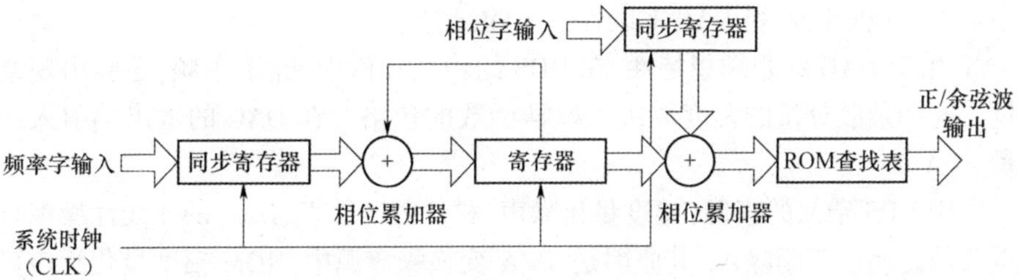


图 2-7 DDS 基本构成框图

频率合成器的主要技术指标如下:

(1) 工作频率范围。工作频率范围是指频率合成器输出的最低频率 $f_{0\min}$ 和最高频率 $f_{0\max}$ 之间的变化范围,也可用覆盖系数表示,即 $k = f_{0\max}/f_{0\min}$ ( $k$ 又称为波段系数)。如果覆盖系数 $k > 2$ 时,整个频段可以划分为几个分波段。在频率合成器中,分波段的覆盖系数一般取决于压控振荡器的特性。

(2) 频率间隔(频率分辨率)。频率合成器的输出是不连续的。两个相邻频率之间的最小间隔,就是频率间隔。频率间隔又称为频率分辨率。不同用途的频率合成器,对频率间隔的要求是不相同的。对短波单边带通信来说,现在多取频率间隔为 100Hz,有的甚至取 10Hz、1Hz 乃至 0.1Hz。对超短波通信来说,频率间隔多取 50kHz、25kHz 等。

(3) 频率转换时间。频率转换时间是指频率合成器从某一个工作频率转换到另一个工作频率,并使后者达到稳定工作所需要的时间。

(4) 准确度与频率稳定度。准确度是指频率合成器工作频率偏离规定频率的数值,即频率误差。频率稳定度是指在规定的时间间隔内,频率合成器频率偏离规定频率相对变化的大小。

(5) 频谱纯度。频谱纯度是指输出信号接近正弦波的程度。影响频率合成器频谱纯度的因素主要有两个:一是相位噪声,二是寄生干扰。相位噪声是瞬间频率稳定度的频域表示,在频谱上呈现为主谱两边的连续噪声。DDS 的输出包含丰富的杂散,其来源主要有 3 个:

① 在实际的 DDS 应用中,为了取得极高的频率分辨率,常将相位累加的位数 $L$ 取得很大,实际应用中常取 $L=32$ 或 48。如这 $L$ 位都用于寻址,寻址空间将为 232 或 248。由于体积和成本的限制,波形只读存储器(Read-Only Memory,ROM)的容量有限,为了压缩 ROM 的容量,常采用 $L$ 位相加累加器的高 $W$ 位来寻址 ROM 中的数据,并舍去低的 $B=L-W$ 位。由此导致相位信息损失而造成的误差称为相位截断误差(相位舍位误差) $\varepsilon P(n)$。

② 由于 ROM 存储的是正弦值的量化值而非模拟值,而 ROM 数据线位数 $D$ 是有限的,DDS 中存储的波形样点值,是用有限位二进制数来表示的。因而相位幅值量化过程将产生量化误差 $\varepsilon T(n)$。幅度量化噪声又称为背景噪声,它的幅度通常远小于相位截断误差和 DAC 非线性引入的误差。

③ 由于 DAC 的非理想特性,在 DDS 的输出频谱中,除了主频,还会出现杂散分量。这些杂散分量的幅度取决于取样函数的包络。在 DAC 的输出端引入杂散分量 $\varepsilon \mathrm{DA}(n)$。

由于 DDS 杂散的来源(幅度量化噪声、相位截断噪声、DAC 的非线性噪声)中,最重要的是相位截断噪声,其原因是:D/A 变换噪声源中,ROM 幅度量化噪声可以通过增加 DAC 的位数和 ROM 的字长来降低。但 ROM 地址位数的增加却受到限制,因为从硬件的复杂度来讲,它与 DAC 的位数及 ROM 的字长成线性关系,而与 ROM 的地址位数成指数关系。这样,增加 ROM 的地址数就意味着硬件成本的大量增加。在这种情况下,相位舍位噪声就很难降低,它在总的噪声中的比例就会上升。

DDS 是由于电路芯片的选择和综合电路板的设计,使得输出频谱在相位噪声和杂散表现上完全不同,因而 DDS 的输出由于电路器件的原因而导致其输出包含了设备电路独特的信号细微特征。

**3. 滤波器**

滤波器在发射设备电路中完成着重要工作,即抑制无用信号边带,保留有用信号。理想滤波器能够完全抑制无用信号边带,但在现实中不论利用什么形式的边带滤波器都不可能将无用边带完全抑制掉,输出端除了有用边带,还残留一定大小的无用边带,如图 2-8 所示。

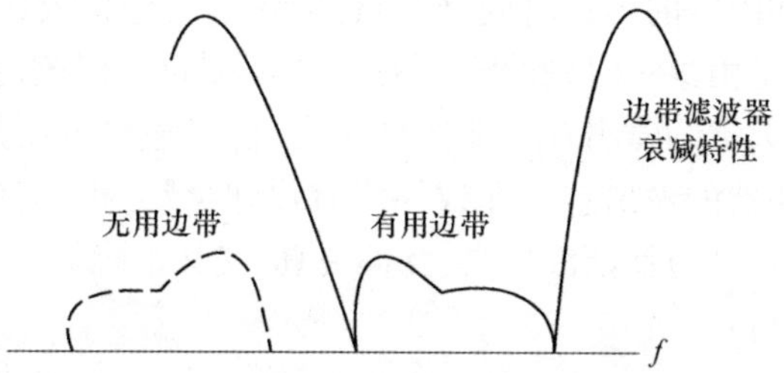


图 2-8 边带滤波器衰减特性

滤波器的主要性能指标包括通带内衰耗 $b_{omax}$、通带内波动 $\Delta b_{max}$、通带范围、载频抑制、旁频抑制(阻带衰减)、输入输出阻抗、时延差、衰减特性过渡带斜率 $S_F$。

从频域对滤波器输出进行分析,可得出输出包含谐波、杂波和相位噪声的失真等,从机理分析主要可归结为通带内的波动和衰减过渡特性。

滤波器输出的失真主要与其工艺有关,以单边带发射机为例,最常用的边带滤波器有多节晶体滤波器和多节机械滤波器,其主要性能如表 2-2 所列,因此由于滤波器的选型不同,或同种滤波器由于个性原因会使得其输出包含信号细微特征。

表 2-2 100kHz 晶体边带滤波器和 500kHz 圆盘形机械滤波器主要性能

| | | | | | |
|---|---|---|---|---|---|
| 100kHz 晶体边带滤波器 | 通带内衰耗 | ≤12dB | 500kHz 圆盘形机械滤波器(常温 20~25℃) | 通带(3dB) | 3kHz |
| | 通带内波动 | ≤3dB,高温<br>≤2.5dB,低温 | | 上边带的下截止频率 | <500.35kHz |
| | 通带范围 | 3kHz | | 下边带的上截止频率 | >499.65kHz |
| | 载频抑制 | >30dB | | 通带内峰谷比 | ≤2.5dB |
| | 旁频抑制 | ≥52dB | | 阻带衰减 | 上边带:499.7kHz 以下,≥45dB<br>下边带:500.3kHz 以上,≥45dB |
| | 输入输出阻抗 | 75Ω | | 载频抑制 | ≥26dB |
| | 时延差 | 0.7ms | | 插入衰减 | ≤14dB |

### 2.2.2.2 功率放大器和信号细微特征存在性分析

功率放大器主要完成信号功率的放大，使之通过天线发射出去。功率放大器在理想条件下，应该是线性的，其输出电压是输入电压的常数倍，可以表示为

$$V_{out}(t) = G \cdot V_{in}(t) \tag{2-6}$$

所有的输入信号幅度都被放大了 $G$ 倍，在一个给定的频率下，输出信号同输入信号的相位差也是一个固定的值。一个理想的放大器，在整个通带内具有固定的增益、线性的相移和固定的延迟时间，同时也应该是无记忆效应的，即放大器在任何时刻的输出响应是由这一时刻的输入决定的，不受前一时刻的影响。

然而实际中放大器的输出存在非线性失真，使得输出电压是输入电压更高阶的函数，即功率放大器的输出包含非线性失真；从时域分析，其包括包络失真和相位失真；从频域分析，其包括谐波失真、互调失真、交叉干扰等。下面将从这些失真的产生机理进行分析：

**1. 时域失真**

由于器件的频率非线性特性引起的频率-幅度和频率-相位失真。信号的不同频率分量通过功率放大器时有不同的幅度增益和相位延迟，从而在输出端形成有别于原信号的输出信号，可归结为输出的包络失真产生。按照放大器件的角度，时域失真主要有放大器振幅特性的非线性失真和栅流失真，下面对输出信号时域失真的机理进行分析。

1）放大器振幅特性的非线性

放大器输入电压对等幅双音时输出电压的实际波形如图 2-9 所示，可以看出，输入电压振幅 $U_{in}$ 和输出电压振幅 $U_{out}$ 不再是线性关系，而是尾部和顶部都略有弯曲，此时 $U_{in}$ 和 $U_{out}$ 曲线各点斜率不再是常数，而是 $U_{in}$ 的函数，这时发射机的包络失真是由于振幅特性的弯曲引起的，其产生原因：

（1）振幅特性尾部弯曲是由于电子器件静态特性的非线性造成的。

（2）顶部向下弯曲是由于放大器负载过大造成的。

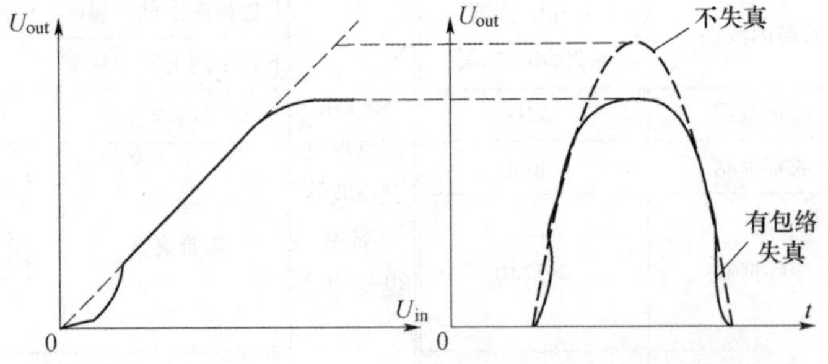


图 2-9　放大器输入电压对等幅双音时输出电压的实际波形

由上可以看出，放大器振幅特性的非线性是由电路器件特性决定的，因而带有设备电路的个性特征，所以输出包含信号细微特征。

2）栅流失真

同样以短波通信电台为例，电子管放大器可等效成图 2-10 所示的电路。当逐渐加大输入电压，一直加大到进入电子管放大特性曲线的栅流区，由于栅流的出现，使放大器输入端单边带信号的包络产生失真，这与振幅引起的包络失真不同。当放大器工作于无栅流区时，放大器的输入电阻 $r_g$ 为无穷大，放大器输入电压的波形就是信号源 $e_i$ 的波形。但逐渐加大信号，当峰值包络进入栅流区时，会出现栅流，$r_g$ 就呈现某一数值，不再是常数，其随着栅流脉冲幅值 $i_{g\max}$ 的增大而减小，如图 2-11 所示。

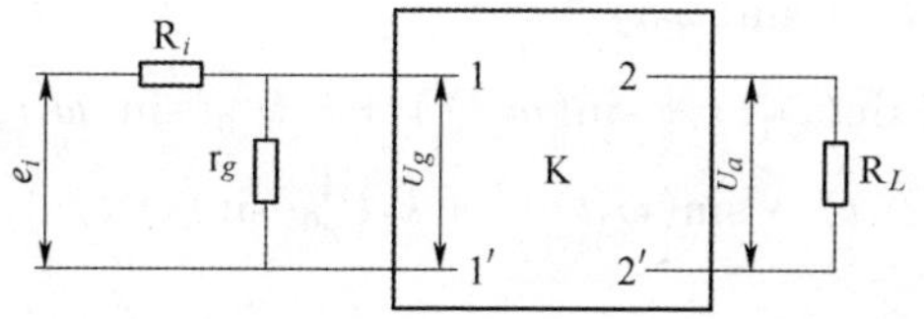


图 2-10　放大器等效电路

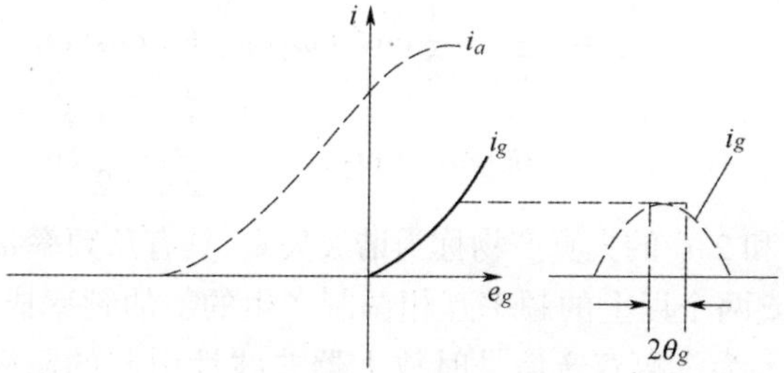


图 2-11　放大器工作于栅流时 $i_g$ 和 $\theta_g$ 随信号电平变化的关系

信号源幅度增加，栅流脉冲的振幅加大，栅流通角 $\theta_g$ 也增大，基波分量 $I_{g1}$ 也随之增大。因为 $r_g=\dfrac{U_g}{I_{g1}}$，进入栅流区，由于 $r_g$ 随着信号源幅度的变化而变化，相当于放大器输入电路中由 $R_i$ 和 $r_g$ 所组成的分压器的分压比在变化，信号源幅度越大，分压比越小，从而使真正加到电子管栅极的电压 $U_g$ 的包络不再和信号源 $e_i$ 的包络成比例增大，而呈现出明显的包络顶部变平。由于输入信号已经产生失真，即使放大器没有非线性失真，输出信号也会产生包络失真。

由上可以看出，栅流失真与电子管的放大特性有关，因而其包络失真也包含设备电路的个性特征，是信号细微特征的表现形式之一。

**2. 频域失真**

理想的等幅双音单边带信号输出为

$$U_g = U_{g0}(\sin(\omega_1 t) + \sin(\omega_2 t)) \tag{2-7}$$

其中，$U_{g0}$ 为加入放大器的等幅双音信号中某一单音的振幅。但现实中信号输出包含谐波失真、三阶互调失真和相位噪声等。

这些失真产生的主要因素有：

(1) 放大器阳栅动特性的非线性,在电子管的阳极电流中,会出现谐波分量、互调分量,使信号的发送频带大大展宽。

(2) 功率放大器芯片的增益非线性。

以阳栅动特性为例,用泰勒级数表示为

$$i_a = I_{a0} + k_1 u_g + k_2 u_g^2 + k_3 u_g^3 + k_4 u_g^4 + k_5 u_g^5 + \cdots \tag{2-8}$$

等幅双音信号输入为

$$\begin{cases} u_g = U_{g0}(\sin(\omega_1 t) + \sin(\omega_2 t)) \\ i_a = I_{a0} + k_1 U_{g0}(\sin(\omega_1 t) + \sin(\omega_2 t)) + k_2 U_{g0}^2(\sin(\omega_1 t) + \sin(\omega_2 t))^2 \\ \quad + k_3 U_{g0}^3(\sin(\omega_1 t) + \sin(\omega_2 t))^3 + k_4 U_{g0}^4(\sin(\omega_1 t) + \sin(\omega_2 t))^4 + \cdots \end{cases} \tag{2-9}$$

以上式的二阶失真产物为例,扩展后得

$$\begin{aligned} (\sin(\omega_1 t) + \sin(\omega_2 t))^2 &= \sin^2(\omega_1 t) + 2\sin(\omega_1 t)\sin(\omega_2 t) + \sin^2(\omega_2 t) \\ &= \left(\frac{1}{2} - \frac{1}{2}\cos 2(\omega_1 t)\right) + [\cos(\omega_1 - \omega_2)t - \\ &\quad \cos(\omega_1 + \omega_2)t] + \left(\frac{1}{2} - \frac{1}{2}\cos(2\omega_2 t)\right) \end{aligned} \tag{2-10}$$

角频率为 $2\omega_1$ 和 $2\omega_2$ 的失真产物称为谐波失真,具有角频率 $\omega_1 - \omega_2$ 和 $\omega_1 + \omega_2$ 的失真产物,两个或两个以上的频率互相调制产生的新的频率成分称为互调失真。图 2-12 显示当输入为等幅双音信号时放大器非线性引起的阳极电流中的各阶失真产物的频率分布,可以得出结论:偶阶失真,不论是谐波失真还是互调失真,对放大器振幅特性的线性都没有影响。奇阶互调失真产物的一部分频率紧靠在信号频率附近,振荡回路无法滤除,其中三阶互调失真的振幅最大,影响也最大。

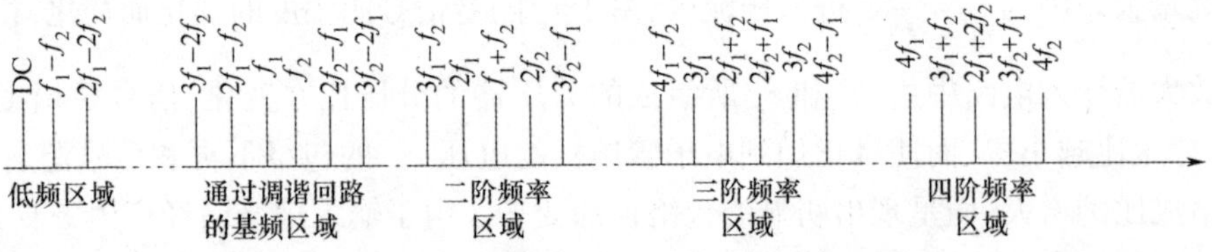


图 2-12　各阶失真产物的频率分布

三阶互调失真是指放大器输出电压中三阶互调失真的成分与信号频率的成分的比值取对数来表示:

$$\left(\frac{D}{S}\right)_3 = 20\lg\frac{\text{三阶互调失真电压}}{\text{测试频率电压}} \tag{2-11}$$

由上分析可得,从频域分析功率放大器的输出失真同样包含器件的个性特征,因而是信号细微特征的表现方式之一。

### 2.2.3 传输信道对个体指纹特征的影响分析

除了器件本身的特性,信号在传输过程中经过不同的信道也会对接收机接收到的信号产生影响,从而提高辐射源个体识别的难度。其中以短波天波传输尤为明显,下面就以其为例进行说明。

#### 2.2.3.1 短波天波传输的影响分析

发射天线向高空辐射的短波信号在电离层内经过连续反射而返回地面到达接收点的传播方式称为天波传播。它的优点是以较小的功率进行可达几百到一两万千米的远距离传播,甚至环球传播。天波传播时,由于电波比较深入地进入电离层,它传播的规律与电离层密切相关。电离层是分层的、不均匀的、各向异性、色散的媒质,而且是随机的、有时空性的[42-44]。这就使得短波信号经电离层传输后具有以下一些特殊的性质与主要参数。

**1. 衰落**

在电离层内短波传输过程中,由于多径波的干涉、极化面旋转、电离层吸收的变化等原因,使得接收信号电平呈现不规则变化。这种信号幅度的随机起伏现象称为衰落。通常衰落分为慢衰落和快衰落两种情况,慢衰落的周期从几分钟到几小时甚至更长时间,而快衰落的周期则是在十分之几秒到几秒之间。慢衰落是一种吸收型衰落,因而信号电平变化缓慢,对天波传播的可靠度和通信质量没有快衰落大,所以下面主要讨论快衰落。

快衰落可用以下参数来描述其特性。

(1) 信号幅度分布。大量的测试表明,在短波电离层信道中,由于传输媒质的变化和各种干扰的存在,信号幅度随机起伏的统计分布规律主要有正态分布、瑞利分布和对数正态分布等形式,其中瑞利分布出现的概率最大,约占50%。

(2) 衰落幅度与衰落深度。通常意义的分布概率分别为90%和10%的电平分贝数之差为衰落幅度。衰落深度一般指分布概率分别为50%和10%的电平分贝数之差。图2-13给出了信号衰落深度统计分布与测试时间的关系。从图中可以看出,在大部分时间内,信号的衰落深度在5~15dB,其中小于10dB的衰落出现得最为频繁,在急剧衰落时衰落深度可达35dB。

(3) 衰落率。衰落率通常是指信号电平每分钟以正斜率通过中值的平均次数。它的大小与工作时间、频率、线路距离、传播路径等因素有关。图2-14给出了信号衰落速率统计分布与测试时间的关系,从图中可以看出,在约70%的测试时间内,信号的衰落速率在每分钟 10~50 次范围内,约有 20%的测试时间,信号的衰落速率在每分钟 50~100 次。

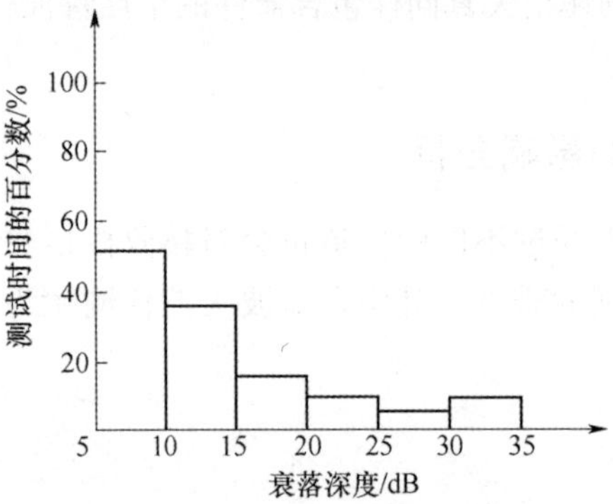


图 2-13 衰落深度分布与测试时间的关系

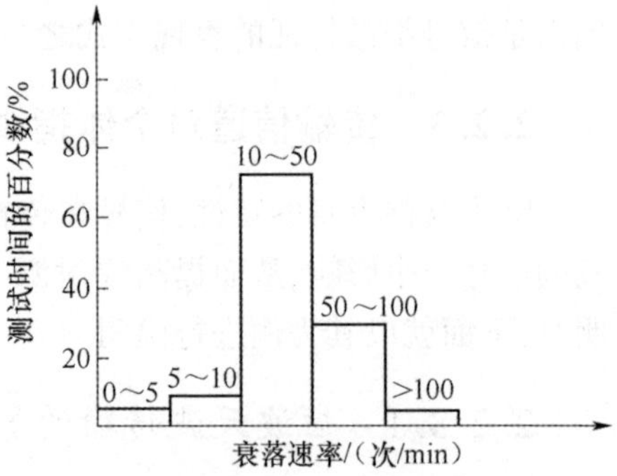


图 2-14 衰落速率分布

**2. 多径时延**

多径时延是指多径传输中最大的传输时延与最小的传输时延之差。多径时延的大小与通信距离、工作频率等因素有关。萨拉曼(Salaman)总结出了多径时延与通信距离的关系[45],如图 2-15 所示。

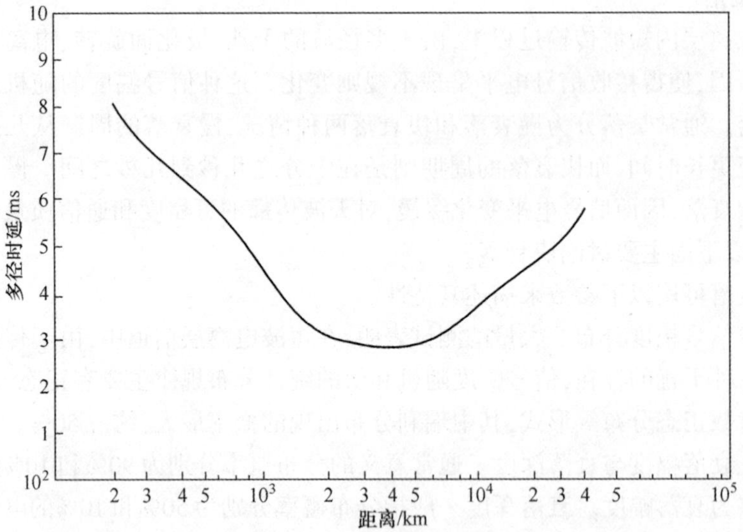


图 2-15 多径时延与通信距离的关系

从图 2-15 中可以看出,在 200~300km 的短程电路上,最大多径时延可达到 8ms 左右,这主要是由于在几百千米的短程电路上,通常使用弱方向性天线,电波传播模式比较多,各跳电波之间的仰角相差不大,吸收损耗也相差不大,故在接收到的信号分量中,各种模式都有相当的影响,这样就造成了短程电路中严重的多径时延。在 2000~4000km 的距离上,可能存在的传输模式较少,最大多径时延只有 2ms 左右。而在 4000~20000km 的长程电路上,由于不存在单跳模式,多种传输模式造成传输情况相对复杂,最大多径时延又逐渐增加到 6ms 左右。

根据大量的统计资料表明,在 300km 左右的短程电路上,80%的时间内多径时延小于 5ms,50%的时间内小于 4.5ms;在中等通信距离上,多径时延在 0.2~2ms 的概率约为 80%,少数情况可达到 4ms。

多径时延与所选择的工作频率也有关系。各种通信系统对于多径时延的要求也不一样,只要选择的工作频率不低于一定值,则多径时延就不会超过限定的数值。从多径时延要求所允许的最低工作频率与最高可用频率(Maximum Usable Frequency,MUF)之比,称为多径缩减因子(Multipath Reduction Factor,MRF)。萨拉曼总结了不同长度线路的实验结果,得到了多径缩减因子与通信距离的关系曲线,如图 2-16 所示。图中给出了 0.5~4ms 的多径时延在各种通信距离上的 MRF 值。从图中可以看出,在 1000~10000km 的线路上,要保证多径时延不大于 2ms,则工作频率不能低于 0.7MUF;要保证多径时延不大于 1ms,则工作频率不能低于 0.8MUF。

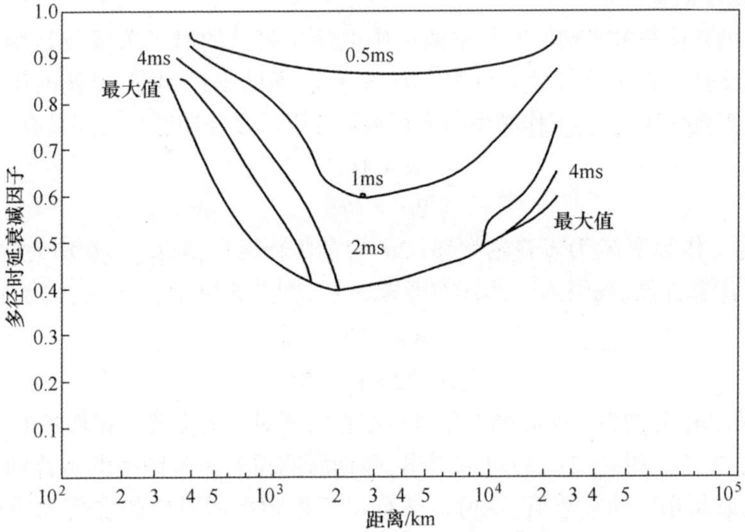


图 2-16 多径缩减因子与通信距离的关系

**3. 多径效应**

电离层的不均匀性和其具有的分层结构,以及短波天线通常波束较宽,因此天波传播时,可能经多次反射,出现多径效应,即多种传播模式并存。据统计,多径路数呈现图 2-17 所示的分布特性。从图中可以看出,多径路数在 2~4 条约占 85%,其中以 3 条出现概率最高,2 条与 4 条次之,5 条以上的概率则非常小,可以忽略不计。

**4. 多普勒频移和扩展**

由于多径传播和电离层的不均匀性及其不规则的运动会引起信号相位的随机起伏。根据实际测试的结果来看，一般来说，信号衰落速率越高，信噪比越低，则相位的起伏越大。相位起伏所表现的客观事实也反映着频率的起伏，当相位随时间而变化时，必然产生附加的频移。由于这种频移主要是因电离层不均匀性的不规则运动而引起的，故称为多普勒频移。一般多普勒频移在0.1~1Hz，在严重衰落的情况下可达100Hz以上。

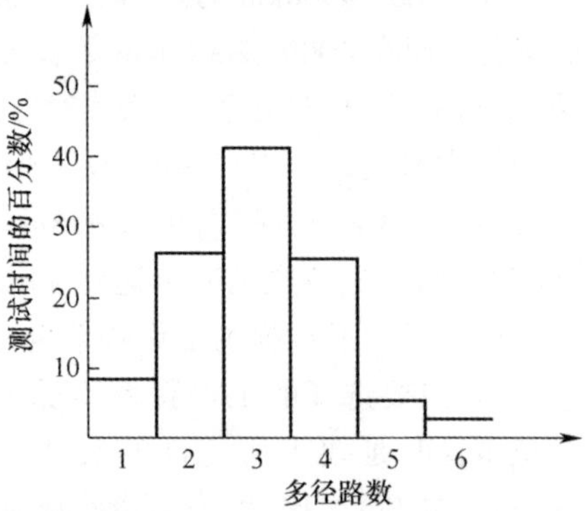


图 2-17　多径分布特性

同样由于电离层的不均匀性及其不规则运动，信号在传输时会发生散射，这就产生了多普勒扩展。通常，以当信道输入纯正弦波时，输出信号频谱中最高频率分量和最低频率分量之差来表示。一般情况下，多普勒展宽在1Hz左右，在急剧衰落时可达10Hz以上。

多普勒频移和多普勒展宽与电离层中电波反射处的电子浓度及其变化情况有关。电波反射处的电子浓度又与工作频率有关，不同工作频率，电波的反射点也不同。大量实验统计证明，工作频率与多普勒频移以及多普勒展宽之间具有以下规律：

$$v = Af^{\alpha} \tag{2-12}$$

$$2\sigma = Bf^{\beta} \tag{2-13}$$

式中：$f$ 为工作频率；$v$ 为多普勒频移；$2\sigma$ 为多普勒展宽；$A$、$B$、$\alpha$、$\beta$ 均为常数。

为了计算方便，现引入一已知参考频率 $f_r$，则上式可用 $f_r$ 表示，关系如下：

$$v = v_r(f/f_r)^{\alpha} \tag{2-14}$$

$$2\sigma = 2\sigma_r(f/f_r)^{\beta} \tag{2-15}$$

式中：$v_r$ 和 $2\sigma_r$ 分别为工作频率为参考频率 $f_r$ 时所对应的多普勒频移和多普勒扩展。

从式(2-14)和式(2-15)可以看出，根据所测得的参考频率的多普勒频移和多普勒扩展以及相应的常数值，就可以估算出工作频率所对应的多普勒频移和多普勒扩展。

在一般条件下，当取参考频率 $f_r$ 为9.3MHz时，统计实验测得分别对应 $E$ 层和 $F$ 层的多普勒频移与多普勒扩展值以及计算其所需的 $\alpha$,$\beta$ 的值，具体参见表2-3。

表 2-3　多普勒频移和多普勒扩展的计算参数

| 电离层 | $f_r$ /MHz | $v_r$ /Hz | $2\sigma_r$ /Hz | $\alpha$ | $\beta$ |
|---|---|---|---|---|---|
| $E$ | 9.3 | 0.01 | 0.02 | 1.0 | 1.0 |
| $F$ | 9.3 | 0.01 | 0.15 | 1.0 | 1.0 |

对于多跳情况时,式(2-14)和式(2-15)作如下修正:

$$v = n_{\text{hop}} v_r (f/f_r)^{\alpha} \tag{2-16}$$

$$2\sigma = \sqrt{n_{\text{hop}}}\, 2\sigma_r (f/f_r)^{\beta} \tag{2-17}$$

式中:$n_{\text{hop}}$ 为跳数。

**5. 干扰来源及信噪比**

在短波波段的干扰主要有大气噪声、工业干扰和电台干扰。天电(雷电)是大气噪声的主要来源,它对长波的干扰最强,中、短波次之。

工业干扰由各种电气设备和电力网产生。在工业区,工业干扰强度远大于大气噪声的干扰,是线路干扰的主要来源。当接收机位于工业城市内时,应将允许的最低接收信号功率提高 10dB,方能正常工作。

电台干扰在短波通信中往往是十分严重的问题,这是因为短波频段窄,用户日益增多所致。

信噪比(Signal-Noise Ratio,SNR)主要是指接收信号功率与噪声和干扰的功率之比。信噪比与所占测试时间的关系如图 2-18 所示。从该图中可以看出,在 97.5%的测试时间内,信噪比大于 0dB,其中心信噪比为 15~20dB。

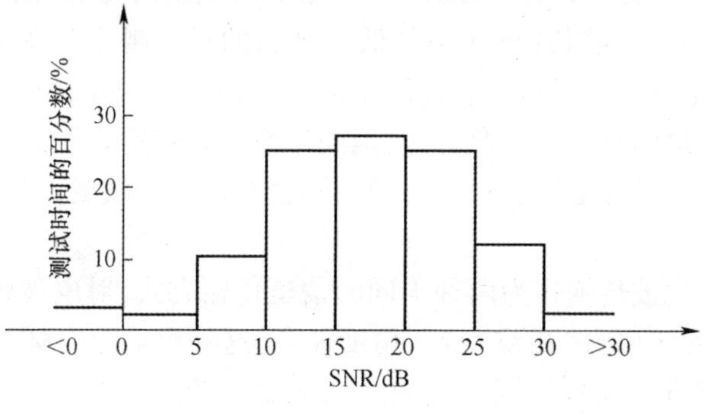


图 2-18　信噪比分布与测试时间的关系

### 2.2.3.2　短波地波传输的影响分析

沿地球表面的无线电波传播,称为地波传播。传播时无线电波可随地球表面的弯曲而改变传播方向。地面波是沿空间与大地交界面传播的,因此传播情况主要取决于地面条件。概括地说,地面对电波传播的影响主要表现为两个方面:

(1) 地面的不平坦性。地球表面分布有起伏不平的山峦,以及高低不平的建筑物等障碍物,无线电波只有绕过这些障碍物,才能传到较远的地方。当电磁波的波长大于或相当于障碍物的尺寸时,波的衍射性能较好,即可绕过障碍物。相对而言,短波的绕射能力要比长波与中波差些。

(2) 地质的情况。地质的情况主要研究地质的电磁特性。描述大地电磁特性的主要参数有介电常数 $\varepsilon$（或相对介电常数 $\varepsilon_r$）、电导率 $\sigma$ 和磁导率 $\mu$。根据实际测量，绝大多数地质（磁性体除外）的磁导率都近似等于真空中的磁导率 $\mu_0$，表 2-4 给出了几种不同地质的电参数。

表 2-4　地面电参数

| 地面类型 | $\varepsilon_r$ | | $\sigma/(\mathrm{S/m})$ | |
|---|---|---|---|---|
| | 平均值 | 变化范围 | 平均值 | 变化范围 |
| 海水 | 80 | 80 | 4 | 0.66 ~ 6.6 |
| 淡水 | 80 | 80 | $10^{-3}$ | $10^{-3}$ ~ $2.4\times10^{-2}$ |
| 湿土 | 20 | 10 ~ 30 | $10^{-2}$ | $3\times10^{-3}$ ~ $3\times10^{-2}$ |
| 干土 | 4 | 2 ~ 6 | $10^{-3}$ | $1.1\times10^{-5}$ ~ $2\times10^{-3}$ |

当地波沿地面传播时，所经地面因电磁感应而产生感应电流，从而会消耗无线电波的一部分能量。这种地面吸收作用的大小主要取决于地面的导电性能和无线电波的波长两个因素。地面的导电性能越好，吸收就越小。例如，干土的导电性能较差，其电导率约为 0.001S/m；湿土的电导率约为干土的 10 倍；而海水的导电性能更好，其电导率约为 4S/m。因此，无线电波在海面上的传播比陆地上衰减得少。另外，无线电波的波长越长（即频率越低），地面的吸收越小。高频无线电波会引起趋肤效应，使电流趋向于从地表薄层中流过，从而减小电流的有效面积，使大地电阻增大而增加地的吸收。由此可知，地波传播方式较适合于波长较长的无线电波信号传播。地面的导电性能在短时间内不会有较大的改变，因此地波传播的优点是比较稳定的。

天波传输和地波传输作为两种不同的信道传输方式，对电波传输的影响也不尽相同。但是，对于电台“指纹”特征角度而言，这些影响综合体现在对电台信号进行的不确定的寄生调幅、调频与调相。并增加了频率的抖动以及信号在一定程度上的畸变，降低了信噪比，增加了干扰和噪声分量。

## 2.3　通信辐射源个体识别处理过程

通信辐射源个体识别主要依据各通信辐射源硬件设备在发射信号上所表现出来的细微差异进行分类，本质上是基于通信辐射源发射信号的模式识别问题，基本的识别处理流程主要包含信号截获与参数测量、信号分选、个体指纹特征提取以及个体分类识别。

### 2.3.1　信号截获与参数测量

在观察频率范围内，利用无线电侦察设备不间断地进行扫描搜索，当搜索到的信号幅度超过一定门限电平时，表明该信号被截获。截获是分析和识别信号的基础。

信号搜索通常是在多维领域和多取样值中对信号的寻找，伴随着对信号实施监测，从而对监测目的信号进行位置截取的过程。截获系统将通过搜索来发现有用频点，同时将这些频点涉及信号的其他一些参数，如带宽、信噪比、出没时间、入射方向、载频等进行测量。

对于理想的信号搜索与截获系统应具备如下特性。

(1) 监测范围宽：直流 DC 到光频率全覆盖。

(2) 频率分辨率高：分辨率小于 μHz。

(3) 动态范围大：大于 200dB 的动态范围。

(4) 真正实时：所有频谱所有时间。

满足以上条件的搜索与截获系统便可实现对信号百分之百截获概率(Probability of Intercept, POI)，但实际的种种因素使之不能达到理想系统。

### 2.3.2 信号分选

侦察设备接收到的通信信号不是单一的，因此，要对信号流进行分选，将测得的信号特征参数与存储在数据库中的信号参数进行比较、分析和识别，并显示其结果，结合对通信信号流量的分析，确定信号的威胁等级。

信号分选的实质是对接收到的混合通信信号进行去交错的过程，只有经过信号分选处理的信号才能进行测向和信号识别等处理。

传统的无线电通信侦察系统通常采用窄带接收方式对通信信号进行分选。这种方式仅适用于持续时间较长、载频频率固定的常规通信信号(简称定频信号)。但随着通信技术的不断发展，各种各样的通信信号不断涌现，越来越多的通信电台采用宽频段占用率、通信速率高、通信时间短、载频变化快的新技术，这给采用常规窄带接收方式进行信号分选的传统侦察系统带来很大困难，故需要采用新的解决方案。

目前，无线电通信侦察系统通常采用宽带接收方式对通信信号进行分选。与传统窄带接收方式相比，这种方式具有突出的优势，可同时截获信号的数量大幅提升，提高了宽带通信信号的截获概率，对于突发信号、跳频信号等信号的监测和分选十分有利。但是随着通信技术的高速发展，信号密度越来越高，宽带接收方式的采用也使得信号分选所面临的问题更加复杂。侦察系统截获的宽频带数据中可能包含许多具有不同特点的信号，如固定载频的窄带通信信号(定频信号)、跳频信号、猝发信号、脉冲信号、扫频信号、扩频信号、各种各样的人为和非人为的干扰信号等。如此高度密集的信号纵横交织在一起，使得感兴趣通信信号的监测和分选难度越来越大。

在复杂通信环境中，面对交织在一起的高度密集的各种通信信号，单纯地采用单个宽带接收机的侦察系统在信号分选方面显得无能为力。因此，将宽带接收、信道化处理和相位干涉仪测向等技术相结合的无线电侦察系统在实际中得到广泛应用。图 2-19 给出了一种九阵元、三接收通道的无线电侦察系统框图。在该系统中,感兴趣通信信号分选是非常重要的一个组成部分。它能够剔除接收数据中干扰信号的影响,分选出用户感兴趣的通信信号,并估计相应的特征参数。根据这些特征参数,系统可以控制一组窄带数字下变频器,将感兴趣信号从接收数据中提取出来,并对其进行详细分析,如调制识别、解调、解码等。

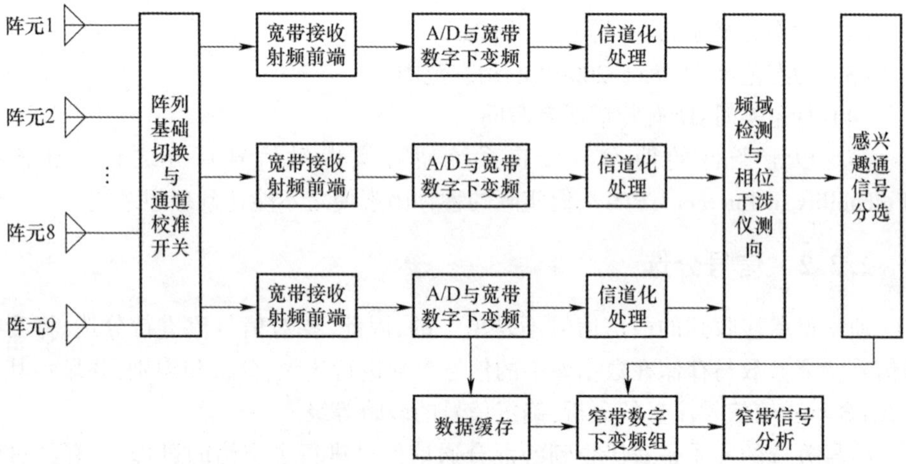


图 2-19　九阵元、三接收通道的无线电侦察系统框图

## 2.3.3　个体指纹特征提取

通信信号经过天线接收并经过采样和量化,原始信号一般数据量过大,有用信息往往隐藏在海量的数据中,很难直接被机器发现其中的规律。并且,直接对海量数据进行分类处理,需要耗费大量的计算资源。为了有效地进行分析,人们对原始数据按照一定的规则进行变换,得到能够反映分类本质且易被机器理解的新数据,这就是个体指纹特征提取。

个体指纹特征提取是通信辐射源个体识别的关键,下面介绍一些常用的通信辐射源个体指纹特征提取方法。

### 2.3.3.1　分形特征

平时我们接触的几何物体多数为整形维数,如线、面、体,分别代表一维、二维、三维。然而生活中很多东西我们无法用这些整形维数描述,如海岸线的长度、山地的地形等。20 世纪 70 年代, Mandelbrot 提出分形维数的概念,为科学研究开辟了更广阔的领域。分形维数是用来衡量一个物体在几何和空间上的不规则程度与破碎程度的数,使描述空间几何体的维数从整数扩大到了分数。分形维数表征了物体在时间和空间上的复杂程度。描述物体的分形维数有多种，如相似维数、Hausdorff 维数、信息维数、盒维数和熵维数等。

复杂度全称复杂性测度,是对物体在直观上的一种几何描述。通信信号中的杂散信号,由于其表现为非线性和非平稳性,一般的信号分析处理方法难以提取出该信号。复杂度特征中分形理论能够对信号的不规则度做出有效的刻画。分形是用于描述没有特征长度但整体上具有一定自相似性的图形和结构,它具有精细结构和在统计意义下的某种自相似性。分形维数通过在一定程度上反映与体现整体系统的特性和信息来定量描述信号的变化特性。杂散信号是以一定的形式附加在通信信号上的,而通信信号包络波形则可以反映出其几何形态,因此可将信号分形集的维数作为个体信号包络的寄生调制特征进行个体识别。

**1. 盒维数**

盒维数作为分形维数的一种,它的大小及变化可以反映信号的不规则度和复杂度,由于其计算相对简单,得到了广泛的应用。盒维数主要用于描述图形或者结构的几何尺度情况。

设 $A$ 为 $F$ 中的一个非空子集,对于每个正数,令 $N(F)$ 表示覆盖 $A$ 的最小单元数目,则集合 $F$ 的盒维数为

$$\dim_b F = \lim_{b \to 0} \frac{\log N_b(F)}{\log \dfrac{1}{\delta}} \tag{2-18}$$

盒维数的具体计算流程如下:

(1) 提取信号包络序列,记为 $\{s(i), i = 1,2,\cdots,N\}$,$N$ 为序列长度。

(2) 将信号序列 $\{s(i), i = 1,2,\cdots,N\}$ 置于单位正方形内,横坐标的最小间隔为 $d = 1/N$,令

$$N(d) = N + \left\{ \sum_{i=1}^{N-1} \max[s(i), s(i+1)] - \sum_{i=1}^{N-1} \min[s(i), s(i+1)] \right\} / d$$

(3) 盒维数为

$$D_b = -\frac{\ln N(d)}{\ln(d)} \tag{2-19}$$

**2. 信息维数**

信息维数反映了 $F$ 集在空间分布的疏密程度。记 $F$ 集落入边长为 $\delta$ 的第 $i$ 个超立方体的概率为 $P_i$,在尺寸 $\delta$ 下进行测度所得到的信息量定义为

$$I(\delta) = -\sum_{i=1}^{N(\delta)} P_i \ln P_i \tag{2-20}$$

则定义 $F$ 的信息维数为

$$D_I(F) = \lim_{b \to \infty} \frac{I(\delta)}{\ln(1/\delta)} \tag{2-21}$$

(1) 提取信号包络序列,记为 $\{s(i),i=1,2,\cdots,N\}$ ,$N$ 为序列长度。

(2) 对信号进行重构,削弱信号噪声间的相关性。重构序列方法为

$$s_o(t)=s(i+1)-s(i),i=1,2,\cdots,N \tag{2-22}$$

(3) 信息维数为

$$D_t=-\sum_{i=1}^{N-1}\{p(i)*\log[p(i)]\} \tag{2-23}$$

其中, $S=\sum_{i=1}^{N-1}S_o(i),p(i)=\frac{s_o(i)}{s}$。

从时域波形中直接提取的特征对噪声变化较敏感,在信噪比(SNR)未知的情况下,分类识别能力很难得到改善,然而从信号 EMD 分解后的固有模态函数(Intrinsic Mode Function,IMF)波形中提取反映其几何分布特性的分形维数能够克服这个缺点。因此,利用盒维数、信息维数两种分形维数来提取个体信号包络的寄生调制特征,并分析以此作为指纹特征之一进行个体识别的可行性。

#### 2.3.3.2 包络 $R$ 特征

在对信号的波形特征提取中,一般情况下是提取上升沿、下降沿、顶降以及脉宽等参数,但是由于这些参数在非稳态的信号中的变化比较大,无法作为信号的指纹特征提取。提取信号波形特征还可以通过提取其包络的高阶统计量特征。不同辐射源个体的杂散输出不同,反映在信号包络上就造成了高阶统计量特征不同,常用的信号包络高阶统计量是指 $J$ 值和 $R$ 值。由于这里的包络特征是辅助特征,我们采用计算相对简单的包络 $R$ 值作为提取的指纹特征。T. Chan 在文献[46] T. Chen. The Post, Present, and Fufwre of Newral Networks for siqual processing[J].Signal Processing,1997,14(11):28-48.中给出定义:包络 $R$ 值是信号包络的方差与包络均值的平方的比值。可用表达式写为

$$R=\frac{D(x(t))}{E^2(x(t))} \tag{2-24}$$

式中没有信号功率项,即不需要对信号功率进行精确估计,进一步分析得

$$R=\frac{D(x(t))}{E^2(x(t))}=\frac{E(x^2(t))-E^2(x(t))}{E^2(x(t))}=\frac{E(x^2(t))}{E^2(x(t))}-1 \tag{2-25}$$

式中:信号为 $x_{(t)}=A(t)*\cos(wt)+\delta(t)$,$\delta(t)$ 为噪声, $A(t)$ 为有用信号的幅度。那么:

$$R=\frac{E(A^2(t))+\delta^2(t)}{E^2(x(t))}-1 \tag{2-26}$$

由式(2-26)可以看出,包络 $R$ 值能较好地反映辐射源信号的包络特性,且能够降低加性噪声的影响,因此对加性噪声有一定的抑制作用。对于不同的辐射源信号,由于各种杂散输出噪声不同,各辐射源信号即使在相同的工作模式下也会附

加上不同的额外调制,这些额外调制会影响包络 $R$ 值,那么包络 $R$ 值可以实现对不同辐射源信号的识别与分类。

包络 $R$ 值的具体计算流程如下:

(1) 利用小波变换的方法对实测信号 $x(t)$ 进行 3 层分解,得到 8 个小波。

(2) 提取能量最大的 3 个小波信号,对于每个信号,取上信号的包络。

(3) 分别计算 3 层信号的包络 $R$ 值 $\left(d_i = \dfrac{D(x(t))}{E^2(x(t))}\right)$ 特征得到特征向量,记为 $\boldsymbol{D} = \{d_1, d_2, d_3\}$ 包络的细微特征。

#### 2.3.3.3 高阶累积量特征

高斯噪声大于 2 阶的累积量恒为零,因此高阶累积量具有 良好的抗噪声性能,广泛用于信号处理中。另外,信号的高阶累积量包含信号的星座图信息,对于具有相位调制的信号具有很高的识别能力。

对于一个复信号 $z(k)$, 根据共轭项位置不同,复信号的 4 阶累积量分别定义为

$$C_{40} = \mathrm{Cum}[z(k), z(k), z(k), z(k)] = M_{40} - 3M_{20}^2 \tag{2-27}$$

$$C_{41} = \mathrm{Cum}[z^*(k), z(k), z(k), z(k)] = M_{41} - 3M_{21}M_{20} \tag{2-28}$$

$$C_{42} = \mathrm{Cum}[z^*(k), z^*(k), z(k), z(k)] = M_{42} - |M_{20}|^2 - 2M_{21}^2 \tag{2-29}$$

式中: $z^*(k)$ 表示信号的复共轭; $M_{pq}$ 代表信号的各阶矩,定义为

$$\dot{M}_{pq} = E[z(k)^{p-q} z^*(k)^q] \tag{2-30}$$

#### 2.3.3.4 双谱特征

高阶谱分析是对非线性、非因果、非高斯信号处理分析的有效方法,能够获得包括信号相位信息在内的特征信息,同时提高分析和辨识的精度。通过高阶谱的分析方法拓展了对于平稳信号幅度信息及相位信息研究的思路,对比传统的功率谱分析具有如下特点:

(1) 功率谱是实数,高阶谱是复数,复数的模代表幅度信息,复数的相位表示相位信息。

(2) 理论上高阶谱具有极强的抗干扰能力,高斯有色噪声不能给高阶谱分析带来任何影响。

(3) 确良高阶谱可以有效地检测系统的非线性。

高阶谱是功率谱的发展延续,是在高阶累积量基础上的傅里叶变换。一个平稳过程的 $k$ 阶累积量的 $k-1$ 维傅里叶变换就是该过程的 $k$ 阶谱,功率谱是高阶谱中阶数最低的简单形式。当序列 $x(t)$ 为零均值复平稳随机过程时,其 $k$ 阶累积量可以表示为

$$c_{kx} = E\{x^*(t)x(t+\tau_1)\cdots x(t+\tau_k)\} \tag{2-31}$$

其中，$x^*(t)$ 表示共轭，$\tau_k$ 代表延迟。如果高阶累计量 $c_{kx}(\tau_1,\cdots,\tau_{k-1})$ 绝对(级数理论术语)可和,即

$$\sum_{\tau_1=-\infty}^{+\infty}\cdots\sum_{\tau_{k-1}=-\infty}^{+\infty}|c_{kx}(\tau_1,\cdots,\tau_{k-1})|<\infty \tag{2-32}$$

则 $k$ 阶累计量谱为

$$S_{kx}(\omega_1,\cdots,\omega_k)=\sum_{\tau_1=-\infty}^{+\infty}\cdots\sum_{\tau_{k-1}=-\infty}^{+\infty}c_{kx}(\tau_1,\cdots,\tau_{k-1})\exp\left[-\mathrm{j}2\pi\sum_{k=1}^{k-1}\omega_i\tau_i\right] \tag{2-33}$$

高阶谱是高阶累积量的谱的简称,它同时展现了多个频率的谱。双谱是三阶累积量的傅里叶变换,是最简单的高阶谱。它含有高阶谱共有的特点但运算的复杂度降低了很多,因此得到了广泛的运用。令 $k=3$,则序列 $x(t)$ 的傅里叶变换为 $X(\omega)$ ,则双谱定义为

$$B(\omega_1,\omega_2)=\sum_{\tau_1=-\infty}^{\infty}\sum_{\tau_2=-\infty}^{\infty}c_{3x}(\tau_1,\tau_2)\exp[-\mathrm{j}2\pi(\omega_1\tau_1+\omega_2\tau_2)] \tag{2-34}$$

$$=X(\omega_1)X(\omega_2)X^*(\omega_1+\omega_2)$$

从定义可以看出,双谱是三阶累积量 $c_{3x}(\tau_1,\tau_2)$ 的傅里叶变换,因此双谱 $B(\omega_1,\omega_2)$ 是一个复数,可以通过振幅与相位的形式来描述:

$$B(\omega_1,\omega_2)=|B(\omega_1,\omega_2)|\exp(\mathrm{j}\varphi_B(\omega_1,\omega_2)) \tag{2-35}$$

式中:$|B(\omega_1,\omega_2)|$ 表示双谱的振幅;$\varphi_B(\omega_1,\omega_2)$ 表示相位。此外,双谱还是一个双周期函数,周期大小为 $2\pi$ ,即

$$B(\omega_1,\omega_2)=B(\omega_1+2\pi,\omega_2+2\pi) \tag{2-36}$$

双谱作为复数相当于是一个二维函数,倘若直接将所有的双谱信息投入分类器训练中会导致运算复杂度极大等问题,因此不便于作为特征直接用于分类识别。研究人员设法通过对双谱采用积分的方式达到降维处理的目的,经过降维的双谱从二维函数变成一维函数,同时保留了双谱的主体信息,从而有效地降低了运算的复杂度,提高了效率。对于积分双谱的研究前后约有 4 种不同积分路径方法被提出,它们分别是径向积分双谱、圆周积分双谱、轴向积分双谱及矩形积分双谱,其积分路径如图 2-20 所示。然而上述 4 种积分方法没有考虑到双谱分布的具体特点,使得提取的特征中包含大量的冗余信息。

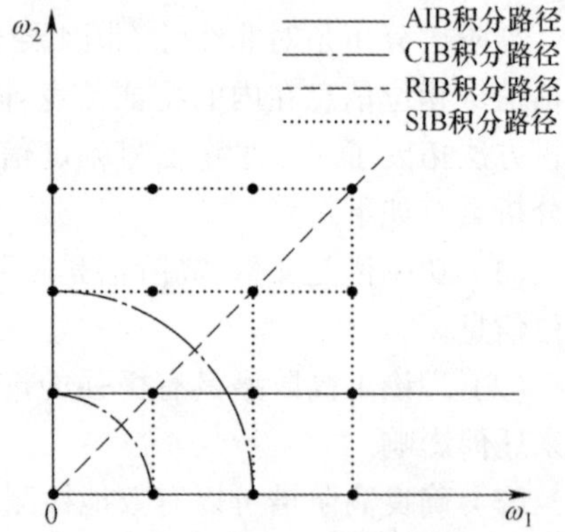

图 2-20　传统积分双谱的积分路径

双谱具有标准的对称性,理论上根据双谱信息分布的对称性可将双谱划分成12个扇区,并且保证每个区间内包含的信息一致,双谱的对称区间如图 2-21所示。

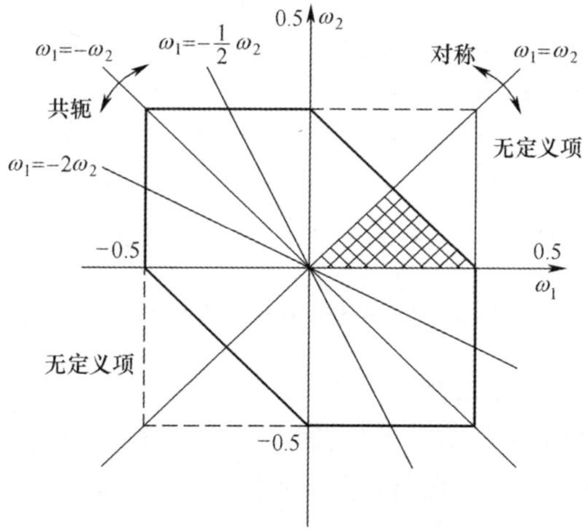


图 2-21　双谱的对称区间

从图 2-1 中可以看出,双谱信号是严格按照 $\omega_1=\omega_2$ 对称, $\omega_1=-\omega_2$ 共轭分布的,并且对角线的两端属于信息无意义项。综合考虑双谱的对称性与周期性,图 2-21中阴影区域包含了双谱所有的有效信息,故在采用积分双谱计算过程中只需要对阴影部分的双谱积分即可,这不仅减少了数据运算量,还提高了积分运算的效率。

**1. 对角积分双谱**

双谱是一个二维数据,通常采用围线积分的方法来避免大量的数据运算。从双谱对称区间分析可以看出,图 2-22 中的阴影部分包括全部双谱信息,并且存在两块相互对称的无意义项,采用矩形积分的方法将会导致信息点取样冗余,导致提取的特征不具备分类的实际意义。

相比矩形积分双谱会产生取样冗余问题,对角积分双谱的积分路径沿着平行于主副对角线,针对包含全部双谱信息的区间进行积分计算,避免了对称区间与无意义项的计算,提高了运算效率,其积分表达式为

$$
\begin{aligned}
S_{主} &= \frac{1}{2\pi}\int_{x/2}^{\pi} B(\omega_1, x-\omega_1)\,\mathrm{d}\omega_1, 0 \leqslant x \leqslant \pi \\
S_{副} &= \frac{1}{2\pi}\int_{x/2}^{(\pi-x)/2} B(\omega_1, x+\omega_1)\,\mathrm{d}\omega_1, 0 \leqslant x \leqslant \pi
\end{aligned}
\tag{2-37}
$$

式中: $S_{主}$表示的是沿着主对角线进行积分得到的主对角积分双谱; $S_{副}$表示的是沿着副对角线进行积分得到的副对角积分双谱,具体的积分路线见图 2-22。将 $S_{主}$

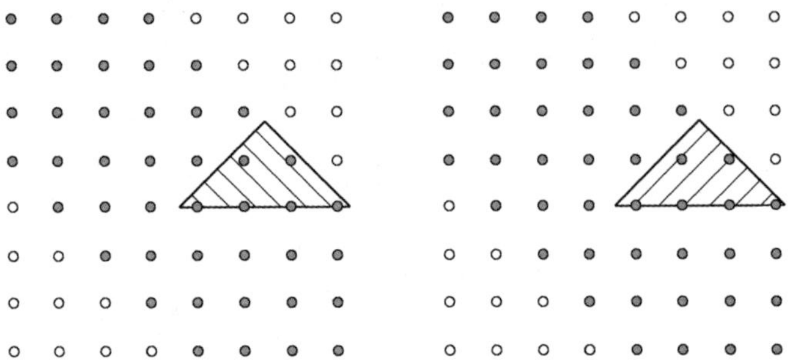

（a）平行于主对角线积分　　（b）平行于副对角线积分

图 2-22　对角积分双谱的积分路线

与 $S_{副}$ 合起来称为对角积分双谱。

根据双谱对称性分析的结果可知，图中阴影部分的双谱信息包含整个双谱的信息，针对阴影区域的双谱信息沿着两个不同方向进行积分，在保证充分利用双谱信息的同时大大降低了特征冗余。

**2. 双谱切片**

双谱是一个三维立体函数，含有大量的信号内在信息，不利于信号特征的提取，采用复杂的二维模板应用会导致计算量偏大。双谱的谱峰上往往包含有大量的内在特征，双谱的对角切片包含了 $B(\omega_1,\omega_2)$ 内的重要信号特征，通过对双谱的对角切片进行运算，不仅可以有效地提取双谱特征，还可以大量降低算法的复杂度。

令 $\omega=\omega_1=\omega_2$，得到双谱的主对角切片为

$$B(\omega,\omega)=X(\omega)X(\omega)X^*(2\omega) \tag{2-38}$$

图 2-23 所示分别为双谱的截面图、立体图及对角切片图。

从图 2-23 可以看出，双谱的切片图就是沿双谱的立体图按照平面 $f_1=f_2$ 所得到的截面，其中 $f_1$ 与 $f_2$ 的长度取决于快速傅里叶变换长度 $n_{fft}$，本节提取的双谱切片统一取 $n_{fft}$ 为 128。双谱的对角切片是沿着主对角线得到的横截面，保留了双谱信息中的大量有效信息，具备了作为通信辐射源“指纹”特征的可能性。

采用积分双谱的目的是解决将二维函数转化成为一维函数的同样问题，采用双谱切片同样可以解决这一问题。从图 2-23 可以看出，双谱切片实际上是一条幅频特性曲线，并且由于双谱的对称关系，切片的图形也是严格的对称图形。为了提取切片的幅频特征，反映出频谱偏离对称情况，定义一个切片谱对称系数 $\beta$，令

$$\beta=\frac{\int_{-0.5}^{0.5}(f-B(f))^3B(f)\mathrm{d}f}{\left[\int_{-0.5}^{0.5}(f-B(f))^2B(f)\mathrm{d}f\right]^{3/2}} \tag{2-39}$$

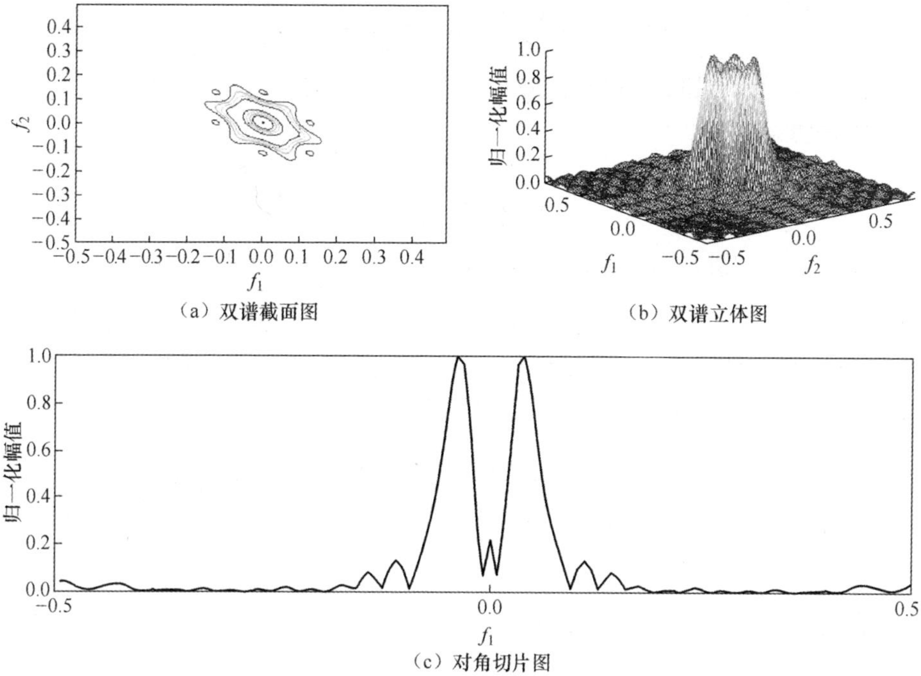


（a）双谱截面图

（b）双谱立体图

（c）对角切片图

图 2-23　双谱的截面图、立体图及对角切片图

式中：切片谱对称系数 $\beta$ 能定量地反映切片分布的几何对称情况。使用双谱切片的偏离对称系数作为双谱切片的内在特征。

### 2.3.3.5　瞬时频率特征

由于传统的傅里叶变化方法是局部的分析方法，不能对某一特定时刻的频率做出合理的定义，而通过 Hilbert 变换定义的瞬时频率有意义。对于原始引号 $x(t)$ ，其 Hilbert 变换 $\hat{x}(t)$ 表示为

$$\hat{x}(t) = \frac{1}{\pi}\int_{-\infty}^{+\infty} \frac{x(\tau)}{t-\tau}\mathrm{d}\tau \tag{2-40}$$

根据式(2-40)，信号 $x(t)$ 的解析信号 $z(t)$ 可以表示为

$$z(t) = x(t) + \mathrm{j}\hat{x}(t) = a(t)\mathrm{e}^{\mathrm{j}\varphi(t)} \tag{2-41}$$

式中：$a(t) = \sqrt{x(t)^2 + \hat{x}(t)^2}$ 表示信号的幅度，$\varphi(t) = \arctan\dfrac{\hat{x}(t)}{x(t)}$ 表示信号的相位。

对信号经过 EMD 分解后得到的每一个 IMF 进行 Hilbert 变换，得到一组序列 $\hat{c}_i(t)$ ，由 $c_i(t)$ 和 $\hat{c}_i(t)$ 构成解析信号 $z_i(t)$ ，对应的瞬时频率为 $\omega_i(t)$ ，则原信号 $x(t)$ 可以表示为

$$x(t) = \mathrm{Re}\left[\sum_{i=1}^{+\infty} a_i(t)\exp(\mathrm{j}\int\omega_i(t)\,\mathrm{d}t)\right] \tag{2-42}$$

其中, Re 代表提取实部信息,展开式是一个有关时间—频率—幅度的三维谱,称为时频幅度谱,记为

$$H(\omega,t) = \mathrm{Re}\left[\sum_{i=1}^{+\infty} a_i(t)\exp(\mathrm{j}\int\omega_i(t)\,\mathrm{d}t)\right] \tag{2-43}$$

式中:$a_i(t)\exp(\mathrm{j}\int\omega_i(t)\,\mathrm{d}t)\ (i=1,2,\cdots,n)$ 满足 IMF 条件,在使用 Hilbert 变换之后得到 $H(\omega,t)$ 。从公式的定义上看,式(2-43)实质上是一次傅里叶变换,通过变换后得到一个有关时间—频率—幅度的三维函数(图 2-24),从而提高了分解的准确性。

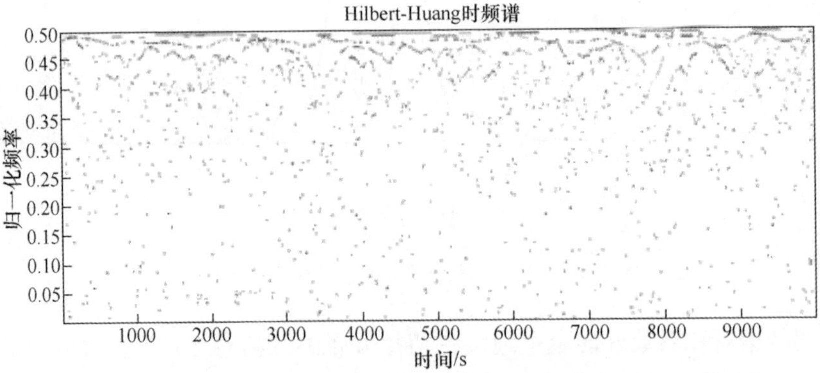


图 2-24 Hilbert Huang 变换(HHT)时频谱

Hilbert 谱作为一个三维谱,难以直接利用在特征提取方面,需要 $H(\omega,t)$ 时间进行积分可以进一步得到 Hilbert 边缘谱 $h(\omega)$ :

$$h(\omega) = \int_0^T H(\omega,t)\,\mathrm{d}t \tag{2-44}$$

其中, $T$ 为信号采样持续时间。$h(\omega)$ 是一个时频函数,表征信号在每个频点上对应的幅值大小。图 2-25 给出的是 Hilbert 边缘谱图,可以看出 Hilbert 边缘谱是一个关于幅频的二维函数。在 Hilbert 边际谱中的频率代表这一频率值在信号中出现的可能性,并且产生这一频率的具体时刻已经在三维的时频幅度谱中给出。

原始信号经过固有时间尺度分解(Intrinsic Time-scable Decomposition,ITD)分解成一组 PRC(Precision-Recau Rurve)与一个单调趋势信号之和,通过分析其中的 PRC 的瞬时幅度、瞬时相位和瞬时频率信息以提取特征。为了避免 Hilbert 变换提取瞬时信息的缺点,ITD 算法提出了一种新的定义时频信息的方法。基于固有时间尺度分解后的结果,可以找到一种新的时频分析方法。瞬时频率需要根据瞬时相位进行定义,其中基于 ITD 的两种计算瞬时相位的方法 $\theta_t^1$ 和 $\theta_t^2$ 如下:

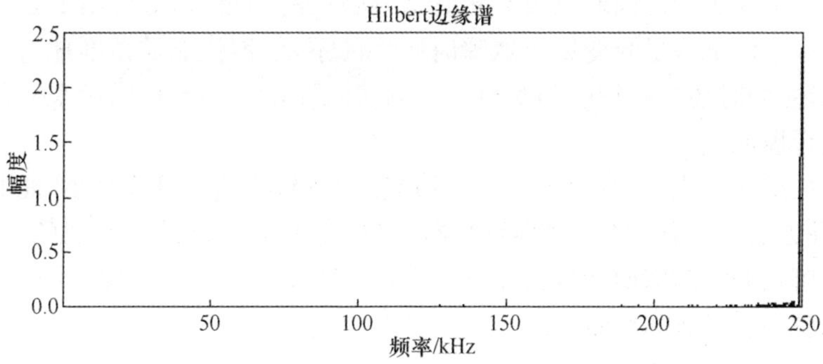


图 2-25 Hilbert 边缘谱

$$\theta_t^1 = \begin{cases} \arcsin\left(\dfrac{x_t}{A_1}\right), t \in [t_1, t_2) \\ \pi - \arcsin\left(\dfrac{x_t}{A_1}\right), t \in [t_2, t_3) \\ \pi - \arcsin\left(\dfrac{x_t}{A_2}\right), t \in [t_3, t_4) \\ 2\pi + \arcsin\left(\dfrac{x_t}{A_2}\right), t \in [t_4, t_5) \end{cases} \tag{2-45}$$

$$\theta_t^2 = \begin{cases} \left(\dfrac{x_t}{A_1}\right)\dfrac{\pi}{2} & t \in [t_1, t_2) \\ \left(\dfrac{x_t}{A_1}\right)\dfrac{\pi}{2} + \left(1 - \dfrac{x_t}{A_1}\right)\pi, & t \in [t_2, t_3) \\ \left(-\dfrac{x_t}{A_2}\right)\dfrac{3\pi}{2} + \left(1 + \dfrac{x_t}{A_2}\right)\pi, & t \in [t_3, t_4) \\ \left(-\dfrac{x_t}{A_2}\right)\dfrac{3\pi}{2} + \left(1 + \dfrac{x_t}{A_2}\right)2\pi, & t \in [t_4, t_5) \end{cases} \tag{2-46}$$

其中瞬时频率可以在已知瞬时相位的基础上根据频率有关的基本定义进行求解:

$$f = \frac{1}{2\pi} \frac{\mathrm{d}\theta}{\mathrm{d}t} \tag{2-47}$$

同样地,瞬时幅度的定义如下:

$$A_t^1 = A_t^2 = \begin{cases} A_1, & t \in [t_1, t_3) \\ -A_2, & t \in [t_3, t_5) \end{cases} \tag{2-48}$$

通信辐射源的特征提取要求对实时信号数据的要求特别高，由 ITD 定义的瞬时频率克服了传统傅里叶变换求取瞬时频率的不足，不仅能够精准地对信号的变换进行描述，同时还具有较强的实时性。而实时性这一特点可以用来源信号的瞬时特征进行提取。

从时域范畴对我们对时间—频率—幅度的三维谱进行积分得到 Hilbert 边缘谱，将这种方法迁移到 ITD 分解后得到瞬时信息同样可以进行类似的时频分析。记 ITD 分解后获得的瞬时幅度为 $a_i(t)$ ，瞬时频率为 $\omega_i(t)$ ，则原信号 $x(t)$ 可以通过瞬时幅度与瞬时频率表示为

$$x(t) = \mathrm{Re}\left[\sum_{i=1}^{+\infty} a_i(t)\exp(\mathrm{j}\int\omega_i(t)\,\mathrm{d}t)\right] \tag{2-49}$$

同理，对时间—频率—幅度三维谱 $H(\omega,t)$ 进行时间积分，可以得到基于 ITD 算法的边缘谱 $h(\omega)$ ：

$$h(\omega) = \int_0^T H(\omega,t)\,\mathrm{d}t \tag{2-50}$$

其中，$T$ 为信号采样持续时间。$h(\omega)$ 是一个幅频函数，它表征信号在特定频率点上的幅值大小。

#### 2.3.3.6 时频分布纹理特征

基于时频分布纹理特征提取方法首先采用连续小波变换得到信号样本的时频分布，再通过灰度共生矩阵方法提取时频分布中的纹理特征。

**1. 连续小波变换**

小波变换可以根据不同的信号频率来自适应地改变其窗口的高度与长度去处理信号，确保了时频分析的精度，提供良好的信号时频域的局部化特征。因此，选择小波变换方法来对信号进行时频分析，获得其时频能量分布。

小波变换可以分为离散小波变化(Discrete Wavelet Transformation，DWT)和连续小波变换(Continuous Wavelet Transformation，CWT)两类。它们的主要差别在于平移和缩放操作上的不同。连续小波变换是在所有可能的平移和缩放上进行操作的，离散小波变换是在特定集上进行平移和缩放进行操作的。相较于离散小波变换，连续小波变换更适合相似性分析和奇异性检测，所以选用连续小波变换来进行信号的分析。

若函数 $\varphi(t)$ 在平方可积空间 $L_2(R)$ 中满足

$$\int_{-\infty}^{+\infty}\varphi(t)\,\mathrm{d}t = 0 \tag{2-51}$$

则称 $\varphi(t)$ 为母小波函数，又称为小波基。母小波函数 通过一系列的伸缩和平移变换可以得到一系列小波函数，表示如下：

$$\varphi_{a,b}(t) = \frac{1}{\sqrt{a}}\varphi\left(\frac{t-b}{a}\right), a > 0 \tag{2-52}$$

信号 $x(t)$ 的连续小波变换被定义为

$$\mathrm{CWT}_{x,\varphi_{a,b}}(t)=\frac{1}{\sqrt{a}}\int_{-\infty}^{+\infty}x(t)\varphi^{*}\left(\frac{t-b}{a}\right)\mathrm{d}t, a>0 \tag{2-53}$$

式中：$a$ 为尺度因子，对应的是频率变量，控制的是小波函数的伸缩；$b$ 为平移因子，对应的是时间变量，控制的是小波函数在时间轴上的位置；$\varphi^{*}(t)$ 是 $\varphi(t)$ 的复函数。

带通滤波器的带宽和小波函数的中心频率会被尺度因子 $a$ 影响，它们的表达式为

中心频率：

$$\omega_0=\frac{\int_{-\infty}^{+\infty}\omega|\varphi(\omega)|^2\mathrm{d}\omega}{\int_{-\infty}^{+\infty}|\varphi(\omega)|^2\mathrm{d}\omega}$$

带宽：

$$\Delta\omega_{\varphi}=\sqrt{\frac{\int_{-\infty}^{+\infty}(\omega-\omega_0)|\varphi(\omega)|^2\mathrm{d}\omega}{\int_{-\infty}^{+\infty}|\varphi(\omega)|^2\mathrm{d}\omega}}$$

小波变换在时频域给出了一个可变化的窗口用来观察信号的局部特征。通过平移母小波可以获得信号的时域特征信息，通过缩放小波的尺度可以获得信号的频率特征信息。对于分析不同频率分量的信号可以通过对 $a$ 的调整来获得良好的结果。当分析低频信号成分时，$a$ 增大，中心频率降低，频率的带宽变窄，所以，此时会令频率分辨率降低，时间分辨率提高。当分析高频信号成分时，$a$ 减小，中心频率升高，频率的带宽变宽，所以，此时会令频率分辨率提高，时间分辨率降低。尺度因子 $a$ 的自适应变化可以使小波函数自适应的处理非平稳信号中的高频和低频部分，这种特性使得小波变换成为分析非平稳信号的常用方法之一。

小波变换的分析性能对于合适的母小波函数选择非常依赖，不同的母小波函数拥有不同的特性，对于不同情况下的适用程度也不一样。本书采用 Morse 小波函数。Morse 小波是一种完全解析的小波，相较于最为常用的只是逼近解析的 Morlet 连续小波，不会出现负频率成分，也不会随着中心频率的增大，而降低时频局部化的能力，对于分析调制信号具有很大的优势。同时，Morse 连续小波还是很多常用小波的一般化表示，如 Cauchy 小波、Bessel 小波等。

**2. 灰度共生矩阵**

灰度共生矩阵能够反映图像分布关于方向、局部邻域、幅度变化的综合信息，其广泛应用在医学以及遥感图像纹理特征的描述中。因此，可以利用灰度共生矩阵提取信号时频分布的纹理特征，从而反映不同信号能量谱沿某些方向的变化、空

间分布、局部对比等差异。灰度共生矩阵计算式为

$$p(l_1,l_2)=\frac{\sum\{[(x_1,y_1),(x_2,y_2)]\mid f(x_1,y_1)=l_1\&f(x_2,y_2)=l_2\}}{\sum[(x_1,y_1),(x_2,y_2)\in Q]} \tag{2-54}$$

分母表示具有某种位置关系 $Q$ 的像素对的总数,用包含横纵坐标偏移量的二维向量表示像素对的位置关系,如[0,1]。分子表示具有某种位置关系 $Q$,且值分别为 $l_1$ 和 $l_2$ 的像素对的个数。对任一位置关系 $Q_i$,可以得到时频分布在该位置关系下的灰度共生矩阵 $\boldsymbol{p}_i$ 。提取每个灰度共生矩阵 $\boldsymbol{p}_i$ 的以下 4 维特征:

(1) 对比度:

$$V_1=-\sum_{l_1}\sum_{l_2}p(l_1,l_2)(l_1-l_2)^2 \tag{2-55}$$

(2) 相关性:

$$V_2=\frac{\sum_{l_1}\sum_{l_2}(l_1-\mu l_1)(l_2-\mu l_2)p(l_1,l_2)}{\sigma_1\sigma_2} \tag{2-56}$$

式中:$\mu$ 为灰度共生矩阵的均值,$\sigma_1$ 与 $\sigma_2$ 的计算式为式(2-57)和式(2-58)。

(3) 总能量:

$$\sigma_1=\sqrt{\sum_{l_1}\sum_{l_2}(l_1-\mu l_1)^2p(l_1,l_2)} \tag{2-57}$$

$$\sigma_2=\sqrt{\sum_{l_1}\sum_{l_2}(l_2-\mu l_2)^2p(l_1,l_2)} \tag{2-58}$$

$$V_3=\sum_{l_1}\sum_{l_2}p(l_1,l_2)^2 \tag{2-59}$$

(4) 同质性:

$$V_4=\sum_{l_1}\sum_{l_2}\frac{p(l_1,l_2)}{1+|l_1-l_2|} \tag{2-60}$$

通过小波变换得到信号的时频分布,再计算时频分布在不同方向偏移下的灰度共生矩阵,提取灰度共生矩阵的特征作为信号时频分布的纹理特征。实测信号通过连续小波变换后的时频分布如图 2-26 所示,其中横轴为时间方向,纵轴为尺度方向。时频分布在偏移量为[0, 10]下的灰度共生矩阵如图 2-27 所示,设定的灰度级数为 128。在 400 组偏移量参数下分别提取灰度共生矩阵的上述 4 维特征,得到共 1600 维特征。

#### 2.3.3.7 频谱几何特征

记信号 EMD 分解的 $n$ 个分量对应的频谱为 $v_1(\omega),v_2(\omega),\cdots,v_n(\omega)$,傅里叶变换点数为 $N$。对每个分量的频谱,计算以下 3 种频谱几何特征:

(1) 频谱平坦度(Spectral Flatness,SF)。频谱平坦度度量信号频谱与白噪声频谱的相似度,定义为频谱的几何平均值与算数平均值之比。

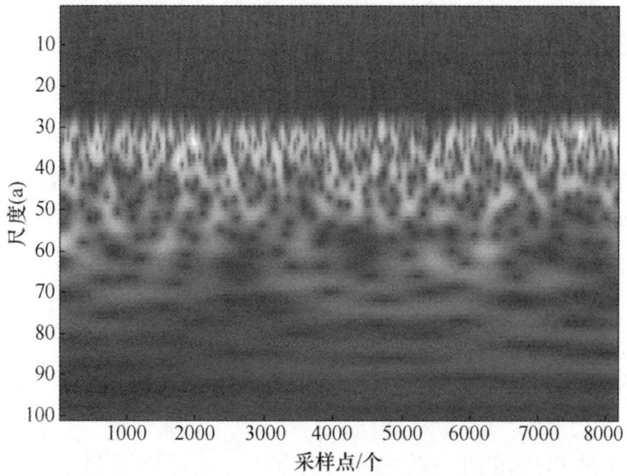


图 2-26　实测数据样本连续小波变换

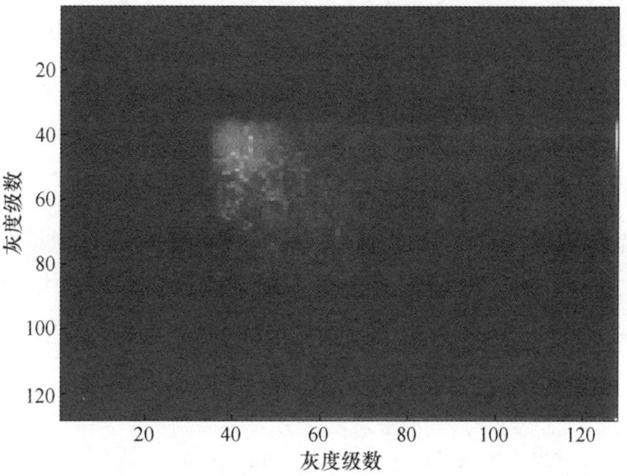


图 2-27　实测数据样本连续小波变换在偏移量[0,10]下的灰度共生矩阵

$$SF = \frac{\sqrt[N/2]{\prod_{j=0}^{N/2} |v(j)|}}{\frac{1}{N/2}\sum_{j=0}^{N/2} |v(j)|} \tag{2-61}$$

（2）频谱亮度(Spectral Brightness,SB)。频谱亮度定义为在以 $L$ 为边界的频谱幅值之和与频谱幅值总和之比。

$$\mathrm{SB} = \frac{\sum_{j=L}^{\frac{N}{2}} |\hat{v}(j)|}{\sum_{j=0}^{\frac{N}{2}} |\hat{v}(j)|} \tag{2-62}$$

(3) 频谱滚降系数(Spectral Roll off, SR)。频谱滚降系数定义为频谱能量85%所聚集的频率边界。

$$\mathrm{SR} = \max f(L): \sum_{j=0}^{L} |\hat{v}(j)| \leqslant 0.85 \sum_{j=0}^{\frac{N}{2}} |\hat{v}(j)| \tag{2-63}$$

#### 2.3.3.8 能量熵特征

当信号 $s_n$ 通过 ITD 得到一系列旋转分量后,就可以通过引入能量熵的概念来衡量信号在各旋转分量的能量分布。对于某一个信号,其各阶旋转分量的能量定义为

$$E_i = \sum_{j=1}^{n} (H^{(i)}(j))^2, i = 1,2,\cdots,K \tag{2-64}$$

显然,该信号的总能量近似为 $E_{\mathrm{all}} = \sum_{i=1}^{K} E_i$ ,其能量熵可定义如下:

$$I_{\mathrm{EE}} = -\sum_{i=1}^{K} \frac{E_i}{E_{\mathrm{all}}} \log_2 \frac{E_i}{E_{\mathrm{all}}} \tag{2-65}$$

信号的能量熵 $I_{\mathrm{EE}}$ 代表了信号通过 ITD 分解的各阶旋转分量的能量分布, $I_{\mathrm{EE}}$ 越小,代表其能量分布越集中。由于不同辐射源的内部特性会影响能量在其不同旋转分量的能量分布,因而能量熵可以作为一个特征用于辐射源个体识别。

#### 2.3.3.9 奇异值特征

矩阵的奇异值分解(Singular Value Decomposition, SVD)是一种有效的代数特征提取方法。对于一个固定的矩阵,通过奇异值分解得到的奇异值是唯一的,可以通过奇异值来唯一标识这个矩阵。对于一段辐射源信号,如果时间足够长,可以将其视为相对稳定的,由它分解而得到的 IMF 矩阵也是相对稳定的。对于不同的信号来说,其 IMF 矩阵不同,通过奇异值分解得到的奇异值也不相同。奇异值熵可以用来对 IMF 矩阵进行信息评估,而且对采样持续时间不敏感,因此,可以用 IMF 矩阵的奇异值熵来获取信号的特征。奇异值的定义如下:设矩阵 $\boldsymbol{A}_{m\times n}$ 的秩为 $r(r \geqslant 1)$ ,记 Hermite 矩阵 $\boldsymbol{A}^{\mathrm{H}}\boldsymbol{A}$ 的 $n$ 个特征值为

$$\lambda_1 \geqslant \lambda_1 \geqslant \cdots \geqslant \lambda_r > \lambda_{r+1} = \cdots = \lambda_n = 0$$

则称 $\sigma_i = \sqrt{\lambda_i}\,(i = 1,2,\cdots,n)$ 为奇异值。$\boldsymbol{A}_{m\times n}$ 的奇异值个数与它的列数一致,

$A_{m\times n}$ 的非零奇异值个数与它的秩数一致。矩阵的奇异值是由矩阵本身唯一确定的,SVD 具有非常好的稳定性、比例不变性和旋转不变性,能够有效地反映矩阵的本质特征。

将 EMD 分解所得的 $n$ 个 IMF 分量组成一个模式矩阵 $\boldsymbol{R} = [c_1(t), c_2(t), \cdots, c_n(t)]^{\mathrm{T}}$ 。对模式矩阵 $\boldsymbol{R}$ 进行 SVD,可得到 $n$ 个奇异值 $\mu_i(i = 1,2,\cdots,n)$ ,则 $\{\mu_i\}$ 构成了原始信号的奇异值谱。

令 $p_S(i) = \mu_i / \sum_{j=1}^{n} \mu_j$ 表示第 $i$ 个奇异值在整个奇异值谱中所占的比重,则可以定义奇异值 Shannon 熵 $I_{\mathrm{SS}}$ 为

$$I_{\mathrm{SS}} = -\sum_{i=1}^{n} p_S(i) \log_2 p_S(i) \tag{2-66}$$

定义奇异值 Renyi 熵 $I_{\mathrm{SR}}$ 为

$$I_{\mathrm{SR}} = \frac{1}{1-a} \log_2 \sum_{i=1}^{n} [p_S(i)^a] \tag{2-67}$$

### 2.3.4 个体分类识别

分类器是通信辐射源个体识别系统的另一个重要组成部分。分类器的主要任务是利用有限的训练样本学习由特征空间向类别空间的非线性映射关系,最终得到一个最优分类模型,然后对待识别目标的类别属性进行判决。分类器对这种映射关系的学习不仅要使分类误差最小化,还要具有较好的泛化能力,避免出现过拟合、过学习的问题。通信辐射源细微特征的物理意义及表现形式复杂,且特征维数也比较高,容易在特征空间出现混叠,研究适用于通信辐射源个体识别的分类算法十分关键。

目前存在的辐射源识别算法有多种,从基本理论依据来说,包括统计决策理论、模式识别以及人工神经网络等。从样本特性方面来看,包括有监督分类和无监督分类,具体内容已在第 1 章进行了叙述,这里不再赘述。

## 2.4 通信辐射源个体识别方法分类

通信辐射源个体识别方法按照其采用的技术体制,可以分为基于非机器学习体制个体识别方法和基于机器学习体制个体识别方法。

### 2.4.1 基于非机器学习体制个体识别方法

基于传统的通信辐射源个体识别方法主要通过时域、频域或时频域分析方法提取载频、带宽、码速率、频率稳定度和杂散特征差异等有实际物理意义的信号层特征,然后将测量得到的特征参数构成模式矢量,通过与通信数据库进行匹配来区

分不同的通信辐射源个体。根据分析的目标信号,基于非机器学习体制个体识别方法主要分为基于暂态信号特征的通信辐射源个体识别方法和基于稳态信号特征的通信辐射源个体识别方法两大类。其中,暂态信号特征是指从辐射源开关机时产生的非稳定工作信号中提取的特征,稳态信号特征是指从辐射源发射机处于稳定工作状态时产生的信号中提取特征。

从实际应用角度考虑,瞬态特征技术面临 3 个挑战:①必须准确一致地检测瞬态信号的起点和终点,因为瞬态信号捕捉的精确度对辐射源识别系统的分类性能具有至关重要的影响;②瞬态分析在接收信号时需要非常高的采样率,这使得接收器架构复杂且昂贵;③在非协作方,捕捉瞬态信号是十分困难的。因此相对而言,基于稳态特征的通信辐射源个体识别更具有实际应用价值。

通信辐射源信号的稳态特征主要集中在信号的调制参数、杂散特征、时频特征和高阶谱特征。基于调制参数的通信辐射源个体识别方法是通过对信号进行数学变换(如傅里叶变化、拉普拉斯变换等),提取表征个体在信号层面上的细微差异,如信号的频率、相位、包络、波形、调频指数、频稳度、功率,用于通信辐射源个体识别。基于杂散特征的通信辐射源个体识别方法,其基本原理是发射机内部元器件上的差异导致信号产生波动,可以利用信号的波动进行通信辐射源个体识别。但杂散特征不适用于实际作战中,因为杂散特征隐藏在大量信号中,很难进行快速大批量处理,限制了基于杂散特征的通信辐射源个体识别技术的应用范围。基于时频特征的通信辐射源个体识别方法主要通过时频分析实现对通信辐射源个体的分类识别。现有的方法包括小波包变换、余弦包变换、经验模态分解、傅里叶变换和能量谱分析。基于高阶谱特征的通信辐射源个体识别方法是将截获的信号映射到高阶域,获得通信辐射源个体的高阶统计特征。使用高阶谱特征可以很好地抑制加性白噪声的干扰,能更好地描述通信辐射源个体之间差异特征。

传统的基于非机器学习体制的通信辐射源个体识别方法主要通过时域、频域以及时频域分析方法提取载频、带宽、码速率、频率稳定度和杂散特征等有实际物理意义的信号层特征来区分不同的通信辐射源个体,但随着无线电技术和通信技术的飞速发展,现代通信辐射源整体性能和设备的稳定性都得到了显著的改善,因此,仅从时域、频域或时频域的角度分析发射信号的调制参数和杂散特征差异或者通过一般的一阶、二阶矩或功率谱分析方法难以更深入揭示其本质。

### 2.4.2 基于机器学习体制个体识别方法

基于非机器学习体制个体识别方法先获取有实际物理意义的信号层特征,然后直接将测量得到的特征参数构成模式矢量,通过与通信数据库进行匹配识别出辐射源的属性。这种方法简单、易于实现,但采用的均为外部特征参数,对复杂脉内调制信号难以识别,且不具备依据先验知识进行学习、容错和模糊辨识的能力,而且传统的人工方法,在面对战场越来越多海量的数据时,也无法及时、准确地完成处理。

随着机器学习理论的快速发展,越来越多的研究人员将机器学习算法应用到通信辐射源个体识别领域,形成基于机器学习体制的通信辐射源个体识别方法。机器学习通过有效的分析和建模,通过具体的算法和程序,让计算机能够自动针对某个或某一类问题,从数据中自动发现规律,并利用其发现的规律,对与已知数据有联系的新数据做出判断和预测。简而言之,机器学习赋予计算机以"自动学习"的能力。目前,在通信辐射源个体识别领域常用的机器学习算法包括支持向量机以及神经网络分类器(Neural Network Classifier,NNC)等。

支持向量机是基于训练样本间隔最大化准则,通过训练最优权向量来构造最优分类超平面,从而实现对样本的分类。SVM 在处理小样本、非线性及高维模式识别等问题时,能够缓解"维数灾难"和"过学习"等问题。在人脸识别、图像检索以及生物信息学等领域同样得到广泛应用。

神经网络分类器起源于 20 世纪 40 年代,它是一种通过模仿人脑结构及其功能来处理信息的系统。然而,由于神经网络分类器的学习过程是一个非线性优化过程,所以不可避免地会遇到局部极值问题,而收敛速度慢和"过学习"等问题同样会影响其分类效果。

机器学习算法的引入使通信辐射源识别在时间复杂度和识别准确性方面都有了大幅提高,但面对战场复杂环境下通信辐射源个体识别时,目前的机器学习算法还存在着泛化能力差、依靠大量标注样本等缺点。

近年来,深度学习快速发展为通信辐射源个体识别带来了新的增长点,深度学习能够自动地学习样本的特征表示,并且得益于深度学习的多层非线性结构,其所学习的特征一般具有较好的表示能力。将深度学习应用于通信辐射源个体识别具有以下两方面优势:一是自适应性,对于不同的通信场景、通信参数和信道环境,只需要用相应条件下的数据训练深度神经网络,深度神经网络就能得到有效区分不同辐射源个体的特征,并有效识别不同个体的信号;二是特征表征能力强,在训练数据充分的条件下,深度学习能够学习到表征能力较强的特征,并取得较高的准确率。

# 第3章　机器学习理论基础

## 3.1 引　　言

自发明计算机以来，人们就想知道它们能否自主学习，而具有学习能力是人类智能的主要标志，学习是人类获取知识的基本手段。如果计算机能够像人类一样从过往经历中学习到知识，以它强大的计算能力为后盾，这必定会对人类社会产生巨大的影响。而随着计算机技术的飞速发展，人们尝试着使计算机具有和我们一样或类似的学习能力，具有认识问题和解决问题的能力，让计算机如何更聪明、更具有人的智能，从而产生了一个新的研究学科——机器学习。

## 3.2 机器学习的定义

机器学习是研究如何使用计算机来模拟人类学习活动的一门学科，更严格地说，它是研究计算机获取新知识和新技能、识别现有知识、不断改善性能、实现自我完善的方法。正如 Tom M.Mitchell 在其著作 *Machine Learning* 中指出，机器学习是指“计算机利用经验自动改善系统自身性能的行为”，它要使机器像人一样拥有知识，具有智能，就必须使机器具有获取知识的能力。

简而言之，机器学习是指通过计算机学习数据中的内在规律性信息，获得新的经验和知识，以提高计算机的智能性，使计算机能够像人那样去决策。机器学习是计算机获取知识的重要途径和人工智能的重要标志，是一门研究怎样用计算机来模拟或实现人类学习活动的学科，是研究如何使机器通过识别和利用现有知识来获取新知识与新技能。一般认为，机器学习是一个有特定目的的知识获取过程，其内部表现为从未知到已知这样一个知识增长的过程，其外部表现为系统的某些性能和适应性的改善，使得系统能完成原来不能完成或更好地完成原来可以完成的任务。它既注重知识本身的增加，也注重获取知识技能的提高。

机器学习是人工智能的一个分支，是现代计算机技术研究的重点及热点问题。目前，机器学习的定义尚不统一，但对于计算机科学，特别是从事人工智能科学探索的研究者们，一般公认 H. Simon 对于机器学习的定义，即“如果一个系统能够通过执行某个过程改进它的性能，这就是学习”。当然这是一个比较泛化的概念，系统一词，涉及了计算系统、控制系统、神经系统、函数模型系统、人的系统等多个范畴,不同的系统又属于不同的领域。即使是同一个系统,也因为目标不同,学习的方法和途径,数据分析的策略也都有所不同。但是无论是哪种系统对哪类知识的学习,其目标归根结底都是从大量无序的信息中获得有序的可以被有效利用的知识。

以 H. Simon 的学习定义作为出发点,建立图 3-1 所示的机器学习的基本模型。在机器学习的过程中,首要的因素是外部环境向系统提供信息的质量。外部环境是以某种形式表达的信息或知识的集合,是知识和信息的来源,执行的对象和任务;学习是将外部环境提供的信息,加工成为有效信息的过程,它也是学习系统的核心,包括采集信息、接受监督指导、学习推理、修改知识库等其他功能。学习先从环境获取外部信息,然后对这些外部信息加工形成知识,并把这些知识放入知识库中; 知识库是影响学习系统设计的第二大因素。知识库中存放指导执行部分动作的一般原则,由于环境向学习系统提供的信息形形色色,信息质量的优劣直接影响学习部分容易实现还是杂乱无章。根据知识的不同,选择不同的表达方式,兼顾表达能力强、易于推理、易于修改知识库和知识表示易于扩展等几方面,均是知识库在表达上需要符合的要求;执行环节是利用知识库中的知识完成某种任务的过程,并把完成任务过程中所获得的一些信息反馈给学习环节,以指导进一步的学习。

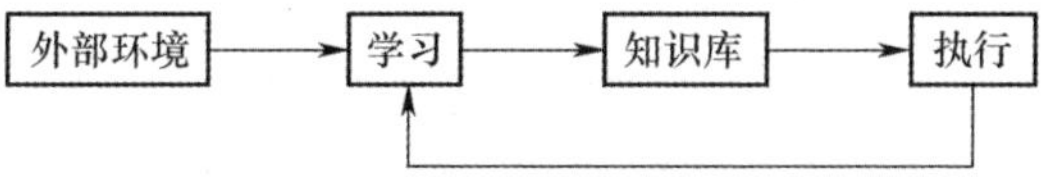


图 3-1　机器学习的基本模型

## 3.3　机器学习的方法

机器学习算法的输入一般称为训练数据。根据训练数据,机器学习算法可以分为监督学习(Supervised Learning,SL)、无监督学习(Unsupervised Learning,UL)和半监督学习(Semi-supervised Learning,SSL)。监督学习用有标签的数据作为最终学习目标,通常学习效果好,但获取有标签数据的代价是昂贵的,无监督学习相当于自学习或自助式学习,便于利用更多的数据,同时可能会发现数据中存在的更多模式的先验知识(有时会超过手工标注的模式信息),但学习效率较低。二者的共性是通过建立数学模型为最优化问题进行求解,通常没有完美的解法。半监督学习和无监督学习的结合及提升,使之能够克服监督式分类器泛化能力弱、无监督式分类器模型精度不高的缺陷,将二者优势相结合,能达到更优的学习效果。

### 3.3.1　监督学习方法

监督学习是指利用已知类型的训练样本来调整分类器的参数,以达到所需性能要求的过程和方法。在监督学习过程中,不仅需要为计算机提供训练样本,而且要标明每种训练样本的类型信息。在无线认知传感器频谱感知中,通过对已知类型频谱训练样本的学习,可以实现分类器对多种频谱感知数据进行分类时的错误概率最小化。训练样本中的每个数据对象都已标明类型,因而分类是一种典型的监督学习频谱感知数据分析方法。

监督学习从训练样本中得到学习函数。训练样本包括一组训练实例,每个训练实例又是由一个输入对象和一个预期输出值构成。若输出值是离散的,则学习函数称为分类器。若输出值是连续的,则学习函数称为回归函数。监督学习算法从训练数据推广到不可见数据。比较流行的监督学习算法包括线性回归、Logistic回归、人工神经网络、决策树学习、随机森林、朴素贝叶斯分类器和支持向量机等。

监督学习的方法物理意义和数学模型明确,学习策略简单,是机器学习中最经典的方法,但其训练时需要大量标记数据,标记数据的获取往往是很困难的,标记数据不充足又将会严重制约监督学习的性能。

本书在后续基于浅层学习的通信辐射源个体识别章节中会介绍基于径向基神经网络的个体识别方法。

### 3.3.2 无监督学习方法

无监督学习的目的在于从样本数据中得到样本的内在结构或者特征之间的关联,试图根据未标记数据找到隐结构或基本结构。用于处理未被分类标记的样本集数据并且事先不需要进行训练,希望通过学习寻求数据间的内在模式和统计规律,从而获得样本数据的结构特征。因此,无监督学习的根本目标是在学习过程中根据相似性原理进行区分。

无监督学习更近似于人类的学习方式,被 Andrew Ng 誉为:人工智能最有价值的地方[46]。其主要特征表现在为学习者提供的数据或实例是未标记的。由学习到的类标签信息把样例划分到不同的簇(Cluster)或找到高维入数据的低维结构。无监督学习包括聚类和降维两类任务,具有代表性的 UL 方法有 $K$-均值(K-Means)、层次聚类(Hierarchical Clustering)、主成分分析、典型相关分析法(Canonical Correlation Analysis,CCA)、流形学习(Manifold Learning)[47]的相关算法包括等距特征映射(Isometric Feature Mapping,ISOMAP)、局部线性嵌入(Locally Linear Embedding,LLE)和局部保持投影(Locality Preserving Projections,LPP)以及最近研究比较多的稀疏表示[48]等。其中,聚类是最常用的无监督学习算法。

聚类是将一组对象分成不同的组或簇,使得同一组中的对象是类似的。聚类算法包括:$K$-均值或基于质心的聚类;$K$-最近邻;层次聚类或基于连通性的聚类;基于分布的聚类;基于密度的聚类。

无监督学习不需要标记样本,特别适合于处理战场条件下通信辐射源个体标记样本较少的情况,因此本书后续章节也主要以阐述基于无监督学习的辐射源个体识别为主,包括基于流形学习的辐射源个体识别、基于稀疏表示的辐射源个体识别、基于聚类的辐射源个体识别等。

### 3.3.3 半监督学习方法

半监督学习介于监督学习和无监督学习之间,其输入数据中只有一部分存在标注。之前所介绍的监督学习问题(回归、分类)和无监督学习问题(聚类、降维等)都可以变成半监督的形式。对于回归和分类来讲,其半监督问题的输入一般包含两个集合$\boldsymbol{\chi}_l = \{(\boldsymbol{x}_1, y_1), \cdots, (\boldsymbol{x}_l, y_l)\}$和$\boldsymbol{\chi}_u = \{\boldsymbol{x}_{l+1}, \cdots, \boldsymbol{x}_{l+u}\}$,其中标注集合$\boldsymbol{\chi}_l$包含$l$个标注的训练样本,$\boldsymbol{\chi}_u$包含$u$个未标注的训练样本。对于聚类和降维来说,其半监督问题的输入往往包含一个样本集合$\boldsymbol{\chi} = \{\boldsymbol{x}_1, \cdots, \boldsymbol{x}_m\}$,一个必须连接(Must-1ink)集合$\boldsymbol{M}$和不能连接(Cannot-link)集合$\boldsymbol{C}$。如果样本对$(\boldsymbol{x}_i, \boldsymbol{x}_j) \in \boldsymbol{M}$,就表明$\boldsymbol{x}_i$和$\boldsymbol{x}_j$属于同一类或者具有相同的数据表达;如果样本对$(\boldsymbol{x}_i, \boldsymbol{x}_j) \in \boldsymbol{C}$,就表明$\boldsymbol{x}_i$和$\boldsymbol{x}_j$属于不同类或者具有不同的数据表达。

半监督学习能够同时利用标记数据和未标记数据的信息,一方面能够避免监督学习因标记样本不充足而泛化能力不足的问题,另一方面也缓解了无监督学习由于完全忽略标记信息而导致学习性能较低的问题。半监督学习兼顾监督学习和无监督学习的优点,可充分利用已获取的目标数据。本书在基于深度学习和基于支持向量机的辐射源个体识别中均利用了半监督学习的思想。

## 3.4 机器学习理论与应用研究

### 3.4.1 机器学习理论研究

机器学习,一般定义为一个系统自我改进的过程,但仅仅从这个定义来理解和实现机器学习是困难的。从最初的基于神经元模型以及函数逼近论的方法研究,到以符号演算为基础的规则学习和决策树学习的产生,以及之后的认知心理学中归纳、解释、类比等概念的引入,到最新的计算学习理论和统计学习的兴起,机器学习一直都在相关学科的实践应用中起着主导作用。研究人员们借鉴了各个学科的思想来发展机器学习,但关于机器学习问题的实质究竟是什么尚无定论。不同的机器学习方法也各有优缺点,只在其适用的领域内才有良好的效果。

机器学习理论研究大致经历了 4 个阶段:

(1) 20 世纪 50 年代的神经模拟和决策理论技术,学习系统在运行时很少具有结构或知识。其主要是建造神经网络和自组织学习系统,学习表现为阈值逻辑单元传送信号的反馈调整。

(2) 20 世纪 60 年代早期开始研究面向概念的学习,即符号学习。使用的工具是语义网络或谓词逻辑,不再是数值或者统计方法。在概念获取中,学习系统通过分析相关概念的大量正例和反例来构造概念的符号表示。在这一阶段，人们认识到学习是个复杂而循序渐进的过程；若不要任何初始知识，则学习系统无法学到高层次的概念。

（3）20世纪70年代中期，研究活动日趋兴旺，各种学习方法不断推出，实验系统大量涌现，1980年在卡内基·梅隆大学（Carnegie Mellon University，CMU）召开的第一届机器学习专题研讨会，标志着机器学习正式成为人工智能的一个独立研究领域。

（4）从20世纪80年代中后期到21世纪00年代中期，是机器学习发展的黄金时期，主要标志是学术界涌现出一批重要成果，如基于统计学习理论的支持向量机、随机森林和Boosting等集成分类方法，概率图模型，基于再生核理论的非线性数据分析与处理方法，非参数贝叶斯方法，基于正则化理论的稀疏学习模型及应用等。可以认为机器学习研究进入一个新阶段，已经趋向成熟。神经网络的复苏，带动着各种非符号学习方法与符号学习并驾齐驱，并且已超越研究范围，进入自动化及模式识别等领域，掀起一场联结主义的热潮，各种学习方法开始继承，多策略学习已经使学习系统具有应用价值，开始从实验室走向应用领域。

20世纪80年代末期，用于人工神经网络的反向传播（Back Propagation，BP）算法的发明，给机器学习带来了希望，掀起了基于统计模型的机器学习热潮。这股热潮一直持续到今天。人们发现，利用BP算法可以让一个人工神经网络模型从大量训练样本中学习统计规律，从而对未知事件做预测。这种基于统计的机器学习方法比起过去基于人工规则的系统，在很多方面显出优越性。这时的人工神经网络，虽也称为多层感知机（Multi-layer Perceptron），但实际是种只含有一层隐层节点的浅层模型，如图3-2所示。

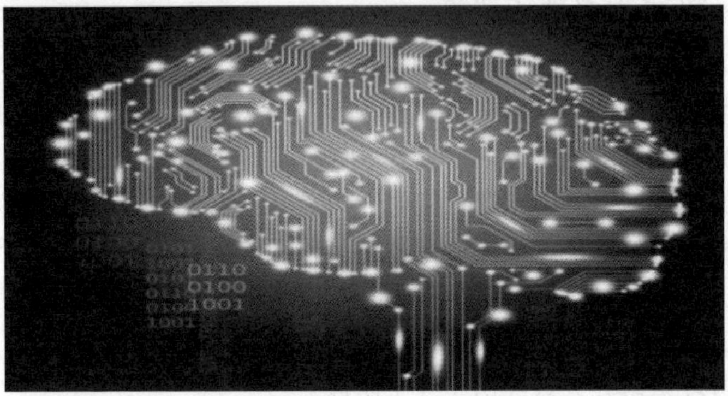

图3-2　神经网络

到了20世纪90年代，各种各样的浅层机器学习模型相继被提出，如支撑向量机、Boosting、最大熵方法等。这些模型的结构基本上可以看成带有一层隐层节点（如SVM、Boosting），或没有隐层节点（如LR）。这些模型无论是在理论分析还是应用中都获得了巨大的成功。相比之下，由于理论分析的难度大，训练方法又需要很多经验和技巧，这个时期浅层人工神经网络反而相对沉寂。

(5) 21 世纪 00 年代至现在，深度学习给机器学习带来了发展的第二次浪潮。在与 SVM 的竞争中，神经网络长时间内处于下风，直到 2012 年局面才被改变，原因是计算机处理数据的能力越来越好。SVM、AdaBoost 等浅层模型并不能很好地解决图像识别、语音识别等复杂的问题，在这些问题上存在严重的过拟合（过拟合的表现是在训练样本集上表现很好，在真正使用时表现很差。就像一个很机械的学生，考试时遇到自己学过的题目都会做，但对新的题目无法举一反三）。为此，我们需要更强大的算法，历史又一次选择了神经网络。深度学习技术诞生并急速发展，较好地解决了现阶段人工智能（Artificial Intelligence，AI）的一些重点问题，并带来了产业界的快速发展。

深度学习的起源可以追溯到 2006 年的一篇文章，加拿大多伦多大学教授、机器学习领域的泰斗 Geoffrey Hinton 和他的学生 Ruslan Salakhutdinov 在"Science"上发表的一篇文章 *Reducing the Dimensionality of Data with Neural Networks*[51]，开启了深度学习在学术界和工业界的浪潮。Hinton 和 salakhutdinov 提出了一种训练深层神经网络的方法，用受限玻耳兹曼机训练多层神经网络的每一层，得到初始权重，然后继续训练整个神经网络。

这篇文章有两个主要观点：①多隐层的人工神经网络（图 3-3）具有优异的特征学习能力，学习得到的特征对数据有更本质的刻画，从而有利于可视化或分类；②深度神经网络在训练上的难度，可以通过"逐层初始化"（Layer-wise Pre-training）来有效克服，在这篇文章中，逐层初始化是通过无监督学习实现的。

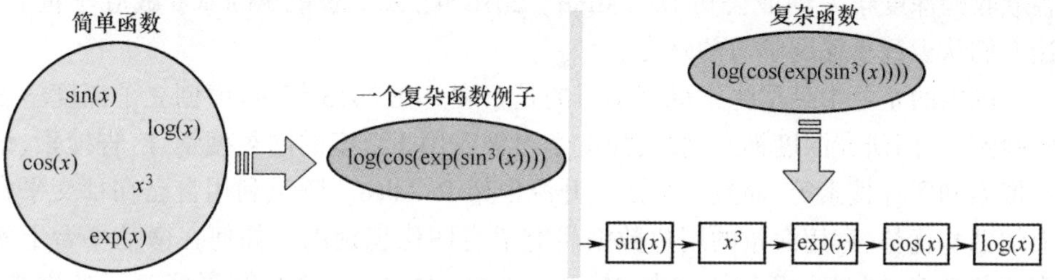


图 3-3　多隐层的人工神经网络

传统的分类、回归等学习方法为浅层结构算法，其局限性在于有限样本和计算单元情况下对复杂函数的表示能力有限，针对复杂分类问题的泛化能力受到一定制约。深度学习可通过学习一种深层非线性网络结构，实现复杂函数逼近，表征输入数据分布式表示，并展现了强大的从少数样本集中学习数据集本质特征的能力（多层的好处是可以用较少的参数表示复杂的函数），见图 3-4。

传统机器学习算法由于可训练参数数量的限制，导致它所能学到的特征有限，

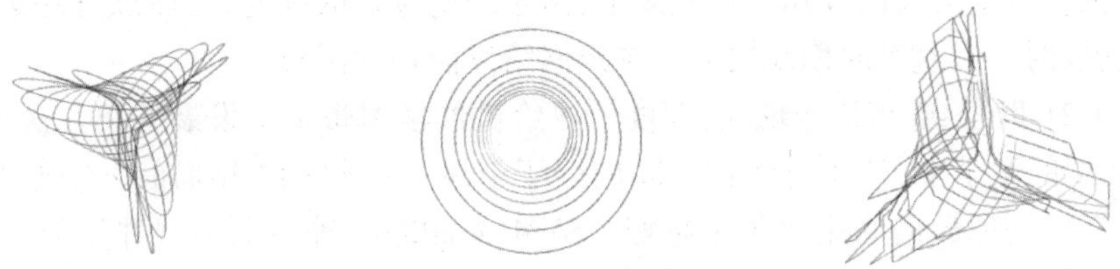

（a）原始数据特征　　（b）传统机器学习算法拟合特征　　（c）深度学习算法拟合特征

图 3-4　深度学习和传统机器学习算法对比

在一些情况下可能无法形成足够复杂的曲面,它十分依赖特征工程去增加复杂度。而深度学习可以形成足够复杂的曲面用于拟合特征,换一种说法就是深度神经网络具有强大的表达能力。这种特征的习得是以海量数据为基础的。因此,在数据量较小时使用深度学习很难得到理想的结果。

2011 年,微软和谷歌的研究人员通过深度神经网络应用于语音识别,语音识别的准确率显著提升,直至达到实际应用的要求取得了突破性的成果,展示了深度神经网络在语音识别方面的不凡。

2012 年,Hinton 小组发明的深度卷积神经网络 AlexNet(ImageNet Classification with Deep Convolutional Neural Networks)首先在图像分类问题上取代成功,随后被用于机器视觉的各种问题上,包括通用目标检测、人脸检测、行人检测、人脸识别、图像分割、图像边缘检测等。在这些问题上,卷积神经网络取得了当前最好的性能。使用深度学习,Hinton 的小组在 ImageNet 的比赛中获得了冠军,将图片识别的准确率提高了 10 个百分点,深度学习在图像上取得了突破性进展。2014 年 1 月,谷歌收购深度学习创业公司 DeepMind。2016 年,人工智能 AlphaGo 战胜李世石,让人们认识到了深度学习的魅力。

国内的企业中最早探索深度学习的是百度。在 2013 年,百度创立了深度学习实验室,专门研究深度神经网络,深度学习被应用于百度的网页搜索、广告搜索、语音搜索和图片搜索等,而且开发出了开源框架 Paddleo。腾讯利用自己在社交平台上的独特优势,利用海量的用户数据研究语音图像识别以及如何在微信平台上实现这些功能,同时也开发出诸如 Mariana DNN、Mariana CNN 等深度学习的框架。而阿里巴巴研究深度学习则相对较晚,其主要是开发高性能计算集群以及推出阿里云服务等加速器,来提高深度学习的计算效率,在 2017 年,阿里巴巴成立了阿里巴巴达摩院,标志着阿里巴巴正式开始了对深度学习、计算机视觉(Computer Vision,CV)、自然语言处理(Natural Language Processing,NLP)等领域的探索研究。

机器学习的研究目标大致有 3 个方向:一是基础性研究,发展各种适合机器特点的学习理论,探讨所有可能的学习方法,比较人类学习与机器学习的异同与联系;二是从模拟人类的学习过程出发,试图建立学习的认知生理学模型,这个方向与认知科学的发展密切相关;三是应用研究,建立各种实用的学习系统或知识获取辅助工具,在人工智能科学的应用领域建立自动获取知识系统,积累经验,完善知识库与控制知识,进而能使机器的智能水平像人类一样。

### 3.4.2 机器学习的分类

机器学习的分类多种多样。如前所述,按照训练数据,机器学习可分为监督学习、半监督学习和无监督学习。按照学习策略一般又可分为归纳式学习、机械式学习、基于遗传原理的学习、分析学习和基于 BP 神经网络的学习五大类。其中,分析学习又可分为基于类比学习和基于解释学习。

归纳式学习方式是根据一些具体的现象形成并归纳出一些规律,学习结果供其他同类使用。这种学习方式在协助获取专家知识方面起到很好的作用,由于专家多年来积累的经验通常是"隐性知识",甚至只是一种直觉,难于表述和提取。但专家经验来源于实践,是对大量实例和现象的归纳,因此,用归纳式学习方法来获取专家知识恰到好处,它为解决专家系统的知识获取这个瓶颈问题提供了重要的手段。归纳式学习仅通过实例之间的比较来提取共性与不同,难以区分重要的、次要的和不相关的信息,因此常常出现跳步问题。此外,归纳学习要求必须有多个实例,对于此领域来说给出多个实例并非易事,且得出的归纳结论的正确性问题进一步限制了其使用的范围。

机械式学习的学习程序不具有推理能力,只是将所有的信息存入计算机来增加新知识。机器学习系统必须保证所保存的信息适应于外界环境变化的需要,即信息适用性问题,因此要求系统在存储信息的同时,存储能反映外界变化的数据。同时还要不断权衡存储与计算机之间的关系,使得利用机械学习不至于降低系统的效率。

基于遗传学习系统是自适应的,是一种基于生物进化过程的组合优化方法。其基本思想是适者生存,基本操作包括繁殖、杂交和变异 3 个过程。繁殖过程是从一个整体中选择基于某种特定标准的信息并对要求解的问题编码,产生初始群体,计算个体的适应度;杂交过程是把一个信息的某一部分与另一个信息的相关部分进行交换;变异过程随机改变信息的某一部分以得到一个新的个体,重复这个操作,直到求得最佳或较佳的个体;遗传算法的优点是能够较好地处理污染数据和缺失数据,易于和其他系统集成。然而,作为一种较新的机器学习技术,用户在使用这种方法时需要具备相当的建立和运行该系统的工具知识。

类比是人类认识事物的一个重要手段,是人类最重要、最富有创造性的思维方式之一。类比学习方式是利用对象间的相似性进行推理。类比学习系统只能得到完成类似任务的有关知识。学习系统必须能够发现当前任务与已完成任务的相似之处,由此制订出完成当前任务的方案。

解释学习方式可以理解成通过一个具体的结果和对它的解释过程,对具体的例子进行普遍化,从而得到一个普遍的原理。基于解释的学习依靠一个丰富的知识库。当学习时,针对输入的一个具体实例,它使用知识库中的知识去证明该实例属于某个概念,这个证明过程称为解释过程。此过程被作为一种知识记录下来,然后再被适当地推广,使得推广后的知识不仅覆盖这一个实例,而且能覆盖更多的情形。

BP 神经网络是一种有教师的学习。由类似人脑神经元的处理单元(又称节点)组成,输入节点通过隐藏节点与输出节点相连接,从而组成一个多层网络结构。节点的输入信号等于所有通过其输入链接到达此节点的信号的加权和神经网络通过对历史样本数据进行反复的网络训练来学习。在训练过程中,处理单元运用一种称为学习规则的数学方法对数据进行汇总和转换,并调节链接节点的权值,神经网络由相互连接的输入层、中间层、输出层组成。中间层由多个节点组成,完成大部分网络工作;输出层输出数据分析的执行结果。神经网络的最大优点是能精确地对复杂问题进行预测,其缺点是处理大数据集时效率较低,用户在使用这种方法时需要具备相当的建立和运行该系统的工具知识。

通过以上分析,尽管每一种方法都有各自的优点,但也都存在一定的局限性。为了克服单一方法的不足,可以考虑多种学习方法协同工作,来弥补各自领域知识的不完善,达到扬长避短的目的。

### 3.4.3 机器学习在辐射源个体识别中的应用

近年来,随着机器学习与人工智能的不断发展,国内外不少文献将众多机器学习算法应用到了辐射源信号的识别中。

经典的机器学习算法主要有基于距离模型的最近邻算法、基于概率模型的贝叶斯算法以及基于树模型的决策树算法等。有学者将贝叶斯算法应用于模式识别领域,进行了辐射源信号的识别,并有效地解决了不确定性问题;经典的识别算法,理论成熟、原理简单,然而其应用的条件比较苛刻,往往更适用于特定的数据集,具有较强的局限性,难以推广应用。

人工神经网络(Artificial Neural Networks,ANNs)是模仿生物神经连接进行特征向量到属性分类映射的非线性变换技术,该技术通过神经网络内部节点之间相互连接关系的调整来进行信息的处理。研究人员通过将载波频率、脉冲宽度、PW、脉冲幅度等特征参数作为 ANNs 模型的特征输入来实现对不同辐射源信号的识别。ANNs 模型凭借其良好的学习能力与非线性映射的特点,在辐射源信号的识别领域得到了广泛的应用。然而,ANNs 实质上是基于无穷样本推导的经验风险最小化方法,往往会出现过(欠)拟合和局部极值的情况。

支持向量机模型作为一种建立在结构风险最小化原理、统计学习理论和 VC 维(Vapnik-Chervonenkis Dimension)理论基础上的机器学习方法,为有限样本的分类提供了一个统一的方案,正好符合战场辐射源目标样本较少的场景。SVM 算法针对非线性问题,首先通过核函数将输入的低维特征向量映射到一个高维度的特征空间,然后在高维空间上完成样本数据的非线性分类。相较于 ANNs 模型,SVM 算法有严格的数学理论支撑,不会出现局部极值等现象,而且该模型结构简单,具有很强的泛化能力。尽管如此,SVM 在参数的确定、映射模型的选择以及多分类问题上存在一定的缺陷。

集成学习(Ensemble Learning,EL)是一种基于多个基本分类器组合,进而获得优于单个分类器识别效果的机器学习方法,集成学习方法主要包括基于并行方式的 Bagging 方法和基于串行方式的 Boosting 方法。EL 方法的主要思想是:首先通过改变训练样本集(重采样、重加权)来构建多个不同的预测模型,然后对这些模型的输出结果基于特定方法(带加权的投票、求平均)进行整合并得到最终结果。将集成学习运用到辐射源个体识别中,实现了辐射源信号的快速识别,该方法不仅识别精度高、泛化能力好,而且计算复杂度大大降低,缩短了运行时间。集成学习作为机器学习方法中一种强大的算法模型,具有良好的识别性和泛化性,但是其模型的复杂度也较大。

进入 2012 年后,随着深度学习的不断发展,研究人员也将深度学习引入辐射源个体识别中,深度网络模型是通过不断训练提取数据样本特征,可以表达出复杂的非线性函数关系,得到数据丰富的本质信息。利用深度学习方法不需要人工提取特征,计算能力强,设计者不需要太多的先验知识,容易入门。为了提取强区别力的信号特征,深度学习的优 势极为明显。深度学习不需要设计者储备太多的先验知识,也不需要定义提取的特征的实际含义,主要通过设计神经网络结构提取特征,实现后续的分类及其预测。人工神经网络借鉴生物神经网络的思 想,通过设计大量的计算单元,以某种形式连接形成网络。通过对网络建立一定的数学模型和算法,训练出连接权值,使网络能够实现基于数据的模式 识别、函数映射等带有“智能”的功能。

但是,辐射源识别需借助各个通信辐射源发送的信号数据,通过物理差异进行识别,单纯采用软件模拟的数据集没有实际意义。针对辐射源识别这个课题,由于辐射源的多样性及研究问题的不同,好的、公开可利用的标准数据集较少。辐射源识别仍需从网络泛化能力、获取足够样本、优化神经网络模型等几个方面进行改进完善。

## 3.5 机器学习理论发展趋势

机器学习是人工智能发展中一个十分活跃的领域,其研究目的是希望计算机具有如同人类一样从现实世界中获取知识的能力,同时,从模拟人类的学习过程为出发点,建立学习的计算理论,构造各种学习系统并将之应用到各个领域中去。发展各种适合机器特点的学习理论,进行基础性研究。当前,机器学习的研究仍继续向纵深方向发展,研究者从各自不同的研究环境和领域提出多种学习体制、学习方法。但总体来看,为了使机器学习达到较高水平,应该采用多种学习体制下的集成学习系统,以便解决复杂任务和模拟人脑的思维过程,同时在学习机制和学习方法上争取有质的突破。目前的计算机只能是一种初级智能机,人工智能要向前迈进,就不应把自己局限于今天的计算机科学体系。要加强智能与思维的规律性研究,即加强思维学研究。在机器学习的研究中,要让机器从事创造性的思维工作,让机器从输入的大量知识中,善于总结、善于学习、善于发现,才能为人类的技术革命做出更大的贡献。

机器学习理论研究作为目前科学研究领域的热点,在认知计算、类脑计算的支撑下将促进机器学习向更高阶段发展,在此基础上将会出现性能更好、结构优化、学习高效、功能强大的机器模型,非监督机器学习将会取得实质性的进展。机器学习的自主学习能力将进一步提高,并逐渐跨越弱人工智能阶段,不断提高智能性。机器学习将向人类的学习、认知、理解、思考、推理和预测能力迈进,必将推动人工智能及整个科学技术迈向更高的台阶。

随着机器学习与大数据、云计算、物联网的深度融合,将会掀起一场新的数字化技术革命,借助自然语言理解、情感及行为理解将会开启更加友好的人机交互新界面、自动驾驶汽车将成为现实,我们的工作、生活中将出现更多的智能机器人,在医疗、金融、教育等行业将能够给我们提供更多智能化、个性化服务定制服务……机器学习一定会造福于整个人类,使明天的生活更美好!

目前,以深度学习为代表的机器学习领域的研究与应用取得巨大进展有目共睹,有力地推动了人工智能的发展。但是也应该看到,以深度学习为代表的机器学习前沿毕竟还是一个新生事物,多数结论是通过实验或经验获得的,还有待于理论的深入研究与支持。美国有线电视新闻网(Cable News Network,CNN)的推动者和创始人之一的美国纽约大学教授 Yann LeCun 在 2015 IEEE 计算机视觉与模式识别会议上指出深度学习的几个关键限制:缺乏背后工作的理论基础和推理机制;缺乏短期记忆;不能进行无监督学习。

另外,要处理好深度学习和传统机器学习的关系,深度学习占据统治地位的多数是在计算机视觉领域、自然语言处理领域。而且深度学习是数据驱动的,需要大量的数据,数据是其燃料,没了燃料,深度学习也巧妇难为无米之炊。例如图像分类任务中,就需要大量的标注数据,因为有了 ImageNet 这样的百万量级,并带有标注的数据,CNN 才能大显神威。

事实上,在实际的问题中,可能并不会有海量级别的、带有标注的数据。例如你在做医学方面的一些模型,能拿到病人的信息数据少之又少。所以说在小数据集上,深度学习还取代不了诸如非线性和线性核 SVM、贝叶斯分类器方法。实际操作来看,SVM 只需要很小的数据就能找到数据之间分类的超平面,得到很不错的分类结果,本书所应用的辐射源识别领域亦是如此。

再者,基于多层人工神经网络的深度学习受到人类大脑皮层分层工作的启发,虽然深度学习是目前最接近人类大脑的智能学习方法，但是当前的深度网络在结构、功能、机制上都与人脑有较大的差距。并且对大脑皮层本身的结构与机理还缺乏精准认知，如果要真正模拟人脑的10多亿个神经元组成的神经系统，目前还难以实现。因此，对计算神经科学的研究也需要有很长一段路要走。

还有，机器学习模型的网络结构、算法及参数越发庞大、复杂，通常只有在大数据量、大计算量支持下才能训练出精准的模型，对运行环境要求越来越高、占用资源也越来越多，这也抬高了其应用门槛。

总之，机器学习方兴未艾，并且拥有广阔的研究与应用前景，但是面临的挑战也不容忽视，只有二者交相辉映才能把机器学习推向更高的境界。

# 第 4 章 基于流形学习的通信辐射源个体识别

## 4.1 引 言

战场环境下背景噪声复杂,采集到的通信辐射源信号变化多样,一些因素(信道的变化,噪声、细微故障、采集时环境)的变化会引起目标个体细微特征的改变。另外,传感器特别是不同传感器下的传感器噪声包括敏感元器件灵敏度的不均匀性、信号数字化过程中带来的不同量化噪声、传输过程中的不同信道误差、不同的传感器本身噪声、人为因素等也会造成现有的特征提取方法效果较差,导致系统的识别率会非常低。在现有实际数据的实验中,也发现目前的特征提取算法包括传统的基于信号处理与变换对目标的信号频率、调制方式、信号背景甚至是传感器的要求很高。因此,怎样提取出只与目标个体有关,而与其他因素都无关的特征量,使得其在复杂环境和不同的频率、调制方式下适用,是一个实用的辐射源个体识别系统所必须解决的问题。

流形学习为辐射源个体细微特征的提取提供了另外一种思路——把数据中所包含的低维流形作为通信辐射源信号的特征。认知科学认为同一事物在随时间、空间等因素连续发生变化时存在一个低维的流形,人的强大认知能力正是基于对此相对稳定的流形的认识。如果高维数据分布的空间中包含低维光滑流形,流形学习可以通过机器学习的方法从高维数据中得到低维流形的拓扑结构或内在规律以及相应的嵌入映射关系,从而揭示事物的本征特征。将此方法用于辐射源个体细微特征提取,能获得反映辐射源信号的本质特征,从而得到复杂环境下适用的辐射源个体细微特征提取方法。

本章在介绍流形学习基本理论的基础上,重点讲述基于流形学习的辐射源个体细微特征提取方法,提取通信辐射源信号的本征特征,以克服目前的特征提取方法对信道、噪声和环境都比较敏感的问题。首先对流形学习理论用于通信辐射源细微特征的提取的可行性进行了分析,讲述了一种基于正交局部样条判别流形嵌入的通信辐射源个体细微特征提取方法[49],然后针对实际复杂电磁环境下通信辐射源个体细微特征提取面临的标签样本缺失问题,将半监督学习理论引入通信辐射源细微特征提取[50],重点讲述了基于流形正则化半监督判别分析的通信辐射源个体细微特征提取,从而为战场电磁环境辐射源个体细微特征提取提供一条新的解决途径。

# 4.2 流 形 学 习

流形的概念最早是由 Riemann 在 1854 年提出的，定义为在满足 Hausdorff 公理的拓扑空间内，每个点的局部都同胚于 $d$ 维空间 $\boldsymbol{R}^d$；流形学习方法则是流形的数学概念与现代机器学习理论相结合的产物，它的目的就是期望在高维 $\boldsymbol{R}^d$ 数据集中寻找出低维的本征描述，也即低维流形，从而找出数据间的内在关系，完成特征提取或数据挖掘等任务[47]。图 4-1 具体描述了流形学习的理论基础。

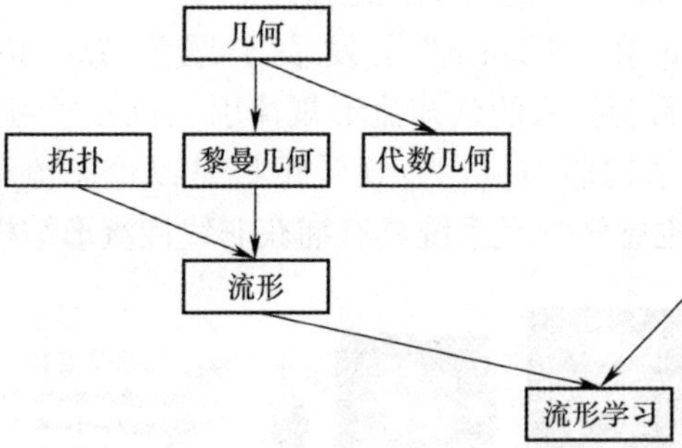


图 4-1　流形学习的理论基础

为了方便对流形的概念进行阐述，首先给出相关定义：

拓扑空间：就是一个集对 $(\boldsymbol{X},\boldsymbol{\tau})$，其中集合 $\boldsymbol{X}$ 为一非空集合，拓扑 $\boldsymbol{\tau}$ 是 $\boldsymbol{X}$ 满足以下性质的子集簇：

（1）$\boldsymbol{\tau}$ 关于属于它的任意多元素的并运算是封闭的。

（2）$\boldsymbol{\tau}$ 关于属于它的有限多元素的交运算是封闭的。

（3）$\boldsymbol{\tau}$ 含有空集 $\boldsymbol{\phi}$ 和 $\boldsymbol{X}$ 本身作为其元素。

Hausdorff 空间：如果对于任意集合 $\boldsymbol{X}$ 中的两个点 $x_i$ 和 $x_j$，若存在 $x_i$ 的邻域 $\boldsymbol{U}$ 和 $x_j$ 的邻域 $\boldsymbol{V}$，使得这两个邻域互不相交，即 $\boldsymbol{U} \cap \boldsymbol{V} = \boldsymbol{\phi}$，则称集合所在的空间为 Hausdorff 空间。

在了解拓扑空间及 Hausforff 空间的概念后，顺利引入流形的数学描述。

流形：拓扑空间 $\boldsymbol{M}$ 在满足以下条件时，称 $\boldsymbol{M}$ 为 $m$ 维流形：

（1）$\boldsymbol{M}$ 是一个 Hausdorff 空间，即对于 $\boldsymbol{M}$ 上任意两点，存在不相交的邻域。

（2）对于任意一点 $p \in \boldsymbol{M}$，存在包含 $p$ 的 $m$ 维坐标邻域 $(\boldsymbol{U},\boldsymbol{\varphi})$，坐标邻域是拓扑空间中的开集与其在欧式空间中的映射 $\boldsymbol{\varphi}$ 的有序对。

形象地说，流形就是一个局部可坐标化的拓扑空间，从拓扑空间的一个邻域（开集）到欧氏空间的开子集的同胚映射，使得每个局部可坐标化。它的本质是分段线性处理，计算时要考虑开集和同胚映射的选择问题。

通过以上的概念介绍，下面给出流形学习详细的数学描述：

令 $\boldsymbol{Y}$ 为包含于 $\boldsymbol{R}^{d}$ 实数空间的 $d$ 维域即 $\boldsymbol{Y} \subset \boldsymbol{R}^{d}$，映射 $f: \boldsymbol{Y} \to \boldsymbol{R}^{D}$ 为一光滑嵌入，它存在于 $D$ 维高维空间,其中的 $D > d$。数据点 $\{y_i\} \subset \boldsymbol{Y}$ 由某个随机过程生成，经 $f$ 映射形成观测空间的数据 $\{x_i = f(y_i)\} \subset \boldsymbol{R}^{D}$。一般称 $\boldsymbol{Y}$ 为隐空间，$\{y_i\}$ 为隐数据。流形学习的目标即从观测数据中重构 $f$ 和 $\{y_i\}$。

流形学习也有其生理基础和物理意义。现实中绝大部分数据均为嵌入在高维空间中的低维流形,也就是说,采样数据的分布是由少数变量所决定的。目前,研究已发现,当人脸发生转动或者光照强度等发生变化时,其相应的特征变化可以看作嵌入在高维人脸图像空间中的一个低维非线性子流形,称为外观流形,这种流形方式的视觉感知在人脸识别过程中起到了关键作用。

2000 年, Seung 和 Lee 在"Science"上发表了题为 *The Manifold Ways of Perception* 的研究报告[52],希望把人的认知流形规律引入机器学习中。在报告中,他们提出视觉感知的流形结构假说,认为:视觉记忆是以稳态流形(或连续吸引子)形式存储的,人类的视觉感知神经系统具有捕获非线性流形结构的能力。

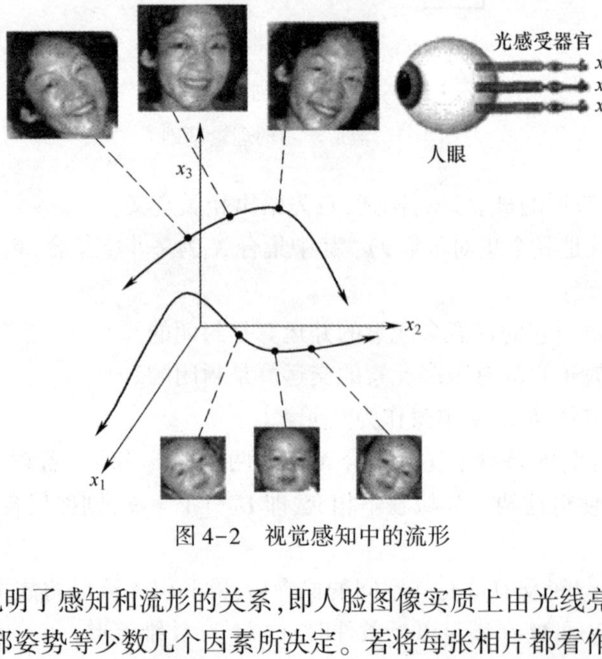


图 4-2　视觉感知中的流形

图 4-2 说明了感知和流形的关系,即人脸图像实质上由光线亮度、人离相机的距离、人的头部姿势等少数几个因素所决定。若将每张相片都看作一个模式,则变化的模式实质上就是位于一条光滑流形上不同的点。经实验证明,这种流形的确存在于人脑中。这个理论的提出,可以说为在计算机上模拟神经生理学开辟了一个完全不同的思考方向[52]。

人能够在瞬间识别出同一个人在光照、角度等发生变化后的身份,而让计算机来识别却非常困难。显然,计算机在模拟人的识别能力上一定遗失了某个重要环节。事实很可能是:人能够自然地感知数据的内蕴(Intrinsic)低维结构,而计算机却不能。因此,如何让计算机具备这种感知数据的内蕴低维结构的能力是值得我们认真思考的研究方向。这就是流形学习所要研究的问题:高维数据中可能存在由基本变量变化规律决定的低维流形结构,流形学习能够有效地分析高维数据所包含的低维流形,反映数据分布的拓扑规律。

流形学习作为通过获取数据集的内蕴几何结构来进行数据分析的技术,可以定义为:由有限样本点集合来计算嵌入在高维欧氏空间 $\boldsymbol{R}$ 中的 $d$ 维流形 M 的模型的问题。从整体、数据集的内蕴几何来分析数据,从而获取与数据内蕴几何相一致的低维参数化(Low Dimensional Parameterization,LDP)。这个过程即"流形学习"。

强调数据集的整体性,试图通过局部合并,以整体的方式来发现和重建数据集的内在规律;从高维观测数据中恢复低维流形结构,发现和重建数据集中潜在的内蕴几何结构,这是流形学习的基本目标。

Silva 和 Tenenbaum 给出了"流形学习"的确切数学描述[53]:

给定数据集 $\boldsymbol{X} = \{x_i, i = 1,2,\cdots,N\} \subset \boldsymbol{R}^m$ ,假定 $\boldsymbol{X}$ 中的样本是由低维空间中的数据集 $\boldsymbol{Y}$ 通过某个未知的非线性变换 $f$ 所生成,即

$$x_i = f(y_i) + \varepsilon_i \tag{4-1}$$

其中, $\varepsilon_i$ 表示噪声, $y_i \in \boldsymbol{Y} \subset \boldsymbol{R}^d, d \ll m, f: \boldsymbol{R}^d \to \boldsymbol{R}^m$ 是 $C^\infty$ 的嵌入映射。那么,流形学习的任务是基于给定的观测数据集 $\boldsymbol{X}$:

(1) 获取低维表达 $\boldsymbol{Y} = \{y_i, i = 1,2,\cdots,N\} \subset \boldsymbol{R}^d$ 。

(2) 构造从高维空间到低维空间的非线性映射 $f^{-1}:\boldsymbol{R}^m \to \boldsymbol{R}^d$ 。

实际上,流形学习所研究的基本问题可以概括为以下 3 个:

(1) 维数估计:准确估计嵌入在高维观测空间中的低维流形的内蕴维数(Intrinsic Dimensionality) $d$ 。

(2) 维数约减:获取数据在低维空间内蕴坐标(Intrinsic Coordinates) $\boldsymbol{Y} = \{y_i, i =1,2,\cdots,N\}$ ,若要实现对高维数据的可视化分析,则需要获得数据集的 2 或 3 维的参数化表达。

(3) 构建映射:构建从高维空间到低维空间的非线性映射关系 $f^{-1}:\boldsymbol{R}^m \to \boldsymbol{R}^d$ ,这对于把流形学习算法应用于模式识别中的特征抽取和分类是必要的。

自 2000 年以来,大量流形学习算法被先后提出。其中,最具有代表性的无监督流形学习算法主要有等距特征映射算法[54]、局部线性嵌入算法[55]、拉普拉斯特征谱(Laplacian Eigenmap, LE)方法[56-57]、海森特征谱(Hessian Eigenmap, HE)方法[58]、局部切空间排列(Local Tangent Space Alignment, LTSA)算法[59]、最大差异伸展(Maximum Variance Unfolding, MVU)算法[60]等。随着研究的不断深入和推广,流形学习方法也从原来的无监督学习推广到有监督学习和半监督学习,从非线性化扩展到线性化、张量化和核化,在机器学习领域受到了越来越多的关注和重视。

主要流形学习算法如表 4-1 所示[61]。

表 4-1　主要流形学习算法

| 作者 | 年份 | 算法 | 特性 | 算法描述及评价 |
|---|---|---|---|---|
| Tenenbaum 等[54] | 2000 | ISOMAP | 等距离映射 | 在计算测地距离后运用 MDS 算法，计算量大 |
| Roweis 和 Saul[55] | 2000 | LLE | 保留局部线性重构权重 | 计算每个点的局部重构权重，通过求解特征值来实现最优嵌入 |
| Silva 和 Tenenbaum[62] | 2002 | C-ISOMAP 和 L-ISOMAP | 保角的 ISOMAP 带标记的 ISOMAP | C-ISOMAP 保留角度信息，L-ISOMAP 通过选择少量的标记点有效地逼近原始的 ISOMAP 算法 |
| Belkin 和 Niyogi[56-57] | 2001，2003 | Laplacian Eigenmaps | 方位保留 | 最小化嵌入空间的平方梯度误差等同于求解一个拉普拉斯—贝尔特拉米算子的特征方程 |
| Donoho 和 Grimes[58] | 2003 | HLLE of Hessian Eigenmaps | 将流形等距离映射为一个开放、连通的子集 | 用海森代替原 LLE 算法中的拉普拉斯特征映射 |
| Brand[63] | 2002 | Manifold Charting | 保留局部偏差和近邻 | 将输入数据分解成局部线性小模块，用仿射变换将这些小模块融入一个单独的低维坐标系统 |
| Weinberger 和 Saul[60] | 2006 | SDE(MVU) | 局部等距离映射 | 通过零均值和局部等距离映射的方法使输出差异最大化 |
| Zhang 和 Zha[59] | 2004 | LTSA | 最小化全局重构误差 | 在每一点建立一个正切空间，然后将这些正切空间融入一个全局坐标中 |
| He 等[64] | 2005 | Laplacianfaces | 拉普拉斯特征映射的线性化版本 | 将拉普拉斯特征映射的最小化问题转化为求特征值的问题 |
| Coifman 和 Lafon[65-66] | 2006 | Diffusion Maps | 保留扩散距离 | 利用转移矩阵 $\boldsymbol{P}$ 的前若干个特征值和特征向量建立扩散矩阵 |
| Sha 和 Saul[67] | 2005 | Conformal Eigenmaps | 保角嵌入 | 最大化近邻之间的相似性，从而更好地保留全局的形状 |

（续）

| 作者 | 年份 | 算法 | 特性 | 算法描述及评价 |
| --- | --- | --- | --- | --- |
| Law 和 Jain[68] | 2006 | Incremental ISOMAP | 连续收集数据 | 有效地更新两点之间的最短距离，解决增量特征值计算问题 |
| Lin 和 Zha[69] | 2008 | Riemannian Manifold Learning | 以切空间为基准找法坐标 | 得出切空间原点处局部邻域的法坐标后，采用逐步外扩的方法找到其他点的坐标 |
| Gui 等[70] | 2012 | LPDP | 局部判别保留投影 | 将 MMC 算法与 LPP 算法结合 |
| Zhou 和 Sun[71] | 2016 | Manifold Partition Discriminant | 流形分割判别分析 | 可以有效地区分异类数据 |
| Zhou 和 Sun[72] | 2018 | Multi-view Manifold Learning | 多视图流形学习 | 将多视图学习应用到流形学习。 |

流形学习已经在图像处理、计算视觉等领域得到成功应用，在通信信号的处理中还处于摸索阶段，国内外已有学者用流形学习进行民用电台的个体识别，且取得了不错的效果。

## 4.3 流形学习的典型算法

流形学习中几个具有代表性的算法是 ISOMAP、LE 和 LLE。

### 4.3.1 ISOMAP

ISOMAP 是由 Tenenbaum 等于 2000 年提出的[54]，它是一种全局优化方法，建立在多维尺度分析（Multi-Dimensional Scaling, MDS）[73]的基础上，力求保持数据点的内在几何性质。

原始的 MDS 方法是一种线性映射方法。经过 MDS 方法的映射，原始数据点之间的欧氏距离可以在低维空间近似地保存下来。但是，针对非线性数据，特别是流形分布数据，点与点之间的欧氏距离并不能完全反映它们之间的位置关系。因此，在等距特征映射中，引入了测地距离来衡量点与点之间的相互关系。当两点 $X_i$ 与 $X_j$ 是 $K$－近邻时，其测地距离就是它们的欧氏距离，否则其测地距离就是它们在流形上的最短路径距离，此处的测地距离可以看作构成点对间最短路径点之间的欧氏距离的累加。测地距离定义如下：

$$d_G(X_i,X_j)=\begin{cases}d(X_i,X_j), & X_i,X_j\text{ 是近邻点}\\ \min\{d_G(X_i,X_j),d_G(X_i,X_k)+d_G(X_k,X_j)\}, & \text{其他}\end{cases}\tag{4-2}$$

如图 4-3 所示，欧氏距离是两点之间的直线距离，对于彼此远离的点 $A$ 与点 $B$，欧氏距离不能反映实际距离，而测地线距离是沿着数据分布的曲线计算的，它刻画出了数据点之间的真实距离。ISOMAP 算法把数据点从高维空间映射到低维空间，保持在映射前后点对之间的距离不变，即邻近的数据点保持邻近，远离的数据点保持远离。

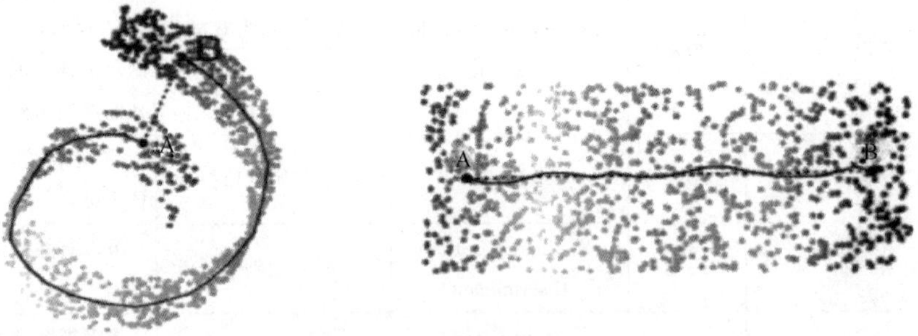


图 4-3　测地距离和欧氏距离

### 4.3.2　LE

为实现局部意义下的最优嵌入，Belki 和 Niyogi 在 2002 年基于子谱图理论提出了拉普拉斯特征映射算法[56]。其基本思想是对于高维空间的节点，首先构造一个具有 $N$ 个节点的赋权图，其次将近邻边连接起来，最后通过求解图拉普拉斯算子的广义特征值来实现映射。LE 是尽可能保持局部的近似关系，使邻近的输入映射为邻近的输出。

同 ISOMAP 一样，LE 算法也是首先寻找近邻图 $\boldsymbol{G}$，设置近邻点之间的权值 $W_{ij}=\exp(-\|\boldsymbol{X}_i-\boldsymbol{X}_j\|^2/\sigma^2)$，$\sigma^2$ 为调节参数。定义 $\boldsymbol{D}$ 为一个正定的对角阵，$D_{ii}=\sum_j W_{ij}$，$\boldsymbol{L}$ 为图 $\boldsymbol{G}$ 的拉普拉斯矩阵 $\boldsymbol{L}=\boldsymbol{D}-\boldsymbol{W}$，然后，对图 $\boldsymbol{G}$ 进行特征值分解：

$$\boldsymbol{LY}=\lambda\boldsymbol{DY} \tag{4-3}$$

$d$ 维嵌入即为 $d$ 个最小特征值对应的特征向量组成。

### 4.3.3　LLE

LLE 的基本思想是在样本点和它的邻域点之间构造局部线性平面，在此基础上建立优化目标函数。也就是说，一个样本点可以由它的邻域点线性重构而成，而且重构权值使得样本点与邻域点的线性重构误差达到最小。对每一个样本点都重复以上最优重构权值的求解，然后在低维空间中保持每个样本点与其邻域点的重构关系不变，并且假设低维空间的嵌入是局部线性的，通过最小化重构误差，可以得到高维向量在低维空间的嵌入。

LLE 中的最小重构误差权值能保持数据局部邻域的几何性质，即最小重构误差对于数据的平移、旋转和缩放是保持不变的，如图 4-4 所示。在 LLE 算法中，首先在每个样本点寻找它的邻域，其次通过求解一个约束最小二乘优化问题来计算最小重构权值，即

$$\varepsilon_i(W) = \left\| X_i - \sum_{j=1}^{k} W_{ij} X_{ij} \right\|^2 \tag{4-4}$$

式中：$k$ 是近邻点数。

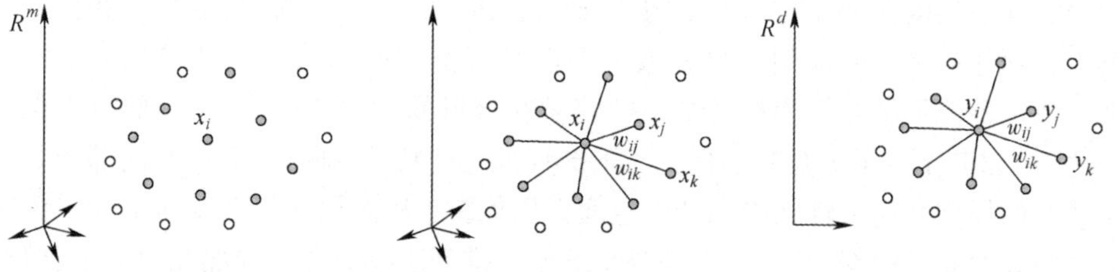


（a）选择近邻　（b）计算重构权值　（c）计算嵌入坐标

图 4-4　LLE 算法的几何直观展示

在求解这个最小二乘问题时，LLE 将其转化成求解一个可能奇异的线性方程组，并通过引入一个小的正则因子来保证线性方程组系数矩阵的非奇异性。求出重构权值后，利用这些重构权值可以构造一个稀疏矩阵：

$$\boldsymbol{M} = (\boldsymbol{I} - \boldsymbol{W})^{\mathrm{T}}(\boldsymbol{I} - \boldsymbol{W}) \tag{4-5}$$

LLE 通过求解这个稀疏矩阵的几个最小特征值对应的特征向量来获得数据的低维嵌入，其中由于 0 特征值对应的特征向量是 1，所以它不能作为低维嵌入的结果。

### 4.3.4　流形学习算法比较

从前面的介绍中，可以看出，流形学习的方法大致可以分为两类：一类是全局方法（如 ISOMAP），在降维时将流形上邻近的点映射到低维空间中的邻近点，同时保证将流形上距离远的点映射到低维空间中远离的点；另一类是局部方法（如 LLE、LE），其只是保证将流形上近距离的点映射到低维空间中的邻近点。这些方法都有共同的特征：首先构造流形上样本点的局部邻域结构，其次用这些局部邻域结构来将样本点全局映射到一个低维空间。它们之间的不同之处主要是在于构造的局部邻域结构不同以及利用这些局部邻域结构来构造全局的低维嵌入方式的不同。

全局方法和局部方法的共同优势体现在：它们都是非参数方法，嵌入映射前不需要过多的先验假设；它们都是非线性的维数约简方法，致力于发现流形的内在几何结构，能挖掘实际数据的本质内涵；它们的求解都很简单，经特征值分解就可以得到数据的低维嵌入，无须进行迭代，回避了局部极值问题的出现。

## 4.4 基于流形学习的通信辐射源个体识别可行性分析

流形学习通过构造高维观测空间到低维嵌入空间的非线性映射,发现高维观测数据中潜在的低维流形结构,并实现维数约简或数据可视化。其目的是在不依赖诸多先验假设(如观测变量之间相互独立、分布近似正态等)的情况下,发现并学习数据集的内在规律与本征结构,完成或协助完成数据挖掘、机器学习和模式分类等各项任务。它的应用对象是嵌入在高维观测空间的非线性低维流形上的数据。每一种流形学习算法都尝试保持着潜在流形的不同几何特性,局部特性保持方法,如 LLE、LE,主要是基于保持流形的局部几何特性,即外围观测空间邻域数据所具有的局部几何特性在内在低维空间得以保持, 从而建立外围观测空间与内在低维空间之间的联系,然后在平均意义下整合排列所有交叠的局部几何模型,以构造全局唯一的低维坐标;全局特性保持方法,如 ISOMAP,主要是基于保持嵌入在高维观测空间中内在低维流形的全局几何特性,构造所有数据点对之间的全局度量矩阵,然后将这种全局度量矩阵转化为内积矩阵,通过对内积矩阵特征分解,从而获得数据集的内在低维表示。这些流形学习方法由于其非线性本质、几何直观性和计算可行性,在图像处理、声信号处理方面获得了令人满意的结果。

与传统的线性维数约简方法相比,流形学习在对数据观测空间的数学建模上有着本质的区别,传统的方法把数据的观测空间看作高维的欧氏空间,所要分析和处理的数据看作分布在高维欧氏空间中的点,点与点之间的距离自然地就采用了欧氏几何的直线距离。然而众所周知,欧氏空间是全局线性的空间,即存在着定义在整个空间上的笛卡儿直角坐标系。如果数据分布确实是全局线性的,这些方法将能够有效地学习出数据的线性结构,然而如果数据分布呈现高度的非线性或强属性相关,那么欧氏空间的全局线性结构的假设就很难获得这些非线性数据集内在的几何结构及其规律性。面对像通信辐射源发射信号观测样本这样大量非线性结构的真实数据,我们没有任何理由假设它们必须处在欧氏空间,实际上,可以把它们放到更加普遍和一般的空间中进行研究。流形是欧氏空间的非线性推广,由流形的定义可知,流形在局部上与欧氏空间存在着同胚映射,从局部上看,流形与欧氏空间几乎是一样的,因而线性的欧氏空间可以看作流形最简单的实例;而从全局上看,流形可以描述复杂的非线性结构。流形学习方法对于高维观测数据的非线性流形建模本质上是要求我们从数据的内蕴几何来分析和处理数据,从而获取与数据内蕴几何相一致的低维本征结构。

图 4-5 所示为通信辐射源个体识别数据观测空间的数学建模[74],每个通信辐射源发射的信号样本经过数学变换(如时频变换、高阶谱分析等)后一般分布在高维的观测空间,每个观测样本可以表示成观测空间中的一个点,对于同一辐射源,尽管不同的观测样本位于观测空间的不同位置,但是从辐射源个体的指纹特征而

言，它们在本质上是一致的，也就是说，同一通信辐射源个体的不同观测样本分布位于嵌入在高维观测空间的某个低维流形上；对于不同通信辐射源，由于辐射源噪声特性、杂散特性和调制特性等暂态特征和稳态特征影响，使得不同辐射源个体之间产生本质差异，导致不同辐射源个体的观测样本之间存在着本质区别，即不同辐射源个体的观测样本分别位于嵌入在高维观测空间的不同低维流形上，那么很显然，只要发现隐藏在高维观测空间的低维流形，就能根据这个低维流形判断观测样本所属的类别，实现对未知通信辐射源的个体识别。

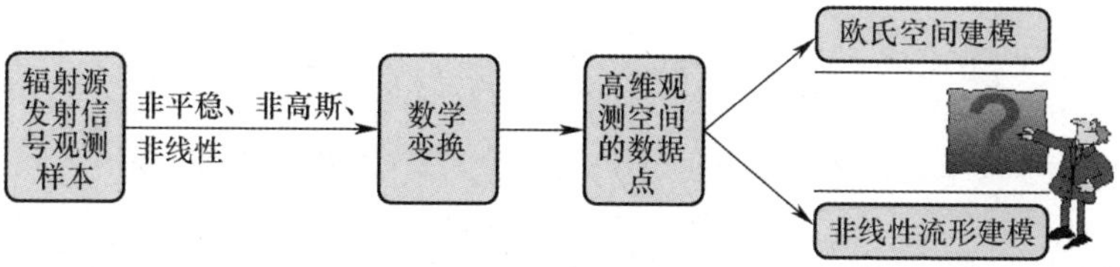


图 4-5 通信辐射源个体识别数据观测空间的数学建模

## 4.5 基于正交局部样条判别嵌入的通信辐射源个体细微特征提取

### 4.5.1 局部样条嵌入

局部样条嵌入流形学习算法（Local Spline Embedding，LSE）基于“局部优化，全局排列”的思想构造[73]，对于嵌入在高维输入空间的低维流形，首先通过局部优化策略计算每个样本点邻域的局部坐标，其次利用全局样条排列将每个样本点的局部坐标映射成全局唯一的低维坐标。

LSE 算法包含 3 个步骤：

（1）选取邻域。对于每个样本点 $x_i$，采用 $k$ - NN 或 $\varepsilon$ - ball 准则选取样本点 $x_i$ 的局部邻域 $\boldsymbol{X}_i = [x_{i_1}, x_{i_2}, \cdots, x_{i_k}] \in \boldsymbol{R}^{D\times k}$。

（2）局部切空间投影。对中心化的局部邻域 $X_i$ 执行奇异值分解：

$$\boldsymbol{X}_i\boldsymbol{H}_k = \boldsymbol{U}_i\begin{bmatrix} \sum_i \\ 0_{(D-k)\times k} \end{bmatrix}\boldsymbol{V}_i^{\mathrm{T}}, \quad i = 1,2,\cdots,n \tag{4-6}$$

式中：$H_k = \boldsymbol{I} - e_k e_k^{\mathrm{T}}/k$ 是中心化算子，$\boldsymbol{I}$ 是 $k\times k$ 的单位矩阵，$e_k = [1,1,\cdots,1]^{\mathrm{T}} \in \boldsymbol{R}^k$。$\sum_i = \mathrm{diag}(\sigma_1, \sigma_2, \cdots, \sigma_k)$ 包含中心化局部邻域矩阵 $\boldsymbol{X}_i\boldsymbol{H}_k$ 的 $k$ 个按降序排列的奇异值。$\boldsymbol{U}_i \in \boldsymbol{R}^{D\times D}$ 和 $\boldsymbol{V}_i \in \boldsymbol{R}^{k\times k}$ 分别就中心化局部邻域矩阵 $\boldsymbol{X}_i\boldsymbol{H}_k$ 的左、右奇异向量矩阵。样本点 $x_i$ 邻域 $\boldsymbol{X}_i$ 的局部切空间投影 $\Theta_i$ 可描述为

$$\Theta_i = (\boldsymbol{U}_i)^{\mathrm{T}}\boldsymbol{X}_i\boldsymbol{H}_k = [\theta_1^{(i)}, \theta_2^{(i)}, \cdots, \theta_k^{(i)}], \quad i = 1,2,\cdots,n \tag{4-7}$$

式中：$\theta_j^{(i)}$ 是样本点 $x_i$ 第 $j$ 个近邻的局部切空间坐标。

(3) 排列全局坐标。对于第 $i$ 个局部切空间投影 $\Theta_i$，假设 $\boldsymbol{Y}_i=[y_{i_1},y_{i_2},\cdots,y_{i_k}]\in\mathbf{R}^{d\times k}$ 为对应 $\Theta_i$ 中 $k$ 个样本点的全局低维坐标，设 $[y_{i_1}^{(r)},y_{i_2}^{(r)},\cdots,y_{i_k}^{(r)}]$ 表示 $\boldsymbol{Y}_i$ 的第 $r$ 行坐标分量，构建 $d$ 个样条函数 $g_i^{(r)}:\boldsymbol{R}^d\to\boldsymbol{R},r=1,2,\cdots,d$，使得

$$y_{i_j}^{(r)}=g_i^{(r)}(\theta_j^{(i)}),\quad j=1,2,\cdots,k \tag{4-8}$$

在式(4-8)中，由于 $y_{i_j}^{(r)}$ 和 $g_i^{(r)}$ 均是未知的，所以求解 $g_i^{(r)}$ 的问题是一个不适定问题，Xiang 等[75]提出在 Sobolev 空间的样条函数能够满足需求：

$$g^{(r)}(t)=\sum_{i=1}^{l}\beta_i^r p_i(t)+\sum_{j=1}^{k}\alpha_j^r\phi_j(t),\quad r=1,2,\cdots,d \tag{4-9}$$

式中：$l=(d+s-1)!/(d!\ (s-1)!)$；$\{p_i(t)\}_{i=1}^{l}$ 是 $\boldsymbol{R}^d$ 空间的多项式集合；$\phi_j(t)$ 是格林函数。

Sobolev 空间中的 $d$ 个样条函数 $g_i^{(1)},\cdots,g_i^{(d)}$ 的系数向量 $\boldsymbol{\alpha}^r=[\alpha_1^r,\alpha_2^r,\cdots,\alpha_k^r]^{\mathrm{T}}\in\boldsymbol{R}^k$ 和 $\boldsymbol{\beta}^r=[\beta_1^r,\beta_2^r,\cdots,\beta_l^r]^{\mathrm{T}}\in\boldsymbol{R}^l,r=1,2,\cdots,d$ 可以通过线性方程组来求解，即

$$\boldsymbol{A}_i\cdot\begin{pmatrix}\alpha^1,\cdots,\alpha^d\\ \beta^1,\cdots,\beta^d\end{pmatrix}=\begin{pmatrix}\boldsymbol{Y}_i^{\mathrm{T}}\\ 0\end{pmatrix} \tag{4-10}$$

式中：

$$\boldsymbol{A}_i=\begin{pmatrix}\boldsymbol{K} & \boldsymbol{P}\\ \boldsymbol{P}^{\mathrm{T}} & 0\end{pmatrix}\in\boldsymbol{R}^{(k+l)\times(k+l)} \tag{4-11}$$

其中，$\boldsymbol{K}$ 是元素为 $K_{st}=\phi(\|\theta_s^{(i)}-\theta_t^{(i)}\|)$ 的 $k\times k$ 对称阵；$\boldsymbol{P}$ 是元素为 $P_{ts}=p_s(\theta_t^{(i)})$ 的 $k\times l$ 矩阵。

现在的目标是构造 $d$ 个样条函数 $g_i^{(1)},\cdots,g_i^{(d)}$，使下面正则化重构误差达到极小：

$$\boldsymbol{E}(\boldsymbol{Y}_i)\approx\sum_{r=1}^{d}\sum_{j=1}^{k}(y_{i_j}^{(r)}-g_i^{(r)}(\theta_j^{(i)}))^2+\lambda\sum_{r=1}^{d}(\boldsymbol{\alpha}^r)^{\mathrm{T}}\boldsymbol{K}\boldsymbol{\alpha}^r \tag{4-12}$$

Xiang[75]等证明，如果 $\lambda$ 足够小，可以忽略式(4-12)右边的第一项，即

$$\boldsymbol{E}(\boldsymbol{Y}_i)\propto\sum_{r=1}^{d}(\boldsymbol{\alpha}^r)^{\mathrm{T}}\boldsymbol{K}\boldsymbol{\alpha}^r=\mathrm{tr}(\boldsymbol{Y}_i\boldsymbol{B}_i\boldsymbol{Y}_i^{\mathrm{T}}) \tag{4-13}$$

式中：$\boldsymbol{B}_i$ 是由 $\boldsymbol{A}_i^{-1}$ 的左上角 $k\times k$ 元素组成的子矩阵。所有样本的重构误差为

$$\boldsymbol{E}(\boldsymbol{Y})=\sum_{i=1}^{n}\mathrm{tr}(\boldsymbol{Y}_i\boldsymbol{B}_i\boldsymbol{Y}_i^{\mathrm{T}}) \tag{4-14}$$

设 $\boldsymbol{S}_i\in\boldsymbol{R}^{n\times k}$ 是满足 $\boldsymbol{YS}_i=\boldsymbol{Y}_i$ 的 0-1 选择矩阵，式(4-14)可以转变为

$$\boldsymbol{E}(\boldsymbol{Y})=\mathrm{tr}(\boldsymbol{YSBS}^{\mathrm{T}}\boldsymbol{Y}^{\mathrm{T}})=\mathrm{tr}(\boldsymbol{YMY}^{\mathrm{T}}) \tag{4-15}$$

式中：$\boldsymbol{S}=[S_1,\cdots,S_n]$；$\boldsymbol{B}=\mathrm{diag}(B_1,\cdots,B_n)$；$\boldsymbol{M}=\boldsymbol{SBS}^{\mathrm{T}}$。

为了防止出现退化解，对 $\boldsymbol{Y}$ 施加标准化约束 $\boldsymbol{YY}^{\mathrm{T}}=\boldsymbol{I}$，则全局最优的低维嵌入

$\boldsymbol{Y}$ 由 $\boldsymbol{M}$ 的第 $2\sim d+1$ 个最小特征值所对应的特征向量组成。

### 4.5.2 正交局部样条判别嵌入

LSE 算法作为一种基于局部特性保持的流形学习方法,能够有效发现嵌入在高维空间的低维流形结构,但在面向分类的模式识别任务时,如人脸识别、植物分类等,LSE 算法存在两个突出问题:一是样本外点学习问题,二是无监督学习问题。为了改进原始 LSE 算法的分类识别能力,我们提出了正交局部样条判别嵌入算法。

针对样本外点学习问题,我们构造显式的从输入高维观测样本 $\boldsymbol{X}$ 到输出低维嵌入 $\boldsymbol{Y}$ 的线性映射关系去近似 Sobolev 空间上的样条函数,即 $\boldsymbol{Y}=\boldsymbol{V}^{\mathrm{T}}\boldsymbol{X}$ 。则 LSE 算法的目标函数式(4-15)转变为

$$\boldsymbol{J}_1(\boldsymbol{Y})=\min\mathrm{tr}(\boldsymbol{Y}\boldsymbol{M}\boldsymbol{Y}^{\mathrm{T}})=\min\mathrm{tr}(\boldsymbol{V}^{\mathrm{T}}\boldsymbol{X}\boldsymbol{M}\boldsymbol{X}^{\mathrm{T}}\boldsymbol{V}) \tag{4-16}$$

一旦线性变换矩阵 $\boldsymbol{V}$ 确定,那么对于一个新的测试样本 $x_t$ ,其在低维特征空间的投影可表示为

$$y_t=\boldsymbol{V}^{\mathrm{T}}x_t \tag{4-17}$$

针对无监督学习问题,首先利用类别信息指导构建平移和缩放因子,从而提高 LSE 算法的分类性能。我们在保持流形局部几何结构的同时,为不同的类构建不同的平移和缩放因子,从而使同类样本拉得更近而不同类样本分得更开。然而在实际应用中如何对每类样本选择不同的平移和缩放因子是一个公开的问题。为了解决这个问题,我们采用最大边缘准则(Maximum Margin Criterion,MMC)来为每类样本寻找最优的平移和缩放模型,提高数据的可分性能。此时,通过引入 MMC 准则,使得我们提出的算法在保持 LSE 局部几何结构的同时,能够拥有 MMC 准则强大的判别能力,即通过式(4-16)所确定的线性变换矩阵 $\boldsymbol{V}$ 能同时满足 MMC 目标函数,即

$$\boldsymbol{J}(\boldsymbol{V})=\mathrm{tr}\{\boldsymbol{V}^{\mathrm{T}}(\boldsymbol{S}_b-\boldsymbol{S}_w)\boldsymbol{V}\} \tag{4-18}$$

式中: $\boldsymbol{S}_w=\sum_{i=1}^{c}\sum_{j=1}^{n_i}(x_j^i-m_i)(x_j^i-m_i)^{\mathrm{T}}$ 和 $\boldsymbol{S}_b=\sum_{i=1}^{c}n_i(\boldsymbol{m}_i-\boldsymbol{m})(\boldsymbol{m}_i-\boldsymbol{m})^{\mathrm{T}}$ 分别表示样本的类内散度矩阵和类间散度矩阵,其中 $c$ 是样本类别数, $\boldsymbol{m}$ 是总的样本均值向量, $\boldsymbol{m}_i$ 是第 $i$ 类样本的均值向量, $n_i$ 表示第 $i$ 类样本数, $x_j^i$ 表示第 $i$ 类的第 $j$ 个样本。

结合式(4-16)和式(4-18),我们提出算法的目标函数可以描述成带约束的多目标优化问题,即

$$\begin{cases}\min\mathrm{tr}\{\boldsymbol{V}^{\mathrm{T}}\boldsymbol{X}\boldsymbol{M}\boldsymbol{X}^{\mathrm{T}}\boldsymbol{V}\}\\ \max\mathrm{tr}\{\boldsymbol{V}^{\mathrm{T}}(\boldsymbol{S}_b-\boldsymbol{S}_w)\boldsymbol{V}\}\end{cases} \tag{4-19}$$

$$\text{s.t.}\quad \boldsymbol{V}^{\mathrm{T}}\boldsymbol{X}\boldsymbol{X}^{\mathrm{T}}\boldsymbol{V}=\boldsymbol{I}$$

式(4-19)的多目标优化问题旨在寻找一个既能使 LSE 的重构误差最小又能同时最大化类间平均边缘的线性映射。对式(4-19)进行线性化操作:

$$\min\operatorname{tr}\{\boldsymbol{V}^{\mathrm{T}}(\boldsymbol{XMX}^{\mathrm{T}}-(\boldsymbol{S}_b-\boldsymbol{S}_w))\boldsymbol{V}\} \quad (4-20)$$
$$\text{s. t.} \quad \boldsymbol{V}^{\mathrm{T}}\boldsymbol{XX}^{\mathrm{T}}\boldsymbol{V}=\boldsymbol{I}$$

利用 Lagrangian 乘子法来求解式(4-20)的优化问题,即

$$\frac{\partial}{\partial V}\operatorname{tr}\{\boldsymbol{V}^{\mathrm{T}}(\boldsymbol{XMX}^{\mathrm{T}}-(\boldsymbol{S}_b-\boldsymbol{S}_w))\boldsymbol{V}-\lambda(\boldsymbol{V}^{\mathrm{T}}\boldsymbol{XX}^{\mathrm{T}}\boldsymbol{V}-\boldsymbol{I})\}=0 \quad (4-21)$$

经过化简,式(4-21)可转化为求解广义特征值问题:

$$(\boldsymbol{XMX}^{\mathrm{T}}-(\boldsymbol{S}_b-\boldsymbol{S}_w))\boldsymbol{v}=\lambda\boldsymbol{XX}^{\mathrm{T}}v \quad (4-22)$$

式中:$\lambda$ 是广义特征方程式(4-22)的特征值;$\boldsymbol{v}$ 是对应的特征向量。

假设 $\boldsymbol{v}_1,\boldsymbol{v}_2,\cdots,\boldsymbol{v}_d$ 是广义特征对 $(\boldsymbol{XMX}^{\mathrm{T}}-(\boldsymbol{S}_b-\boldsymbol{S}_w),\ \boldsymbol{XX}^{\mathrm{T}})$ 的前 $d$ 个最小特征值所对应的特征向量,则使目标函数式(4-20)达到极小化的线性变换矩阵 $\boldsymbol{V}$ 可表示为

$$\boldsymbol{V}=[\boldsymbol{v}_1,\boldsymbol{v}_2,\cdots,\boldsymbol{v}_d] \quad (4-23)$$

众所周知,由式(4-22)求解的广义特征向量是非正交的,为了进一步提高算法的分类性能,我们通过 Gram-Schmidt 正交化低维特征子空间来消除数据的噪声影响,该算法称为正交局部样条判别嵌入(Orthogonal Local Spline Discriminant Embedding,O-LSDE)。令 $\boldsymbol{g}_1=\boldsymbol{v}_1$,假定已知 $k-1$ 正交基向量 $\boldsymbol{g}_1,\boldsymbol{g}_2,\cdots,\boldsymbol{g}_{k-1}$,根据 Gram-Schmidt 正交化方法,则 $\boldsymbol{g}_k$ 的求解公式为

$$\boldsymbol{g}_k=\boldsymbol{v}_k-\sum_{i=1}^{k-1}\frac{\boldsymbol{g}_i^{\mathrm{T}}\boldsymbol{v}_k}{\boldsymbol{g}_i^{\mathrm{T}}\boldsymbol{g}_i}\boldsymbol{g}_i \quad (4-24)$$

通过 Gram-Schmidt 正交化,求出正交基向量 $\boldsymbol{g}_1,\boldsymbol{g}_2,\cdots,\boldsymbol{g}_d$,那么 $\boldsymbol{G}=[\boldsymbol{g}_1,\boldsymbol{g}_2,\cdots,\boldsymbol{g}_d]$ 即是正交局部样条判别嵌入算法的投影矩阵。

### 4.5.3 基于正交局部样条判别嵌入的通信辐射源个体细微特征提取方法

基于正交局部样条判别嵌入的通信辐射源个体细微特征提取方法主要分为两步:第一步通过双谱分析获取通信辐射源个体发射信号细微特征参数的完备集合,即见图 4-5,这里以通信辐射源的第 2 章介绍的双谱特征为基础,通过双谱变换将通信辐射源的时域信号投影到高维观测空间;第二步通过正交局部样条判别嵌入流形学习方法,挖掘嵌入在辐射源个体高维观测数据中的低维流形,从而实现其本质细微特征的提取,算法步骤如下:

根据上面的分析,基于正交局部样条判别嵌入的通信辐射源个体细微特征提取算法主要步骤如下:

步骤 1:对每个采集的通信辐射源时域信号样本,估计信号的双谱。

步骤 2:对于每个双谱观测空间的样本点 $x_i$,通过 KNN 标准确定其 $k$ 个近邻点 $\boldsymbol{X}_i=[x_{i_1},x_{i_2},\cdots,x_{i_k}]$。

步骤 3:计算中心化邻域 $\boldsymbol{X}_i\boldsymbol{H}_k$ 的 $d$ 个左奇异向量矩阵 $\boldsymbol{U}_i$,并按式(4-7)计算

邻域 $X_i$ 的局部切空间坐标 $\Theta_i$ 。

步骤 4:根据式(4-11)计算矩阵 $A_i$。

步骤 5:按照如下局部求和的方式计算样条排列矩阵 $M$:

$$M(I_i, I_i) \leftarrow M(I_i, I_i) + B_i, i = 1, 2, \cdots, n$$

其中, $M$ 初始化为零矩阵, $I_i = \{i_1, \cdots, i_k\}$ 表示样本 $x_i$ 的 $k$ 个近邻对应的下标索引集合, $B_i$ 是 $A_i^{-1}$ 左上角 $k \times k$ 的子矩阵。

步骤 6:将数据集 $X = [x_1, x_2, \cdots, x_N]$ 投影到 PCA 子空间 $X_{\text{PCA}} = V_{\text{PCA}}^{\text{T}} X$ 。

步骤 7:计算矩阵 $X_{\text{PCA}} M X_{\text{PCA}}^{\text{T}}$ 。

步骤 8:计算样本集 $X_{\text{PCA}}$ 的类间散度矩阵 $S_b$ 、类内散度矩阵 $S_w$ 以及它们的差值 $S_b - S_w$。

步骤 9:根据式(4-24)计算特征子空间的 $d$ 个正交基向量 $G = [g_1, g_2, \cdots, g_d]$ ,并获得样本集 $X$ 在 $d$ 维正交特征子空间的投影 $Y = G^{\text{T}} X_{\text{PCA}}$ 。

### 4.5.4 实验结果与分析

本节分别采用双谱(BiSpectrum)、双谱+主分量分析(BiSpectrum+PCA)、双谱+正交局部样条判别嵌入(BiSpectrum +O-LSDE)3 种不同方法提取 10 部通信电台个体细微特征。

10 个通信电台数据的可视化结果如图 4-6 所示,电台 1~10 号样本数据在三维空间中的投影分别用带有不同颜色与形状的图标表示。从模式分类的角度来看,图 4-6(a)和(b)的 10 个电台样本中有部分数据相互混叠在一起,这表明 BiSpectrum 和 BiSpectrum + PCA 方法所提取的特征并不是通信电台分类识别最优的投影方向。相比图 4-6(a)和(b)而言,图 4-6(c)中同一电台样本数据能够更好地聚集在一起,或者说不同电台样本数据位于不同的数据子流形上,表明经过 BiSpectrum + O-LSDE 方法投影后的三维嵌入结果具有更好的数据可分性。

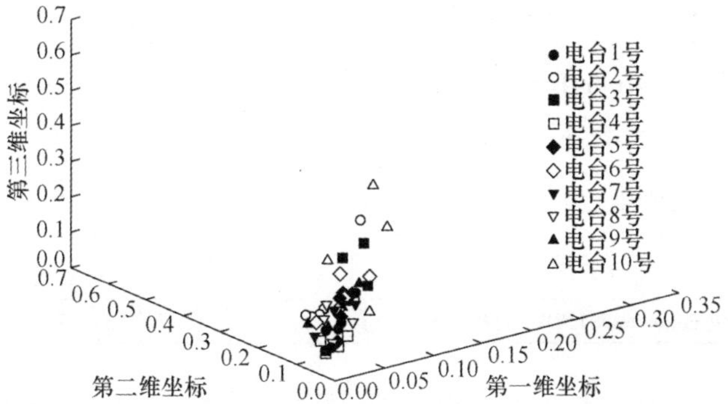


(a)

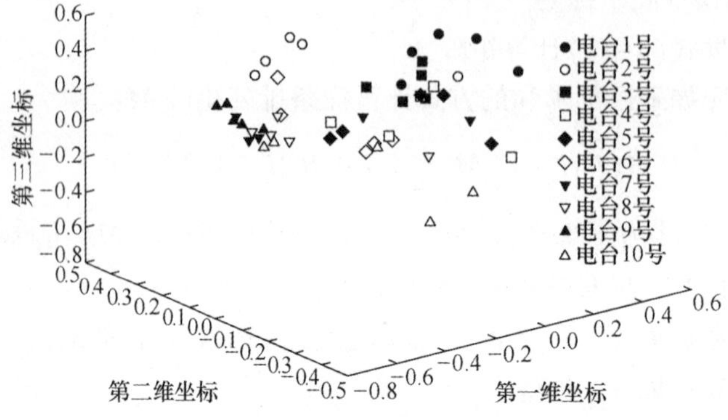


(b)

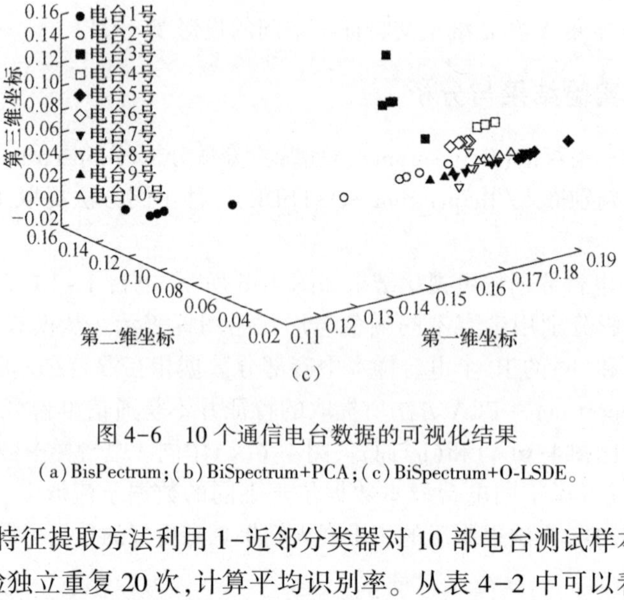


(c)

图 4-6 10 个通信电台数据的可视化结果

(a) BisPectrum; (b) BiSpectrum+PCA; (c) BiSpectrum+O-LSDE。

基于 3 种特征提取方法利用 1-近邻分类器对 10 部电台测试样本集进行分类识别,每个实验独立重复 20 次,计算平均识别率。从表 4-2 中可以看出在这 3 种方法中,BiSpectrum + O-LSDE 获得了最佳的分类识别性能。

表 4-2 BiSpectrum、BiSpectrum + PCA 和 BiSpectrum + O-LSDE 在电台 1~10 号样本数据上进行 20 次实验的最大平均识别率

| 方法 | 最大平均识别率/% |
|---|---|
| BiSpectrum | 79.63 |
| BiSpectrum + PCA | 79.88 |
| BiSpectrum + O-LSDE | 82.37 |

可视化以及 3 种方法与 10 个电台细微特征提取的实验结果表明:BiSpectrum+O-LSDE 算法在所有的实验条件下实现了显著的最优分类识别性能。这主要源于

以下几个方面的原因：

(1) 基于流形学习的特征提取方法能够有效探测观测数据的非线性流形结构。传统的线性特征提取方法，如 PCA 仅仅能发现平坦的欧氏结构，却无法捕捉到非线性的流形结构。基于流形学习的方法，通过构建数据近邻图明确地考虑了数据的非线性流形结构，因此，它们能够发现服从流形分布的数据内在非线性本征结构。在实验中，我们所处理的通信电台数据是从实际无线传播信道中采集的，它具有明显的非平稳性和非线性特点，应用基于流形学习的特征提取方法能够有效地探测到这些本征特征。从这个意义来讲，基于流形学习的细微特征提取方法明显优于其他传统的线性特征提取方法。

(2) 有效引入样本类别信息指导构建平移和缩放模型。O-LSDE 算法在保持流形局部几何结构的同时，利用样本的类别信息为不同类构建不同的平移和缩放因子，使同类样本拉得更近而不同类样本分得更开，从而提高算法的分类识别能力。

(3) 正交化特征子空间有助于消除通信辐射源观测数据中的冗余噪声，进一步提高算法的分类能力。

## 4.6 基于流形正则化半监督判别分析的通信辐射源个体细微特征提取

无论是暂态信号特征提取方法还是稳态信号特征提取方法，其研究的前提都是假定能够获得大量已知类别的通信辐射源发射信号观测样本，然而在实际复杂的电磁环境条件下，尤其是战时，对于每个通信辐射源而言，人们很难获取充裕的已知类别的辐射源观测样本数据，即在实际复杂电磁环境下，常常面临的是标签样本缺失条件下的通信辐射源细微特征提取问题。显然，如果直接采用上述提出的基于充分样本的细微特征方法，其性能必将受到严重影响。

如何从少量有标签的观测样本中提取通信辐射源细微特征是机器学习的一个经典难题。在传统的有监督的维数约简（如线性判别分析（Linear Discriminant Analysis，LDA）和 MMC）方法中，学习模型通常需要对大量有标签样本进行训练，才能实现细微特征的提取。当有标签样本的数量较少时，所获得的特征提取模型往往很难有好的泛化性能。因此，在使用这些维数约简方法之前，需要借助合成虚样本、训练样本局部化等技巧对样本进行预处理。但是，众所周知，通信辐射源个体观测样本信号都是非线性、非平稳和非高斯信号，这些人为的预处理过程很难客观地反映通信辐射源观测样本的真实变化，只有通过实际采集获取的观测样本才能最忠实地反映通信辐射源数据的本质分布结构。随着数字信号处理技术的逐步提高，获取无标签的通信辐射源观测样本变得越来越容易，如何利用大量的未标签数据来改善标签样本缺失条件下的通信辐射源细微特征提取方法的性能，已经成为实际复杂电磁环境下通信辐射源细微特征提取研究中最受关注的问题之一。

针对此问题,本节将半监督学习理论引入通信辐射源细微特征提取,研究有标签样本较少条件下试图利用大量无标签样本来改善通信辐射源个体的分类识别性能。在基于流形学习的辐射源个体特征提取方法的基础上,介绍一种半监督框架下的局部近邻保持正则化判别分析方法(Locally Neighborhood Preserving Regularized Semi-supervised Discriminant Analysis, LNPRSDA),为实际复杂电磁环境下通信辐射源个体细微特征提取提供一条新的解决途径。

### 4.6.1 基于局部近邻保持正则化半监督判别分析的通信辐射源个体细微特征提取

**1. 线性判别分析**

已知属于 $c$ 类的 $l$ 个样本 $\boldsymbol{x}_1, \boldsymbol{x}_2, \cdots, \boldsymbol{x}_l \in \mathbf{R}^n$,定义样本类内散度矩阵 $\boldsymbol{S}_w$ 和类间散度矩阵 $\boldsymbol{S}_b$ 如下:

$$\boldsymbol{S}_w = \sum_{k=1}^{c}\left(\sum_{i=1}^{l_k}(\boldsymbol{x}_i^{(k)} - \boldsymbol{\mu}^{(k)})(\boldsymbol{x}_i^{(k)} - \boldsymbol{\mu}^{(k)})^{\mathrm{T}}\right) \tag{4-25}$$

$$\boldsymbol{S}_b = \sum_{i=1}^{c} l_k(\boldsymbol{\mu}^{(k)} - \boldsymbol{\mu})(\boldsymbol{\mu}^{(k)} - \boldsymbol{\mu})^{\mathrm{T}} \tag{4-26}$$

式中:$l_k$ 为第 $k$ 类的样本个数;$\boldsymbol{x}_i^{(k)}$ 为第 $k$ 类中第 $i$ 个样本;$\boldsymbol{\mu}^{(k)}$ 为第 $k$ 类的均值;$\boldsymbol{\mu}$ 为所有样本的均值;$c$ 为样本的类别数。线性判别分析的目标函数为

$$\boldsymbol{A}_{\mathrm{opt}} = \underset{\boldsymbol{A}}{\operatorname{argmax}} \frac{\mathbf{tr}(\boldsymbol{A}^{\mathrm{T}}\boldsymbol{S}_b\boldsymbol{A})}{\mathbf{tr}(\boldsymbol{A}^{\mathrm{T}}\boldsymbol{S}_w\boldsymbol{A})} = [\boldsymbol{a}_1, \boldsymbol{a}_2, \cdots, \boldsymbol{a}_d] \tag{4-27}$$

定义总体散度矩阵 $\boldsymbol{S}_t = \sum_{i=1}^{l}(\boldsymbol{x}_i - \boldsymbol{\mu})(\boldsymbol{x}_i - \boldsymbol{\mu})^{\mathrm{T}}$,则有 $\boldsymbol{S}_t = \boldsymbol{S}_b + \boldsymbol{S}_w$。式(4-27)关于 LDA 的目标函数等价于

$$\boldsymbol{A}_{\mathrm{opt}} = \underset{\boldsymbol{A}}{\operatorname{argmax}} \frac{\mathbf{tr}(\boldsymbol{A}^{\mathrm{T}}\boldsymbol{S}_b\boldsymbol{A})}{\mathbf{tr}(\boldsymbol{A}^{\mathrm{T}}\boldsymbol{S}_t\boldsymbol{A})} \tag{4-28}$$

目标函数式(4-28)可以转化为如下的广义特征值分解:

$$\boldsymbol{S}_b\boldsymbol{a}_i = \lambda \boldsymbol{S}_w\boldsymbol{a}_i, \quad i = 1, 2, \cdots, d \tag{4-29}$$

不失一般性,我们假定 $\boldsymbol{\mu} = \mathbf{0}$,则有

$$\boldsymbol{S}_b = \sum_{i=1}^{c} l_k(\boldsymbol{\mu}^{(k)})(\boldsymbol{\mu}^{(k)})^{\mathrm{T}} = \sum_{i=1}^{c} l_k\left(\frac{1}{l_k}\left(\sum_{k=1}^{l_k}\boldsymbol{x}_i^{(k)}\right)\left(\sum_{k=1}^{l_k}\boldsymbol{x}_i^{(k)}\right)^{\mathrm{T}} = \sum_{k=1}^{c}\boldsymbol{X}^{(k)}\boldsymbol{L}^{(k)}(\boldsymbol{X}^{(k)})^{\mathrm{T}} \tag{4-30}$$

式中:$\boldsymbol{L}^{(k)}$ 为所有元素为 $1/l_k$ 的 $l_k \times l_k$ 矩阵;$\boldsymbol{X}^{(k)} = [\boldsymbol{x}_1^{(k)}, \cdots, \boldsymbol{x}_{l_k}^{(k)}]$ 表示第 $k$ 类的数据矩阵。

令输入数据矩阵 $\boldsymbol{X} = [\boldsymbol{X}^{(1)}, \cdots, \boldsymbol{X}^{(c)}]$,矩阵 $\boldsymbol{L}_{l\times l}$ 定义为

$$
\boldsymbol{L}_{l\times l}=\begin{bmatrix}\boldsymbol{L}^{(1)} & 0 & \cdots & 0\\ 0 & \boldsymbol{L}^{(2)} & \cdots & 0\\ \vdots & \vdots & & \vdots\\ 0 & 0 & \cdots & L^{(c)}\end{bmatrix} \tag{4-31}
$$

有

$$
\boldsymbol{S}_b=\sum_{k=1}^{c}\boldsymbol{X}^{(k)}\boldsymbol{L}^{(k)}(\boldsymbol{X}^{(k)})^{\mathrm{T}}=\boldsymbol{X}\boldsymbol{L}_{l\times l}\boldsymbol{X}^{\mathrm{T}} \tag{4-32}
$$

因此,LDA 的目标函数式(4-28)可以重新描述为

$$
\boldsymbol{A}_{\text{opt}}=\underset{\boldsymbol{A}}{\operatorname{argmax}}\frac{\operatorname{tr}(\boldsymbol{A}^{\mathrm{T}}\boldsymbol{S}_b\boldsymbol{A})}{\operatorname{tr}(\boldsymbol{A}^{\mathrm{T}}\boldsymbol{S}_t\boldsymbol{A})}=\underset{\boldsymbol{A}}{\operatorname{argmax}}\frac{\operatorname{tr}(\boldsymbol{A}^{\mathrm{T}}\boldsymbol{X}\boldsymbol{L}_{l\times l}\boldsymbol{X}^{\mathrm{T}}\boldsymbol{A})}{\operatorname{tr}(\boldsymbol{A}^{\mathrm{T}}\boldsymbol{X}\boldsymbol{X}^{\mathrm{T}}\boldsymbol{A})} \tag{4-33}
$$

**2. 局部近邻保持正则化半监督判别分析**

通过上述分析,不难发现 LDA 仅仅依赖于有标签的样本集寻找最优的投影方向。实际上经常获取的是大量无标签的样本,为了有效利用大量无标签的样本,通过向 LDA 模型中有效融入由无标签样本所提供的流形结构信息,从而将 LDA 方法扩展到半监督学习。

LDA 旨在寻找投影矩阵 $\boldsymbol{A}$ 使得 $\operatorname{tr}(\boldsymbol{A}^{\mathrm{T}}\boldsymbol{S}_b\boldsymbol{A})$ 和 $\operatorname{tr}(\boldsymbol{A}^{\mathrm{T}}S_t\boldsymbol{A})$ 的比值达到最大。当缺乏充裕的、有标签的训练样本时,LDA 经常会产生过拟合现象。阻止这一现象发生的典型方法是对 LDA 的目标函数进行正则化。LDA 的正则化版本如下:

$$
\max_{A}\frac{\operatorname{tr}(\boldsymbol{A}^{\mathrm{T}}S_b\boldsymbol{A})}{\operatorname{tr}(\boldsymbol{A}^{\mathrm{T}}S_t\boldsymbol{A})+\alpha J(\boldsymbol{A})} \tag{4-34}
$$

其中:参数 $\alpha$ 是控制模型复杂度与经验损失的调节参数,最常用的正则化项 $J(\boldsymbol{A})$ 是 Tikhonov 正则化,即

$$
J(\boldsymbol{A})=\|\boldsymbol{A}\|^2
$$

正则化项 $J(\boldsymbol{A})$ 提供了一种融入先验信息的方式。当能够获得大量无标签样本时,可以据此构造一个融入流形结构信息的正则化项 $J(\boldsymbol{A})$ 。给定样本集合 $\{\boldsymbol{x}_i\}_{i=1}^{m}$ ,能够通过一个重构权值矩阵来构造该样本集当中近邻点之间的连接关系,具体地,对于每个样本点 $\boldsymbol{x}_i$ 和它的邻域集合 $\{\boldsymbol{x}_j,\ \boldsymbol{x}_j\in N_i\}$ ,样本点 $\boldsymbol{x}_i$ 与近邻点 $\boldsymbol{x}_j$ 之间的重构权值 $W_{ij}$ 可以通过极小化的目标函数获得,即

$$
\varepsilon(\boldsymbol{W})=\sum_{i=1}^{m}\|\boldsymbol{x}_i-\sum_{j=1}^{m}W_{ij}\boldsymbol{x}_j\|^2 \tag{4-35}
$$

其中,权值 $W_{ij}$ 反映了样本点 $\boldsymbol{x}_j$ 对 $\boldsymbol{x}_i$ 的重构贡献大小。在约束 $\sum_{j}W_{ij}=1$ 的条件下,利用拉格朗日乘子法对式(4-35)求解,可获得重构权值矩阵 $\boldsymbol{W}$ 的封闭解。

重构权值矩阵 $\boldsymbol{W}$ 描述了流形局部的几何结构。受谱聚类和各种基于图的半监督学习方法的启发,可以将正则化项定义为在原始数据观测空间和低维嵌入空间保持每个样本点的近邻重构系数不变,从而在通信辐射源细微特征提取过程中

保持整个数据的流形结构,即极小化损失函数为

$$J(\boldsymbol{A}) = \sum_{i=1}^{m} \| \boldsymbol{A}^{\mathrm{T}} \boldsymbol{x}_i - \sum_{j=1}^{m} W_{ij} \boldsymbol{A}^{\mathrm{T}} \boldsymbol{x}_j \|^2 \tag{4-36}$$

令 $\boldsymbol{X} = [\boldsymbol{x}_1, \cdots, \boldsymbol{x}_m]$ ,则有

$$\begin{aligned} J(\boldsymbol{A}) &= \sum_{i=1}^{m} \| \boldsymbol{A}^{\mathrm{T}} \boldsymbol{x}_i - \sum_{j=1}^{m} W_{ij} \boldsymbol{A}^{\mathrm{T}} \boldsymbol{x}_j \|^2 \\ &= \sum_{i=1}^{m} \| \boldsymbol{A}^{\mathrm{T}} X I_i - \boldsymbol{A}^{\mathrm{T}} \boldsymbol{X} \boldsymbol{W}_i \|^2 \\ &= \sum_{i=1}^{m} \| \boldsymbol{A}^{\mathrm{T}} \boldsymbol{X}(\boldsymbol{I}_i - \boldsymbol{W}_i) \|^2 \\ &= \mathrm{tr}(\boldsymbol{A}^{\mathrm{T}} \boldsymbol{X} \boldsymbol{M} \boldsymbol{X}^{\mathrm{T}} \boldsymbol{A}) \end{aligned} \tag{4-37}$$

式中: $\boldsymbol{I}_i$ 和 $\boldsymbol{W}_i$ 分别是单位阵 $\boldsymbol{I}$ 和 $\boldsymbol{W}$ 的第 $i$ 列, $\boldsymbol{M} = (\boldsymbol{I} - \boldsymbol{W})^{\mathrm{T}}(\boldsymbol{I} - \boldsymbol{W})$ ,元素 $M_{ij} = \delta_{ij} - W_{ij} - W_{ji} + \sum_k W_{ki} W_{kj}$ 。由式(4-34)和式(4-37)得到基于局部近邻保持正则化的半监督判别分析目标函数:

$$\max_{\boldsymbol{A}} \frac{\mathrm{tr}(\boldsymbol{A}^{\mathrm{T}} \boldsymbol{S}_b \boldsymbol{A})}{\mathrm{tr}(\boldsymbol{A}^{\mathrm{T}}(\boldsymbol{S}_t + \alpha \boldsymbol{X} \boldsymbol{M} \boldsymbol{X}^{\mathrm{T}}) \boldsymbol{A})} \tag{4-38}$$

最大化目标函数式(4-38),可以转化为广义特征值分解:

$$\boldsymbol{S}_b \boldsymbol{a}_i = \lambda (\boldsymbol{S}_t + \alpha \boldsymbol{X} \boldsymbol{M} \boldsymbol{X}^{\mathrm{T}}) \boldsymbol{a}_i, \quad i = 1, 2, \cdots, d \tag{4-39}$$

**3. 细微特征提取**

基于局部近邻保持正则化半监督判别分析的通信辐射源个体细微特征提取方法主要分为两步:第一步通过双谱分析获取通信辐射源个体发射信号细微特征参数的完备集合,通过双谱变换将通信辐射源的时域信号投影到高维观测空间;第二步通过局部近邻保持正则化半监督判别分析挖掘通信辐射源个体高维观测数据的本质细微特征。

基于局部近邻保持正则化半监督判别分析的通信辐射源个体细微特征提取算法流程如图 4-7 所示,其主要步骤如下:

图 4-7　基于 LNPRSDA 的通信辐射源个体细微特征提取算法流程

步骤 1:对每个采集的通信辐射源时域信号样本,根据式(2-35)估计信号的双谱。

步骤 2:构造所有样本的连接图。根据式(4-35)构建所有样本的重构权值矩阵 $\boldsymbol{W}$ ,并计算矩阵 $\boldsymbol{M} = (\boldsymbol{I} - \boldsymbol{W})^{\mathrm{T}}(\boldsymbol{I} - \boldsymbol{W})$ 。

步骤 3:构造带有标签样本的连接图。设计权值矩阵 $\boldsymbol{L} \in \boldsymbol{R}^{m\times m}$:

$$\boldsymbol{L} = \begin{bmatrix} \boldsymbol{L}_{l\times l} & \boldsymbol{0} \\ \boldsymbol{0} & \boldsymbol{0} \end{bmatrix}$$

其中,$\boldsymbol{L}_{l\times l} \in \boldsymbol{R}^{l\times l}$ 见式(4-31)。定义

$$\tilde{I} = \begin{bmatrix} \boldsymbol{I} & 0 \\ 0 & 0 \end{bmatrix}$$

式中:$\boldsymbol{I}$ 是大小为 $l \times l$ 的单位阵。

步骤 4:特征分解。计算广义特征值所对应的特征向量为

$$\boldsymbol{XLX}^{\mathrm{T}}\boldsymbol{a}_i = \lambda \boldsymbol{X}(\tilde{\boldsymbol{I}} + \alpha \boldsymbol{M})\boldsymbol{X}^{\mathrm{T}}\boldsymbol{a}_i, \quad i = 1, 2, \cdots, d \tag{4-40}$$

其中,$\boldsymbol{X} = [\boldsymbol{x}_1, \cdots, \boldsymbol{x}_l, \boldsymbol{x}_{l+1}, \cdots, \boldsymbol{x}_m]$。

步骤 5:令 $\boldsymbol{A} = [\boldsymbol{a}_1, \boldsymbol{a}_2, \cdots, \boldsymbol{a}_d]$ 表示 $n \times d$ 维的变换矩阵,则样本集 $X$ 在 $d$ 维子空间的投影 $\boldsymbol{Y} = \boldsymbol{A}^{\mathrm{T}}\boldsymbol{X}$。

令 $\boldsymbol{X}_l = [\boldsymbol{x}_1, \cdots, \boldsymbol{x}_l]$ 表示有标签的数据矩阵,容易验证:

$$\boldsymbol{XLX}^{\mathrm{T}} = \boldsymbol{X}_l\boldsymbol{L}_l\boldsymbol{X}_l^{\mathrm{T}} = S_b$$

和

$$\boldsymbol{X}\tilde{\boldsymbol{I}}\boldsymbol{X}^{\mathrm{T}} = \boldsymbol{X}_l\boldsymbol{X}_l^{\mathrm{T}} = \boldsymbol{S}_t$$

因此,式(4-40)的特征分解问题等价于式(4-44)。

为了得到式(4-40)的稳定解,矩阵 $\boldsymbol{X}(\tilde{\boldsymbol{I}} + \alpha \boldsymbol{M})\boldsymbol{X}^{\mathrm{T}}$ 通常要求是非奇异的,然而在小样本条件下该要求通常无法得到满足。为了解决该问题,采用正则化思想将式(4-40)转化为广义特征值问题:

$$\boldsymbol{XLX}^{\mathrm{T}}\boldsymbol{a}_i = \lambda(\boldsymbol{X}(\tilde{\boldsymbol{I}} + \boldsymbol{\alpha M})\boldsymbol{X}^{\mathrm{T}} + \beta \boldsymbol{I})\boldsymbol{a}_i, \quad i = 1, 2, \cdots, d \tag{4-41}$$

其中,$\beta > 0$,则矩阵 $\boldsymbol{X}(\tilde{\boldsymbol{I}} + \alpha \boldsymbol{M})\boldsymbol{X}^{\mathrm{T}} + \beta \boldsymbol{I}$ 是非奇异的。

### 4.6.2 实验结果分析

同 4.5.4 节,针对 10 部不同电台,分别采用 BiSpectrum、BiSpectrum+PCA、BiSpectrum+LNPRSDA 方法对训练样本集进行细微特征提取,在此基础上通过 1-近邻分类器对测试样本集进行分类识别。

3 种方法在 10 个电台样本数据上的平均识别率与特征空间维数变化曲线如图 4-8 所示,从图中可以看出,随着特征空间维数的增加,这 3 种方法的平均识别率呈上升趋势,当它们达到最大平均识别率后,随着特征空间维数的进一步增加,平均识别率开始下降。

表 4-3 和表 4-4 分别显示了每个电台有 1 个标签样本和 4 个标签样本时 20 次重复实验的最大平均识别率。从表中可以看出在这 3 种方法中,BiSpectrum + LNPRSDA 获得了最佳的分类识别性能。

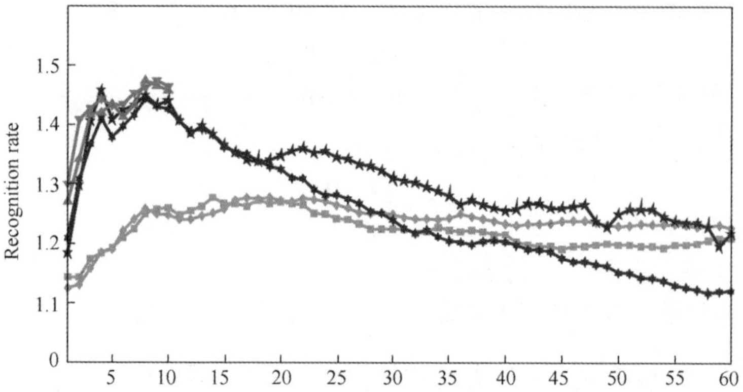


（a）每电台1个标签样本

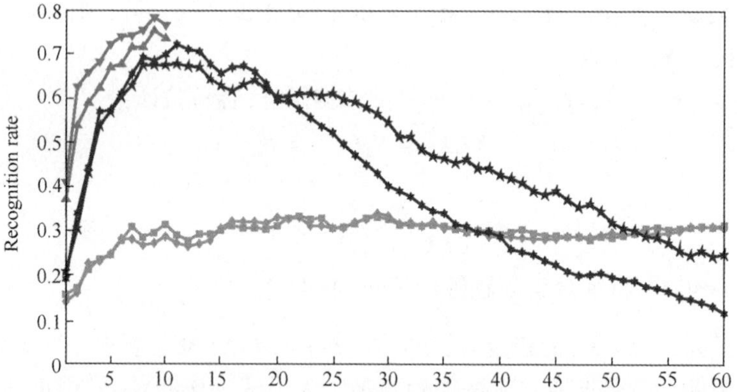


（b）每电台4个标签样本

图 4-8　BiSpectrum、BiSpectrum + PCA 和 BiSpectrum + LNPRSDA
平均识别率与特征空间维数变化曲线

表 4-3　BiSpectrum、BiSpectrum + PCA 和 BiSpectrum + LNPRSDA 在电台
1~10 号样本数据上进行 20 次实验的平均识别率(每个电台有 1 个样本有标签)

| 方　　法 | 无标签训练样本识别率/% | 测试样本识别率/% |
| --- | --- | --- |
| BiSpectrum | 40. 50 | 39. 75 |
| BiSpectrum + PCA | 44. 42 | 45. 75 |
| BiSpectrum + LNPRSDA | **47. 50** | **47. 50** |

表 4-4　BiSpectrum、BiSpectrum + PCA 和 BiSpectrum + LNPRSDA 在电台
1~10 号样本数据上进行 20 次实验的平均识别率(每个电台有 4 个样本有标签)

| 方　　法 | 无标签训练样本识别率/% | 测试样本识别率/% |
| --- | --- | --- |
| BiSpectrum | 61. 67 | 55. 50 |
| BiSpectrum + PCA | 72. 17 | 67. 75 |
| BiSpectrum + LNPRSDA | **78. 17** | **75. 25** |

实验结果表明：BiSpectrum + LNPRSDA 算法实现了显著的最优分类识别性能，这主要源于 LNPRSDA 方法有效融入了通信辐射源观测数据的流形结构信息。在实验中，选择了每个电台样本只有 1 个类别标签的极端不利情况和每个电台样本有 4 个类别标签的一般情况，通过引入半监督机制，有效利用大量无标签样本保持原始观测空间和低维嵌入空间每个样本点的近邻重构系数不变，同时根据有标签样本寻找最优的分类投影方向，从而确保提取通信辐射源的本质细微特征。在实验中所处理的通信电台数据是从实际无线传播信道中采集的，它具有明显的非平稳性和非线性特点，应用基于局部近邻保持正则化半监督判别分析的特征提取方法能够有效地探测到这些本征特征。从这个意义来讲，LNPRSDA 方法明显优于其他传统的线性特征提取方法。

# 第5章　基于稀疏表示的通信辐射个体识别

## 5.1　引　　言

本章针对通信辐射源个体识别技术存在的特征无法满足普遍性、唯一性、稳定性和可测性要求、分类器模型没有有效融入通信辐射源个体识别领域的相关知识等问题。通过引入稀疏表示及其演进的相关理论,在特征提取和分类器设计两个方面展开研究工作,介绍3种有效的通信辐射源个体细微特征提取和分类识别方法,能够为通信辐射源敌我属性判断、目标电台跟踪、通信网络组成分析等提供依据。

## 5.2　基于潜在低秩表示的通信辐射源细微特征提取方法

通信辐射源细微特征的提取受到诸多因素的影响,主要有通信辐射源设备中各种元器件影响、信道传输干扰、接收设备测量精度限制等,这些因素使得通信辐射源信号的细微特征更多地表现出非平稳、非线性和非高斯性等特点。因此,仅从时域、频域或时频域的角度分析通信辐射源发射信号的调制参数和杂散特征差异,或者通过一般的一阶、二阶矩分析方法难以更加深入地揭示通信辐射源细微特征的本质。

近年来,Wright等在稀疏表示理论的基础上,提出了基于低秩表示模型的子空间估计和分割方法[76]。低秩表示力图通过构建低秩表示模型学习数据在由自身数据集作为字典下的联合最低秩表示系数,由于低秩表示模型能够很好地揭示数据在空间分布中的全局结构信息和判别信息,使其在背景建模、视频消噪以及矩阵、重建等领域得到广泛应用。

本章在深入研究低秩表示理论的基础上,给出了基于潜在低秩表示的通信辐射源细微特征提取具体方法。首先通过矩形积分双谱变换将原始的通信辐射源时域信号映射到矩形积分双谱特征空间,其次通过潜在低秩表示模型提取通信辐射源的潜在细微特征。该方法通过潜在低秩表示从已有的数据样本中挖掘隐藏的数据结构信息,从而有效提高通信辐射源个体特征的判别性。

## 5.2.1 稀疏表示与低秩表示

### 1. 稀疏表示

稀疏表示是近年来统计学、信号处理和模式识别领域的一个研究热点，美国的斯坦福大学、加州理工学院、加州大学洛杉矶分校和莱斯大学取得了丰富的研究成果。同时，越来越多的国际和国内研究单位例美国的伊利诺大学香槟分校、亚利桑那州立大学、香港理工大学、新加坡国立大学，国内的南京航空航天大学、西安交通大学、中科院电子所以及清华大学等也相应开展了对稀疏表示的理论与应用研究。

简单地说，稀疏表示是将信号分解为一系列基信号（过完备字典）的线性组合，并希望尽可能多的系数为零。稀疏表示模型如图 5-1 所示，一个相对稠密的离散信号 $\boldsymbol{x} \in \boldsymbol{R}^D$ 在一个过完备字典 $\boldsymbol{M} \in \boldsymbol{R}^{D\times n}$ 上的投影系数向量 $\boldsymbol{\alpha} \in \boldsymbol{R}^n$ 具有较少的元素个数，其中，表示系数 $\boldsymbol{\alpha}$ 的 $n$ 个元素中只有 $D$ 个非零系数（$D \ll n$），即 $\boldsymbol{\alpha}$ 是稀疏的，而 $D \ll n$ 保证了字典 $\boldsymbol{M}$ 是过完备的。

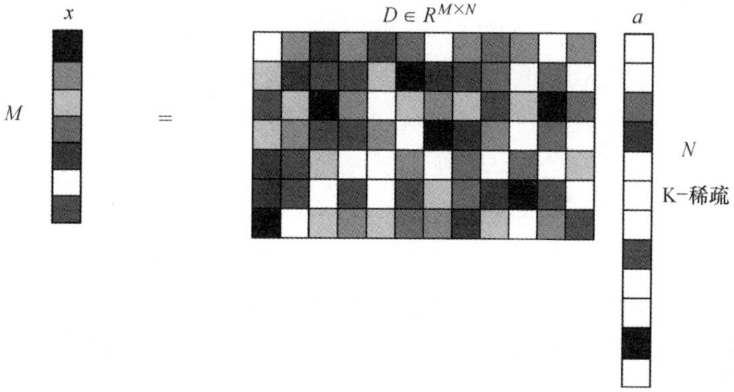


图 5-1 稀疏表示模型

图 5-1 对应的矩阵形式为

$$\boldsymbol{x} = \boldsymbol{M\alpha}, \quad \text{s. t.} \quad \|\boldsymbol{\alpha}\|_0 \leqslant n \tag{5-1}$$

式中：$\|\cdot\|_0$ 表示向量的 $l_0$ 范数。为了求解式(5-1)中的表示系数向量 $\boldsymbol{\alpha}$，需要将其转化为带约束的目标函数，即

$$\min_{\boldsymbol{\alpha}} \|\boldsymbol{\alpha}\|_0, \quad \text{s. t.} \quad \boldsymbol{x} = \boldsymbol{M\alpha} \tag{5-2}$$

而在实际的应用当中，常常将向量 $\boldsymbol{\alpha}$ 中比较接近 0 的元素同样作为 0 元素进行处理，这样使得向量更为稀疏，进一步提高计算效率和降低计算量。这样，在存在误差的情况下，上述问题转化为

$$\min_{\boldsymbol{\alpha}} \|\boldsymbol{\alpha}\|_0, \quad \text{s. t.} \quad \|\boldsymbol{x} - \boldsymbol{M\alpha}\|_2 \leqslant \varepsilon \tag{5-3}$$

由于过完备字典 $\boldsymbol{M}$ 中的 $D \ll n$，也就是说，需要求解的未知数远远多于方程的数量，因此式(5-3)应当有无穷多个解，属于 NP-hard 问题。现有的稀疏表示求

解方法主要分为两大类:一种是贪婪算法,即直接针对 $l_0$ 范数进行求解,主要包括匹配追踪算法(Match Pursuit, MP)和正交匹配追踪算法(Orthogonal Matching Pursuit,OMP);另一种是凸优化算法,即通过将 $l_0$ 范数转化成 $l_1$ 范数后再进行非线性优化,典型算法有基追踪算法(Basis Pursuit,BP)、迭代阈值算法(Iterative Shrinkage-Thresholding,IST)和梯度投影法(Gradient Projection,GP)。

稀疏表示中,字典的构造在很大程度上决定了对原始信号的表示精度,字典内的原子与原始信号的结构越匹配,就越易形成稀疏表示,现有的过完备字典主要有分析字典和学习字典两大类。目前,常用的分析字典有小波字典、超完备离散余弦变换(Discrete Cosine Transform,DCT)字典等,分析字典在进行信号稀疏表示时,简单易实现,但信号的表达形式单一且不具备自适应性;相反,学习字典的自适应能力强,能够更好地适应不同的数据,但存在收敛性速度慢以及对噪声敏感等问题。

**2. 低秩表示**

在子空间分割问题上,稀疏表示存在划分精度不稳定的现象,参考文献[76]将鲁棒主成分分析(Robust PCA)与稀疏表示相结合,利用矩阵奇异值的稀疏性,从全局的角度对系数矩阵进行低秩约束,提出了低秩表示理论。在低秩表示中,由于噪声会提高数据的秩,故在低秩的约束下噪声会被自然去除,使得该方法具有很好的噪声鲁棒性,在背景建模、视频消噪以及矩阵重建等方面取得了广泛应用。

低秩表示将原始数据矩阵 $\boldsymbol{X}$ 构造为字典,对表示系数矩阵进行低秩约束,同时对噪声矩阵进行稀疏约束,将其分解为

$$\min_{Z,E} \operatorname{rank}(\boldsymbol{Z}) + \lambda \|\boldsymbol{E}\|_0, \quad \text{s. t.} \quad \boldsymbol{X} = \boldsymbol{XZ} + \boldsymbol{E} \tag{5-4}$$

式中:rank(·)表示矩阵的秩;$\|\cdot\|_0$ 表示矩阵的 $l_0$ 范数;$\lambda$ 为权重参数。式(5-4)同样是一个 NP-hard 问题,在特定的几何条件下,式(5-4)同样可以通过凸松弛进行求解,即用核范数替换秩函数,$l_1$ 范数替代 $l_0$ 范数。具体形式如下:

$$\min_{\boldsymbol{Z},\boldsymbol{E}} \|\boldsymbol{Z}\|_* + \lambda \|\boldsymbol{E}\|_1, \quad \text{s. t.} \quad \boldsymbol{X} = \boldsymbol{XZ} + \boldsymbol{E} \tag{5-5}$$

式中:$\|\cdot\|_*$ 表示矩阵的核范数,即矩阵的奇异值之和;$\|\cdot\|_1$ 表示矩阵的 $l_1$ 范数,即所有元素的绝对值之和。

对于式(5-5),可以利用迭代阈值法(Iterative Shrinkage-Thresholding,IST)、加速近端梯度法(Accelerated Proximal Gradient,APG)[77]以及增广拉格朗日法(Augmented Lagrange Method,ALM)[80]等算法进行求解。

### 5.2.2 基于潜在低秩表示的通信辐射源细微特征提取

**1. 矩形积分双谱变换**

由于高阶谱能够很好地抑制通信辐射源信号中所包含的加性高斯噪声,而且在反映信号的非线性、非高斯性以及非平稳性等方面具有良好的性能,所以在算法的预处理阶段通过矩形积分双谱变换将截获的通信辐射源时域信号映射到矩形积分双谱特征空间。

对于通信辐射源数字零中频 I/Q 信号 $r(t)$，其双谱可以定义为

$$\boldsymbol{B}(\omega_1,\omega_2)=\int_{-\infty}^{+\infty}\int_{-\infty}^{+\infty}c_{3r}(\tau_1,\tau_2)\exp[-\mathrm{j}(\omega_1\tau_1,\omega_2\tau_2)]\,\mathrm{d}\tau_1\mathrm{d}\tau_2 \tag{5-6}$$

其中

$$c_{3r}(\tau_1,\tau_2)=E\{r^*(t)r(t+\tau_1)r(t+\tau_2)\} \tag{5-7}$$

为 $r(t)$ 的三阶累计量，上标 * 表示复共轭。在双谱基础上，通过定义积分路径，可以得到不同的积分双谱，如矩形积分双谱（SIB）、径向积分双谱（RIB）、圆周积分双谱（CIB）以及轴向积分双谱（AIB）[79-82]，各积分双谱的积分路径如图 5-2 所示。

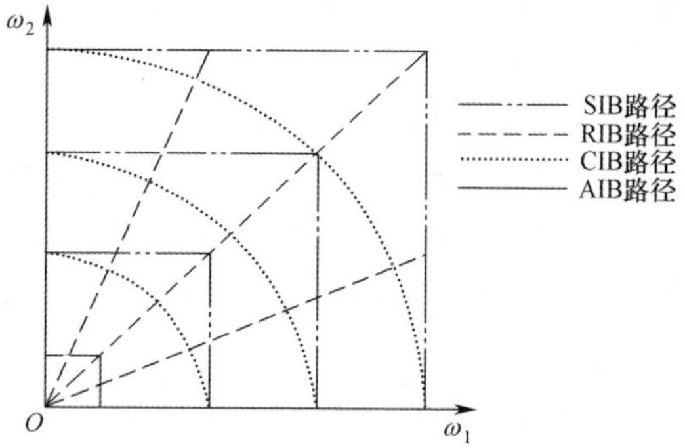


图 5-2　各积分双谱的积分路径

相比其他积分双谱，矩形积分双谱按照以原点为中心的一组正方形作为积分路径进行积分运算，不会漏掉或重复双谱信息，具有时移不变性、尺度变化性、相位保持性等良好性能。根据图 5-2，矩形积分双谱向量的计算如下：

$$\boldsymbol{S}(g)=\sum_{P_g}\boldsymbol{B}(\omega_1,\omega_2)\ ,\ g=0,1,2,\cdots,G-1 \tag{5-8}$$

式中：$P_g$ 为矩形积分双谱的积分路径。

在计算通信辐射源矩形积分双谱时，通常先将每个时域信号 $r_k(t)$ 数字离散化为 $\{\boldsymbol{r}_k(q)\}_{q=0}^{Q-1}$，其中，$k=1,2,\cdots,n$，表示第 $k$ 样本信号，$q=0,1,2,\cdots,Q-1$，最后，通过矩形积分双谱估计算法[79]求解矩形积分双谱特征 $\{\boldsymbol{S}_k(g)\}_{g=0}^{G-1}$，其主要步骤如下：

步骤 1：计算离散序列 $\{\boldsymbol{r}_k(q)\}_{q=0}^{Q-1}$ 的傅里叶变换 $\{\boldsymbol{F}_k(\omega)\}$：

$$\boldsymbol{F}_k(\omega)=\sum_{q=0}^{Q-1}r_k(q)\mathrm{e}^{-\mathrm{j}\omega q}$$

其中，$\omega=\left\{\dfrac{2\pi h}{Q}\pi,h=0,1,2,\cdots,Q-1\right\}$，$Q$ 为信号的数据长度。

步骤 2：计算双谱 $\{\boldsymbol{B}_k(\omega_1,\omega_2)\}$：

$$\boldsymbol{B}_k(\omega_1,\omega_2)=\boldsymbol{F}_k(\omega_1)\boldsymbol{F}_k(\omega_2)\boldsymbol{F}_k(-\omega_1-\omega_2)$$

步骤 3：计算矩形积分双谱 $\{\boldsymbol{S}_k(g)\}$：

$$\boldsymbol{S}_k(g) = \sum_{P_g} \boldsymbol{B}_k(\omega_1, \omega_2)$$

式中：$\boldsymbol{P}_g$ 表示第 $g$ 条积分路径，$g = 0,1,2,\cdots,G-1$。

**2. 通信辐射源细微特征提取**

对通信辐射源数字零中频 I/Q 信号进行矩形积分双谱变换后，获得通信辐射源的 $n$ 个矩形积分双谱特征向量，记为 $\boldsymbol{X} = [\boldsymbol{x}_1, \boldsymbol{x}_2, \cdots, \boldsymbol{x}_k, \cdots, \boldsymbol{x}_n] \in \mathbf{R}^{D\times n}$，其中，$\boldsymbol{x}_k \in \mathbf{R}^D$ 表示第 $k$ 个矩形积分双谱特征向量 $\boldsymbol{S}_k$，$D$ 表示矩形积分双谱特征向量的维度。在低秩表示模型的基础上，将辐射源 SIB 特征 $\boldsymbol{X}$ 作为已知的数据矩阵，级联未观测的 SIB 特征隐藏数据矩阵 $\boldsymbol{X}_H$，并将联合后的 SIB 特征数据矩阵 $[\boldsymbol{X}, \boldsymbol{X}_H]$ 作为字典，以解决低秩表示中字典表示信息不充分的问题：

$$\min_{\boldsymbol{Z},\boldsymbol{E}} \|\boldsymbol{Z}\|_* + \lambda \|\boldsymbol{E}\|_1, \quad \text{s. t. } \boldsymbol{X} = [\boldsymbol{X}, \boldsymbol{X}_H]\boldsymbol{Z} + \boldsymbol{E} \tag{5-9}$$

式中：$\boldsymbol{Z}$ 表示系数矩阵，该系数矩阵具有低秩结构；$\boldsymbol{E}$ 表示噪声矩阵。

根据矩阵理论，级联的数据矩阵 $[\boldsymbol{X}, \boldsymbol{X}_H]$ 通过奇异值分解可表示为 $\boldsymbol{U\Sigma V}^{\mathrm{T}}$，令右奇异矩阵 $\boldsymbol{V} = [\boldsymbol{V}_O, \boldsymbol{V}_H]^{\mathrm{T}}$，则系数矩阵 $\boldsymbol{Z}$ 的最优解 $\boldsymbol{Z}^*_{O,H} = [\boldsymbol{Z}^*_{O|H}, \boldsymbol{Z}^*_{H|O}]^{\mathrm{T}}$，其中，$\boldsymbol{Z}^*_{O|H}$ 和 $\boldsymbol{Z}^*_{H|O}$ 具有闭解形式[78]：

$$\boldsymbol{Z}^*_{O|H} = \boldsymbol{V}_O\boldsymbol{V}_O^{\mathrm{T}}, \qquad \boldsymbol{Z}^*_{H|O} = \boldsymbol{V}_H\boldsymbol{V}_O^{\mathrm{T}} \tag{5-10}$$

将式(5-10)代入式(5-9)，可得

$$\begin{aligned} \boldsymbol{X} &= [\boldsymbol{X}, \boldsymbol{X}_H]\boldsymbol{Z}^*_{O,H} + \boldsymbol{E} \\ &= \boldsymbol{XZ}^*_{O|H} + \boldsymbol{X}_H\boldsymbol{Z}^*_{H|O} + \boldsymbol{E} \\ &= \boldsymbol{XZ}^*_{O|H} + \boldsymbol{X}_H\boldsymbol{V}_H\boldsymbol{V}_O^{\mathrm{T}} + \boldsymbol{E} \\ &= \boldsymbol{XZ}^*_{O|H} + \boldsymbol{U\Sigma V}_H^{\mathrm{T}}\boldsymbol{V}_H\boldsymbol{V}_O^{\mathrm{T}} + \boldsymbol{E} \\ &= \boldsymbol{XZ}^*_{O|H} + \boldsymbol{U\Sigma V}_H^{\mathrm{T}}\boldsymbol{V}_H\boldsymbol{\Sigma}^{-1}\boldsymbol{U}^{\mathrm{T}}\boldsymbol{X} + \boldsymbol{E} \end{aligned} \tag{5-11}$$

从式(5-11)可以发现，SIB 特征矩阵 $\boldsymbol{X}$ 被分解为 3 个矩阵的线性叠加。令 $\boldsymbol{L}^*_{H|O} = \boldsymbol{U\Sigma V}_H^{\mathrm{T}}\boldsymbol{V}_H\boldsymbol{\Sigma}^{-1}\boldsymbol{U}^{\mathrm{T}}$，则 $\boldsymbol{X}$ 可以表示为更为简洁的形式，即

$$\boldsymbol{X} = \boldsymbol{XZ}^*_{O|H} + \boldsymbol{L}^*_{H|O}\boldsymbol{X} + \boldsymbol{E} \tag{5-12}$$

若 $\boldsymbol{X}$ 和 $\boldsymbol{X}_H$ 都是来自低秩子空间，则在式(5-12)中的系数矩阵 $\boldsymbol{Z}^*_{O|H}$ 和 $\boldsymbol{L}^*_{H|O}$ 的秩应当小于其级联数据矩阵的秩，也就是说，系数矩阵 $\boldsymbol{Z}^*_{O|H}$ 和 $\boldsymbol{L}^*_{H|O}$ 也是低秩的。

根据式(5-4)的约束形式可得

$$\min_{\boldsymbol{Z},\boldsymbol{L},\boldsymbol{E}} \operatorname{rank}(\boldsymbol{Z}) + \operatorname{rank}(\boldsymbol{L}) + \lambda \|\boldsymbol{E}\|_o, \quad \text{s. t. } \boldsymbol{X} = \boldsymbol{XZ} + \boldsymbol{LX} + \boldsymbol{E} \tag{5-13}$$

进一步，若将秩函数凸松弛为核范数，并分别用 $\boldsymbol{Z}$ 和 $\boldsymbol{L}$ 代替 $\boldsymbol{Z}^*_{O|H}$ 和 $\boldsymbol{L}^*_{H|O}$，则式(5-13)可以写成

$$\min_{\boldsymbol{Z},\boldsymbol{L},\boldsymbol{E}} \|\boldsymbol{Z}\|_* + \|\boldsymbol{L}\|_* + \lambda \|\boldsymbol{E}\|_1, \quad \text{s. t. } \boldsymbol{X} = \boldsymbol{XZ} + \boldsymbol{LX} + \boldsymbol{E} \tag{5-14}$$

式中：$\lambda$ 为控制噪声的权重参数；$\boldsymbol{L}$ 为潜在低秩投影矩阵，式(5-14)即为潜在低秩表示模型(Latent Low Rank Representation)。潜在低秩表示模型通过引入未观测的SIB特征隐藏数据矩阵，最终将通信辐射源输入样本 $\boldsymbol{X}$ 分解为共性特征 $\boldsymbol{XZ}$、潜在特征 $\boldsymbol{LX}$ 以及稀疏噪声 $\boldsymbol{E}$，潜在特征 $\boldsymbol{LX}$ 即为提取的通信辐射源细微特征。

式(5-14)的优化问题可以通过非精确增广拉格朗日算法[83]进行迭代运算，其算法的主要步骤如下。

步骤1：初始化 $\boldsymbol{Z}=\boldsymbol{J}=0,\boldsymbol{L}=\boldsymbol{S}=0,\boldsymbol{E}=0,\boldsymbol{W}_1=0,\boldsymbol{W}_2=0,$

$$\boldsymbol{W}_3=0,\mu=10^{-6},\max_{\mu}=10^{6},\rho=1.1,\varepsilon=10^{-6}。$$

步骤2：更新 $\boldsymbol{J}$，即

$$\boldsymbol{J}=\underset{\boldsymbol{J}}{\operatorname{argmin}}\frac{1}{\mu}\|\boldsymbol{J}\|_*+\frac{1}{2}\left\|\boldsymbol{J}-\left(\boldsymbol{Z}+\frac{\boldsymbol{W}_2}{\mu}\right)\right\|_F^2$$

步骤3：更新 $\boldsymbol{S}$，即

$$\boldsymbol{S}=\underset{\boldsymbol{S}}{\operatorname{argmin}}\frac{1}{\mu}\|\boldsymbol{S}\|_*+\frac{1}{2}\left\|\boldsymbol{S}-\left(\boldsymbol{L}+\frac{\boldsymbol{W}_3}{\mu}\right)\right\|_F^2$$

步骤4：更新 $\boldsymbol{Z}$，即

$$\boldsymbol{Z}=(\boldsymbol{I}+\boldsymbol{X}^{\mathrm{T}}\boldsymbol{X})^{-1}\left(\boldsymbol{X}^{\mathrm{T}}(\boldsymbol{X}-\boldsymbol{LX}-\boldsymbol{E})+\boldsymbol{J}+\frac{(\boldsymbol{X}^{\mathrm{T}}\boldsymbol{W}_1-\boldsymbol{W}_2)}{\mu}\right)$$

步骤5：更新 $\boldsymbol{E}$，即

$$\boldsymbol{E}=\underset{\boldsymbol{E}}{\operatorname{argmin}}\frac{\lambda}{\mu}\|\boldsymbol{E}\|_1+\frac{1}{2}\left\|\boldsymbol{E}-\left(\boldsymbol{X}-\boldsymbol{XZ}-\boldsymbol{LX}+\frac{\boldsymbol{W}_1}{\mu}\right)\right\|_F^2$$

步骤6：更新乘法因子，即

$$\boldsymbol{W}_1=\boldsymbol{W}_1+\mu(\boldsymbol{X}-\boldsymbol{XZ}-\boldsymbol{LX}-\boldsymbol{E}),\boldsymbol{W}_2=\boldsymbol{W}_2+\mu(\boldsymbol{Z}-\boldsymbol{J}),\boldsymbol{W}_3=\boldsymbol{W}_3+\mu(\boldsymbol{L}-\boldsymbol{S})$$

步骤7：更新参数 $\mu$，即

$$\mu=\min(\rho\mu,\max_{\mu})$$

步骤8：检查收敛条件，即

$$\|\boldsymbol{X}-\boldsymbol{XZ}-\boldsymbol{LX}-\boldsymbol{E}\|_\infty<\varepsilon,\|\boldsymbol{Z}-\boldsymbol{J}\|_\infty<\varepsilon,\|\boldsymbol{L}-\boldsymbol{S}\|_\infty<\varepsilon$$

若收敛，返回步骤1；否则，结束，输出 $\boldsymbol{Z},\boldsymbol{L},\boldsymbol{S}$。

**3. 基于潜在低秩表示的通信辐射源细微特征提取算法**

对于 $m$ 类通信辐射源的 $n$ 个矩形积分双谱特征向量 $\boldsymbol{X}=[\boldsymbol{x}_1,\boldsymbol{x}_2,\cdots,\boldsymbol{x}_k,\cdots,\boldsymbol{x}_n]\in\boldsymbol{R}^{D\times n}$，经过潜在低秩表示分解为共性特征 $\boldsymbol{XZ}$、潜在特征 $\boldsymbol{LX}$ 以及稀疏噪声 $\boldsymbol{E}$。其中，共性特征 $\boldsymbol{XZ}$ 包含矩形积分双谱特征向量中某些相似的信息，潜在特征 $\boldsymbol{LX}$ 主要包含对分类识别有用的通信辐射源个体差异信息。图5-3所示为基于潜在低秩表示的通信辐射源细微特征提取算法(SIB/Lat)的数据变化可视化图，算法的主要步骤如下。

步骤1：由 $n$ 个通信辐射源信号样本 $\{r_k(q)\}_{q=0}^{Q-1},k=1,2,\cdots,n$ 和参数 $\lambda$ 提取通信辐射源信号样本的瞬时特性(瞬时幅度、瞬时频率或瞬时相位)。

步骤 2：根据算法 1 分别计算 $n$ 个通信辐射源信号样本所对应的矩形积分双谱特征向量。

步骤 3：由 $n$ 个通信辐射源信号样本的矩形积分双谱特征向量生成 $\boldsymbol{X} = [\boldsymbol{x}_1, \boldsymbol{x}_2, \cdots, \boldsymbol{x}_k, \cdots, \boldsymbol{x}_n]$。

步骤 4：根据算法 2 求解 $\boldsymbol{X}$ 的潜在特征 $\boldsymbol{LX}$，输出 $\boldsymbol{LX}$ 的列向量，即为 $n$ 个通信辐射源信号的潜在细微特征。

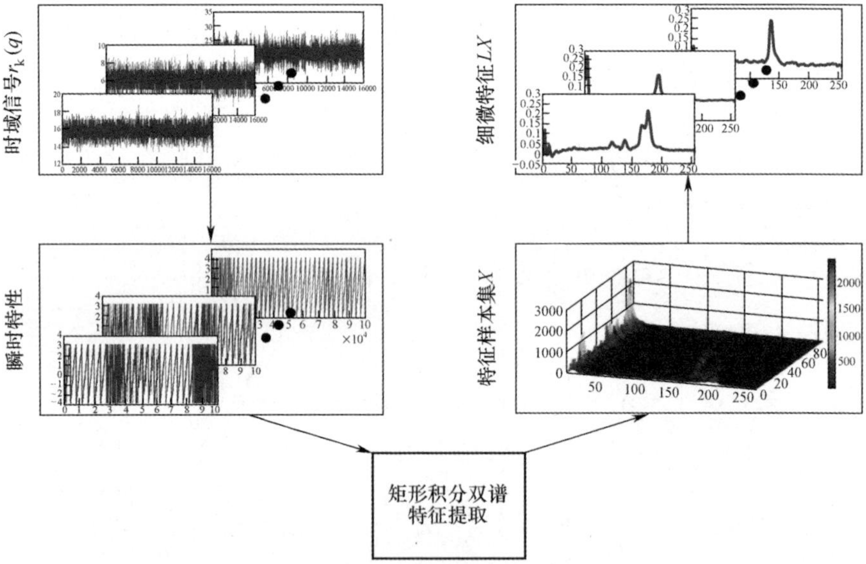


图 5-3　基于潜在低秩表示的通信辐射源细微特征提取算法数据变化可视化图

### 5.2.3　实验结果与分析

为了评估基于潜在低秩表示的通信辐射源细微特征提取方法的可行性和有效性，在某手持式 FM 电台数据集上进行实验。

如图 5-4 所示，潜在低秩表示将 10 个通信电台的 90 个输入样本 $\boldsymbol{X}$ 分解为共性特征 $\boldsymbol{XZ}$、潜在特征 $\boldsymbol{LX}$ 以及稀疏噪声 $\boldsymbol{E}$，其中 $\boldsymbol{Z}$ 为 $n \times n$ 的低秩矩阵，反映了不同通信辐射源个体特征样本之间的全局性低秩关系，其诱导的数据矩阵 $\boldsymbol{XZ}$ 表示 $\boldsymbol{X}$ 的主要特征；$\boldsymbol{L}$ 为 $D \times D$ 的低秩矩阵，反映了通信辐射源特征维度之间的全局性低秩关系，其诱导的数据矩阵 $\boldsymbol{LX}$ 表示 $\boldsymbol{X}$ 的潜在特征。

在图 5-4 中，辐射源的 SIB 特征样本集 $\boldsymbol{X}$ 经过 SIB/Lat 方法分解后，得到具有不同分布特性的矩阵。主要部分 $\boldsymbol{XZ}$ 显示了良好的低秩性，但是由于每个特征向量中的元素大小较为近似，在高维特征空间中，不同个体的主要部分距离较近，不利于分类器进行分类识别。而潜在部分 $\boldsymbol{LX}$ 保留了原始的特征样本集 $\boldsymbol{X}$ 中的判别信息。图 5-4 中的系数矩阵 $\boldsymbol{L}$ 如图 5-5 所示。

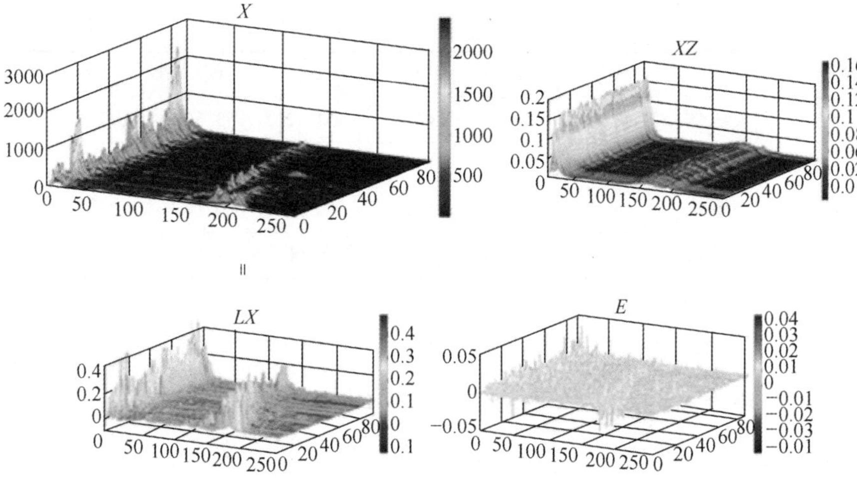


图 5-4　SIB/Lat 方法在某手持式 FM 电台数据集上提取潜在细微特征

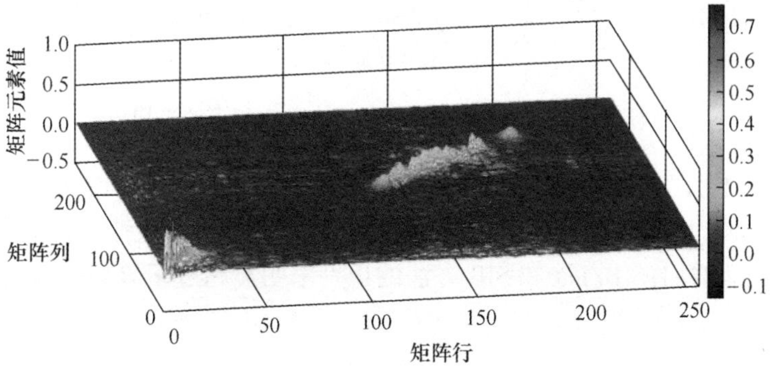


图 5-5　系数矩阵 $\boldsymbol{L}$

从图 5-5 可以发现,系数矩阵 $\boldsymbol{L}$ 的元素在对角线附近较为显著,体现了很强的低秩特性。特别是在 1~50 维以及 100~200 维的值比较大,说明这些维度的信息具有很强的关联性,能够诱导出判别性较强的细微特征,进而为后续的分类识别提供了丰富的判别信息。

下面进行分类识别实验,并将不同实验条件下的实验结果与 $R$ 特征、分形盒维数和 SIB 方法进行比较。

取 10 部某手持式 FM 电台的 90 个样本,分别从每个通信电台个体中随机选取 1、2、3、4、5、6、7 和 8 个样本构成训练样本集,其余的作为测试样本集,得到 8 个实验 $E_{18}, E_{27}, \cdots, E_{81}$,每个实验独立重复 20 次,计算平均识别率。得到结果见表 5-1 和如图 5-6 所示。

表 5-1 *R* 特征、分形盒维数、SIB 和 SIB/Lat 方法在某手持式 FM 电台数据集上取不同训练样本个数时的平均识别率 (单位:%)

| 实验 | $E_{18}$ | $E_{27}$ | $E_{36}$ | $E_{45}$ | $E_{54}$ | $E_{63}$ | $E_{72}$ | $E_{81}$ |
|---|---|---|---|---|---|---|---|---|
| *R* 特征 | 43.26 | 43.86 | 48.21 | 46.33 | 51.12 | 55.64 | 56.25 | 58.31 |
| 分形盒维数 | 41.10 | 44.10 | 47.14 | 51.40 | 55.39 | 69.16 | 70.15 | 73.12 |
| SIB | 46.00 | 56.43 | 65.25 | 70.20 | 79.63 | 80.17 | 84.00 | 85.50 |
| SIB/Lat | 48.44 | 55.91 | 68.70 | 70.27 | 81.00 | 82.67 | 84.32 | 86.92 |

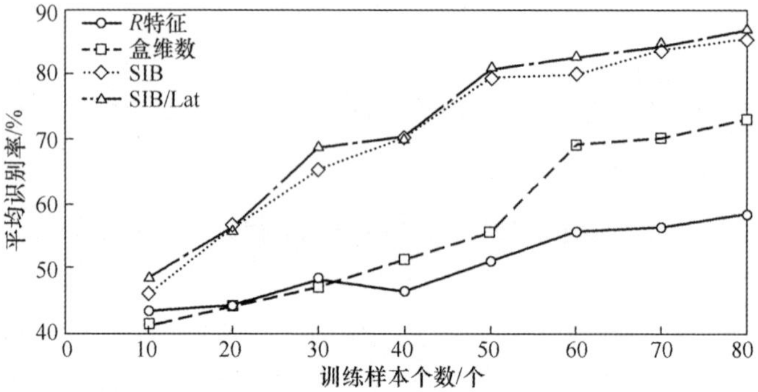


图 5-6 4 种特征提取方法在某手持式 FM 电台数据集上的平均识别率变化曲线

从表 5-1 和图 5-6 可以发现:除了实验 $E_{27}$,SIB/Lat 方法均获得最优的分类识别性能,而 *R* 特征方法的识别效果最差;4 种方法的平均识别率均随着训练样本数目的增加而增加;SIB/Lat 和 SIB 方法的识别率明显超过了 *R* 特征和分形盒维数方法。

实验结果表明:

(1) SIB/Lat 方法实现了更优的分类识别性能。其原因主要源于两个方面:一是 SIB/Lat 方法能够有效挖掘通信辐射源个体的细微特征,二是矩形积分双谱具有良好的非线性表征能力。

(2) 一般而言,我们希望特征提取方法对于待分析的每类通信辐射源个体应当具有相近的识别性能。但是,对于同厂家、同型号、同批次的不同通信辐射源,由于有些个体的内部元器件性能差异和本身生产工艺差异较小,而且内部电子元器件老化程度相近,所以导致特征提取方法在这些通信辐射源个体上所提取的特征差异性较小,使得特征提取方法在不同通信辐射源个体上的识别存在差异性。

## 5.3 基于协作表示的通信辐射源个体识别方法

在实际的通信信号侦察中,能够截获的辐射源信号样本较少,使得构成的数据库仅包含某些特定调制样式、特定频率以及特定环境的通信信号，并且由于各种噪声的影响，使得能够用于构成字典的样本更加有限，导致不能很好地表示未知类别属性的辐射源信号，使得通信辐射源个体识别变为一个典型的“小样本”问题。同时，由于辐射源个体的型号、生产厂家以及工作参数等因素相同，其信号在特征空间呈现较为相似的结构，现有的通信辐射源个体识别方法并没有很好地利用辐射源细微特征的相似性结构，一定程度上减弱了分类识别性能。

稀疏表示的应用往往需要已知数据在某个特征域的稀疏属性，在该特征空间内，该数据在过完备字典上的投影才能呈现稀疏特性。但在“小样本”的通信辐射源个体识别问题中，对截获的辐射源信号往往缺乏足够的样本进行表示，幸运的是，同型号通信辐射源发射的通信信号在调制样式相同、频率相近、传播环境相近的条件下，其波形具有很强的相似性，从而导致其特征也具有一定的相似性。协作表示可以利用信号特征的相似性结构，通过整个构造的字典对辐射源信号进行表示，并且在特征的维度较高且具有较强判别性时，同样得到较为稀疏的系数，缓解“小样本”问题，增强识别的鲁棒性。

本节针对实际通信辐射源个体识别中的“小样本”问题，结合通信辐射源 SIB 特征具有相似性的特点，提出一种基于协作表示的辐射源个体识别方法，在特征空间利用协作表示理论实现对辐射源个体进行稀疏表示。同样，在实际采集的 3 种电台数据集上，该算法能够大幅度提高识别速度，并得到较好的识别结果。

### 5.3.1 基于协作表示的通信辐射源个体识别

在实际的通信辐射源个体识别中，已有通信辐射源数据库中与截获的辐射源目标信号的各种采集参数相同的信号样本往往较少，利用已有的相同型号、相同调制样式、相近工作参数的辐射源个体参与构造字典，增加字典的信息，提取高维特征来反映个体差异，能够有效地对目标辐射源样本进行表示，克服训练过程中样本不足的问题，缓解分类识别中的“小样本”问题。

在识别同型号、同厂家的通信辐射源个体时，细微特征在某些维度上往往具有相似性分布。以某手持式 FM 电台数据集中的电台 1 和电台 2 为例，其 SIB 特征样本如彩图 5-7 所示。在 150 维之前，两电台的 SIB 特征较为相似，整体的相关性比较强；而在 150~200 维，两者特征出现较大的差异性，可用于分类识别。因此，在识别电台 1 的某一目标样本时，利用特征的相似性，电台 2 的样本可以与电台 1 的样本协作地表示该目标样本，一定程度上缓解了“小样本”问题。

**1. 协作表示**

首先通过一个实例来直观描述基于协作表示的通信辐射源个体识别方法的设计思路。如图 5-8 所示，分别选取某手持式 FM 电台数据集中电台 5、6 和 7 的 4 个矩形积分双谱特征样本构成训练样本集 $\boldsymbol{X}$ ，通过协作表示方法识别电台 5 的一个测试样本 $\boldsymbol{y}$ 。首先将训练样本集 $\boldsymbol{X}$ 作为协作表示的字典，然后利用该字典协作表

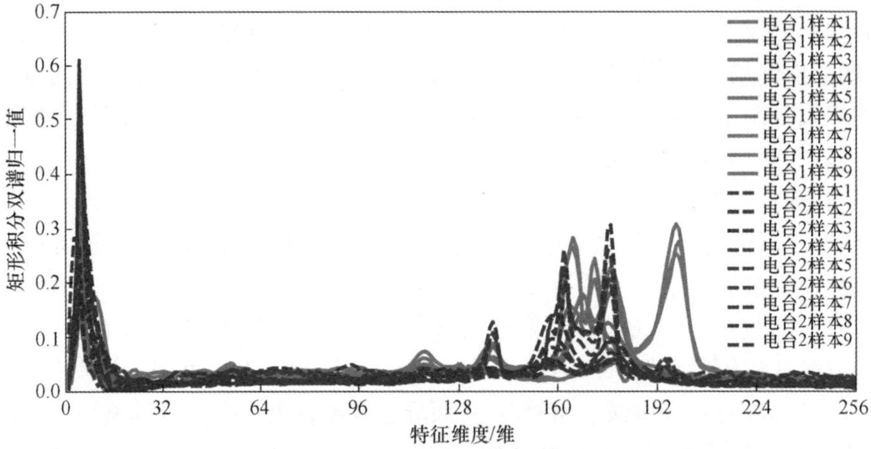


图 5-7 电台 1 和电台 2 的 SIB 特征样本(彩页见书末)

示测试样本 $\boldsymbol{y}$ ,得到字典中所有不同训练样本的协作表示系数,协作表示系数的大小反映了训练样本与测试样本之间的相似程度,把 12 个训练样本与测试样本的相似程度划分为 1,2,3 三个相似层级。从图中可以发现,不同电台的训练样本会位于相同的相似层级,而相同电台的训练样本也可以位于不同的相似层级,整个字典与测试样本呈现较为复杂的近邻关系,也就是说,由于不同电台的训练样本与测试样本之间存在结构相似性,使得在协作表示时,除了同类的训练样本参与测试样本的表示,其他电台的训练样本也会参与测试样本的表示。

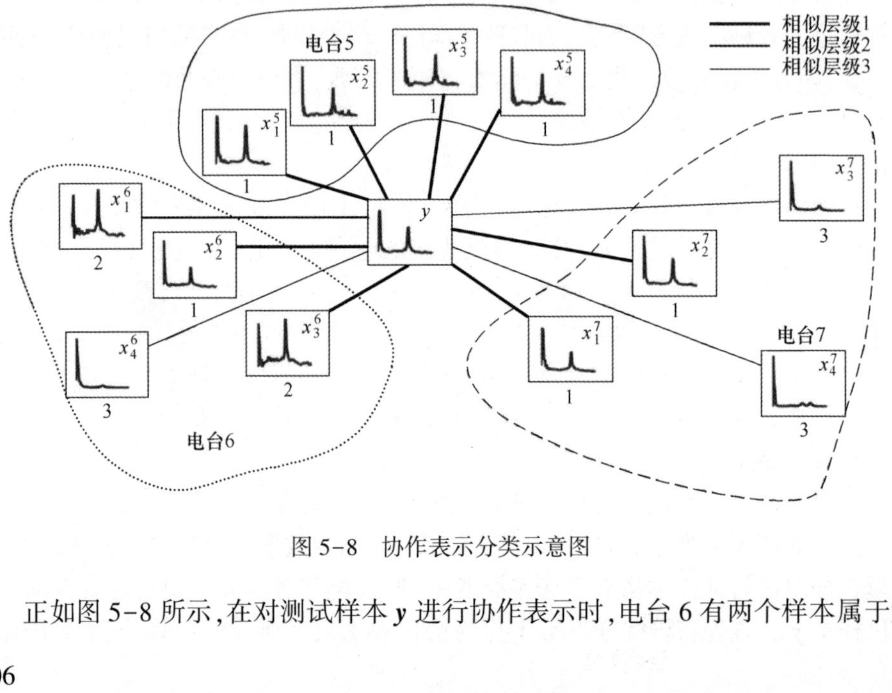


图 5-8 协作表示分类示意图

正如图 5-8 所示,在对测试样本 $\boldsymbol{y}$ 进行协作表示时,电台 6 有两个样本属于第

1 相似层级，电台 7 有一个样本属于第 1 相似层级。在分类识别时，根据不同电台与测试样本之间的“整体距离”和表示系数大小共同决定测试样本的分类识别结果。从图 5-8 可以发现，电台 5 同测试样本的“整体距离”最小，同时其表示系数也相对较大（相似层级为 1），因此该测试样本在协作表示框架下被识别为电台 5 的样本，以实现正确的分类识别。

下面从理论上分析协作表示模型。已知 $m$ 类通信辐射源个体的 $n$ 个训练样本 $\{\boldsymbol{x}_k\}_{k=1}^{n}$，将 $n$ 个训练样本构造为字典 $\boldsymbol{X}=[\boldsymbol{x}_1,\boldsymbol{x}_2,\cdots,\boldsymbol{x}_k,\cdots,\boldsymbol{x}_n]\in\mathbf{R}^{D\times n}$，每个训练样本 $\boldsymbol{x}_k$ 即为字典的 $D$ 维列向量，同时令 $\boldsymbol{y}\in\mathbf{R}^{D}$ 表示通信辐射源测试样本。第 $i$ 类通信辐射源个体的 $n_i$ 个训练样本 $\boldsymbol{X}_i=[\boldsymbol{x}_1^i,\boldsymbol{x}_2^i,\cdots,\boldsymbol{x}_{n_i}^i]\in\mathbf{R}^{D\times n_i}$ 构成了第 $i$ 个子字典，则通信辐射源字典 $\boldsymbol{X}=[\boldsymbol{X}_1,\boldsymbol{X}_2,\cdots,\boldsymbol{X}_i,\cdots,\boldsymbol{X}_m]$ 由 $m$ 个子字典构成，其中 $\sum_{i=1}^{m}n_i=n$。通信辐射源个体的稀疏表示和协作表示本质上都可以归纳为正则化的线性回归问题，即

$$\min_{\boldsymbol{\alpha}}\ \|\boldsymbol{y}-\boldsymbol{X\alpha}\|_2^2+\|\boldsymbol{\alpha}\|_p \tag{5-15}$$

不同的是，在稀疏表示中，对表示系数的约束是通过 $l_1$ 范数，即 $p=1$；而在协作表示中，则是利用较为松弛的 $l_2$ 范数进行约束，即 $p=2$。分别在稀疏表示和协作表示的框架下，以某手持式 FM 电台数据集为例，分别利用 40 个和 80 个训练样本构成的字典对电台 1 的某个矩形积分双谱特征样本进行表示，表示系数如图 5-9 所示。

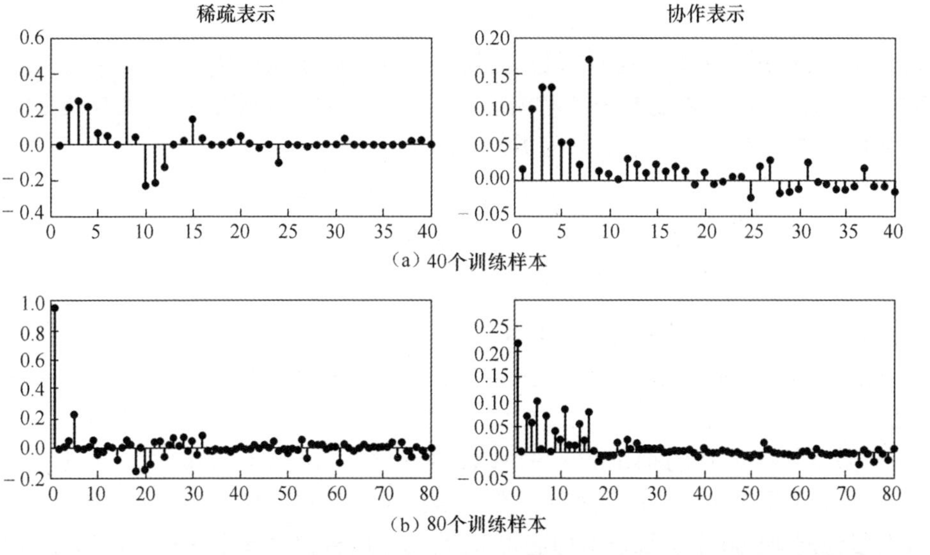


图 5-9　不同训练样本的表示系数

从图 5-9 可以发现，由于 $l_1$ 范数强制表示系数具有稀疏特性，使得稀疏表示在

不同训练样本时能够得到较为稀疏的表示系数；由于 $l_2$ 范数松弛对表示系数的稀疏约束，使得协作表示在不同训练样本时能够得到相对稠密的协作表示系数。

由式(5-15)可知，协作表示目标函数可以表示为

$$\hat{\boldsymbol{\alpha}} = \underset{\boldsymbol{\alpha}}{\arg\min} \ \|\boldsymbol{y} - \boldsymbol{X}\boldsymbol{\alpha}\|_2^2 + \lambda \ \|\boldsymbol{\alpha}\|_2^2 \tag{5-16}$$

式中：$\lambda$ 为正则项权重系数。不同于稀疏表示中 $l_1$ 范数的迭代优化求解，将式(5-16)看作二次优化问题[84]，则系数向量 $\hat{\boldsymbol{\alpha}}$ 可以表示为

$$\hat{\boldsymbol{\alpha}} = (\boldsymbol{X}^{\mathrm{T}}\boldsymbol{X} + \lambda \boldsymbol{I})^{-1}\boldsymbol{X}^{\mathrm{T}}\boldsymbol{y} \tag{5-17}$$

从式(5-17)可以发现，在已知通信辐射源特征字典 $\boldsymbol{X}$ 和通信辐射源测试样本 $\boldsymbol{y}$ 的基础上，系数向量不必进行迭代优化计算。

令 $\boldsymbol{P} = (\boldsymbol{X}^{\mathrm{T}}\boldsymbol{X} + \lambda \boldsymbol{I})^{-1}\boldsymbol{X}^{\mathrm{T}}$，则式(5-17)可以简化为

$$\hat{\boldsymbol{\alpha}} = \boldsymbol{P}\boldsymbol{y} \tag{5-18}$$

这样，对协作表示系数向量 $\hat{\boldsymbol{\alpha}}$ 的求解就可以通过将 $\boldsymbol{y}$ 投影到 $\boldsymbol{P}$ 上获得。也就是说，在字典 $\boldsymbol{X}$ 和测试样本 $\boldsymbol{y}$ 已知的条件下，系数向量 $\hat{\boldsymbol{\alpha}}$ 为一封闭解。同稀疏表示相比，协作表示可以大幅度降低算法的时间复杂度。

**2. 协作表示分类器**

在协作表示中，通过整个字典包含的通信辐射源训练样本对待测试样本进行表示，则每类通信辐射源个体即每类训练样本构成的子字典 $\boldsymbol{X}_i$ 的分类残差可以表示为

$$\boldsymbol{r}_i(\boldsymbol{y}) = \frac{\|\boldsymbol{y} - \boldsymbol{X}_i \hat{\boldsymbol{\alpha}}_i\|_2}{\|\hat{\boldsymbol{\alpha}}_i\|_2}, \qquad i = 1,2,\cdots,m \tag{5-19}$$

式中：$\hat{\boldsymbol{\alpha}}_i$ 表示 $\hat{\boldsymbol{\alpha}}$ 中属于类别 $i$ 的系数向量；$\boldsymbol{r}_i(\boldsymbol{y})$ 反映了测试样本 $\boldsymbol{y}$ 从属第 $i$ 类通信辐射源个体的程度，可以用来判断测试样本的类别属性。按照分类残差最小的原则对测试样本进行分类识别，则分类器可以描述为

$$\mathrm{class}(\boldsymbol{y}) = \underset{i}{\arg\min}\ \boldsymbol{r}_i(\boldsymbol{y}), \quad i = 1,2,\cdots,m \tag{5-20}$$

上述分类器称为协作表示分类器(Collaborative Representation Classifier，CRC)。

由式(5-19)可知，CRC 分类器是将待测试样本判定为协作表示系数 $\|\hat{\boldsymbol{\alpha}}_i\|_2$ 尽可能较大同时重构残差 $\|\boldsymbol{y} - \boldsymbol{X}_i \hat{\boldsymbol{\alpha}}_i\|_2$ 尽可能小的那个类别。与稀疏表示分类器(Sparse Representation Classifier，SRC)[85]仅仅依据每类训练样本重构残差最小的原则对测试样本进行分类相比，CRC 在重构误差的基础上，引入系数向量的判别信息，防止某些类别的训练样本的系数向量过大，避免了错误的分类识别。彩图 5-10显示了 SRC 和 CRC 两种分类原则造成的识别差异，以某手持式 FM 电台数据集为例，将 60 个训练样本构造为字典，每个电台包含 6 个 SIB 特征训练样本，对 3 号电台的某个测试样本 $y$ 进行识别时，两种原则下的残差结果如图 5-10(a)所示，通过式(5-16)求得的系数向量如图 5-10(b)所示。当利用"重构残差"的分类原则进行分类识别时，第 7 类的训练样本对测试样本 $\boldsymbol{y}$ 的重构残差

$\| y - X_7\hat{\alpha}_7 \|_2$ 最小，即图 5-10(a)中的红色部分，造成了错误分类。但是，在采用"重构残差+系数向量"的分类原则进行分类识别时，由于考虑了系数向量中的判别信息，使得重构残差 $\| y - X_i \hat{\alpha}_i \|_2$ 越小并且各系数向量 $\hat{\alpha}_i$ 越大的电台类别作为测试样本 $y$ 的类别，将测试样本 $y$ 分类识别为第 3 类，即图 5-10(a) 所示的蓝色部分，从而增加了分类识别的鲁棒性。

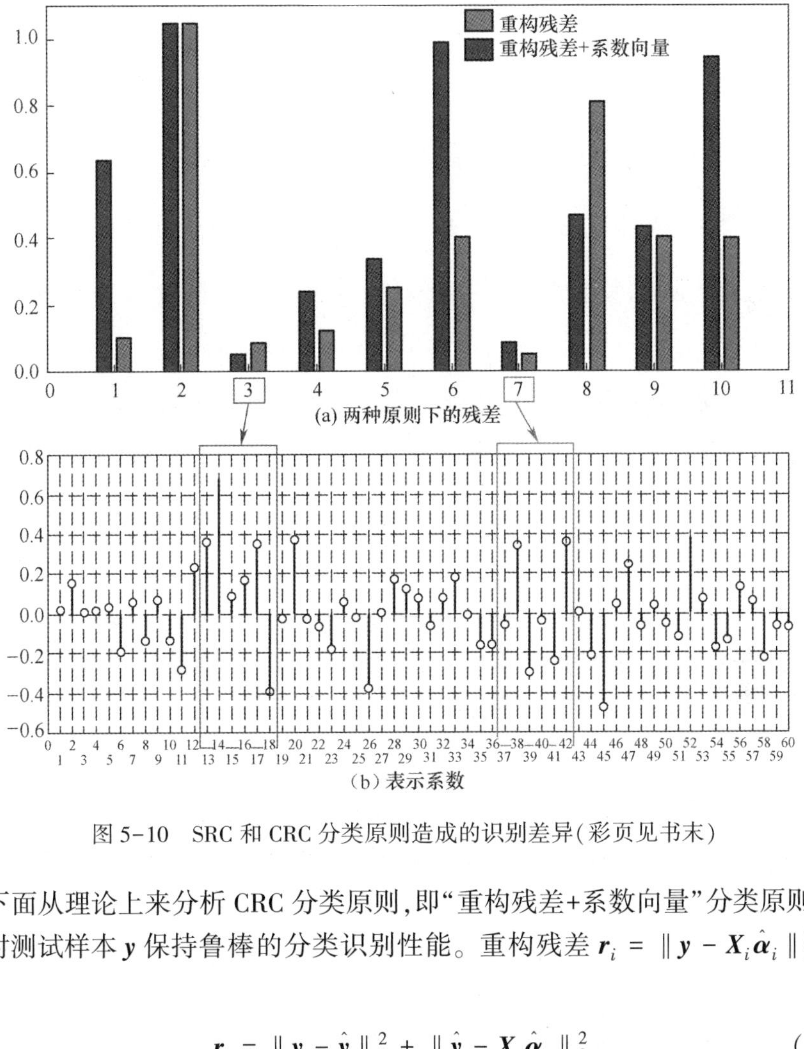


图 5-10　SRC 和 CRC 分类原则造成的识别差异(彩页见书末)

下面从理论上来分析 CRC 分类原则，即"重构残差+系数向量"分类原则，能够保证对测试样本 $y$ 保持鲁棒的分类识别性能。重构残差 $r_i = \| y - X_i\hat{\alpha}_i \|_2^2$ 可分解为

$$r_i = \| y - \hat{y} \|_2^2 + \| \hat{y} - X_i\hat{\alpha}_i \|_2^2 \tag{5-21}$$

式中：$\hat{\alpha}_i$ 表示在满足 $\min\limits_{\alpha} \| y - X\alpha \|_2^2$ 的前提下第 $i$ 类通信辐射源的系数向量；$\hat{y} = X\hat{\alpha}$ 表示在满足式(5-16)的情况下 $y$ 在 $X$ 张成的空间上的正交投影。在对重构残差进行分解之后，"重构残差+系数向量"分类原则可以保证对测试样本 $y$ 实现鲁棒的分类识别性能，其原理如图 5-11 所示。

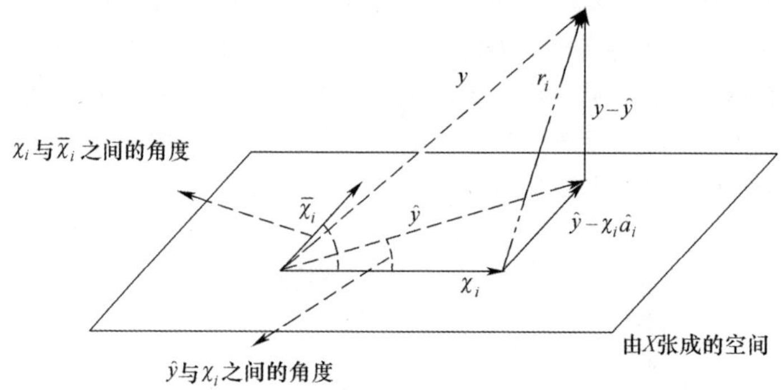


图 5-11 “重构残差+系数向量”分类原则

在所有训练样本张成的空间中，$\boldsymbol{\chi}_i = \boldsymbol{X}_i \hat{\boldsymbol{\alpha}}_i$ 表示由第 $i$ 类通信辐射源个体特征样本构成的子字典 $\boldsymbol{X}_i$ 所张成的子空间，$\overline{\boldsymbol{\chi}}_i = \sum_{j \neq i}^{m} \boldsymbol{X}_j \hat{\boldsymbol{\alpha}}_j$ 表示除 $\boldsymbol{X}_i$ 以外的训练样本长成的空间。当给定测试样本 $\boldsymbol{y}$ 和字典 $\boldsymbol{X}$ 后，式(5-21)中的 $\| \boldsymbol{y} - \hat{\boldsymbol{y}} \|_2^2$ 部分变为恒定值，则 $\boldsymbol{r}_i^* = \| \hat{\boldsymbol{y}} - \boldsymbol{X}_i \hat{\boldsymbol{\alpha}}_i \|_2^2$ 成为影响 $\boldsymbol{y}$ 的分类结果最重要的因素。

从几何投影的角度看，由于 $\hat{y}$ 处于 $\boldsymbol{X}$ 张成的空间中，而该空间又由 $\boldsymbol{\chi}_i$ 和 $\overline{\boldsymbol{\chi}}_i$ 张成，因此 $\overline{\boldsymbol{\chi}}_i$ 与 $\hat{\boldsymbol{y}} - \boldsymbol{X}_i \hat{\boldsymbol{\alpha}}_i$ 平行。在已知 $\boldsymbol{\chi}_i$ 和 $\overline{\boldsymbol{\chi}}_i$ 之间的角度 $(\boldsymbol{\chi}_i, \overline{\boldsymbol{\chi}}_i)$ 以及 $\hat{\boldsymbol{y}}$ 和 $\boldsymbol{\chi}_i$ 之间的角度 $(\hat{\boldsymbol{y}}, \boldsymbol{\chi}_i)$ 的条件下，有

$$\| \hat{\boldsymbol{y}} - \boldsymbol{X}_i \hat{\boldsymbol{\alpha}}_i \|_2 \sin(\boldsymbol{\chi}_i, \overline{\boldsymbol{\chi}}_i) = \| \hat{\boldsymbol{y}} \|_2 \sin(\hat{\boldsymbol{y}}, \boldsymbol{\chi}_i) \tag{5-22}$$

经过推导，$\boldsymbol{r}_i^*$ 表示如下：

$$\boldsymbol{r}_i^* = \frac{\sin^2(\hat{\boldsymbol{y}}, \boldsymbol{\chi}_i) \ \| \hat{\boldsymbol{y}} \|_2^2}{\sin^2(\boldsymbol{\chi}_i, \overline{\boldsymbol{\chi}}_i)} \tag{5-23}$$

根据式(5-23)，可以发现，在协作表示中，对于给定的通信辐射源测试样本 $\boldsymbol{y}$ ，影响 $\boldsymbol{r}_i^*$ 大小的主要有两个方面：一方面，当 $(\hat{\boldsymbol{y}}, \boldsymbol{\chi}_i)$ 越小，式(5-23)的分子越小，意味着重构残差 $\| \boldsymbol{y} - \boldsymbol{X}_i \hat{\boldsymbol{\alpha}}_i \|_2$ 往往越小，说明 $\boldsymbol{y}$ 与第 $i$ 类通信辐射源的特征样本较为相似；另一方面，$(\boldsymbol{\chi}_l, \overline{\boldsymbol{\chi}}_i)$ 越大，其分母越大，意味着第 $i$ 类通信辐射源的训练样本系数向量 $\hat{\boldsymbol{\alpha}}_i$ 中的元素均越有较大的值，即 $\| \hat{\boldsymbol{\alpha}}_i \|_2$ 越大，说明第 $i$ 类通信辐射源特征样本张成的空间与其他通信辐射源特征样本张成的空间的区分性越强。这两个方面均使得 $\boldsymbol{r}_i^*$ 较小，并最大限度地将 $\boldsymbol{y}$ 分类识别为第 $i$ 类通信辐射源的样本。

协作表示分类器中的“重构残差+系数向量”分类原则既考虑到了通信辐射源测试样本与通信辐射源字典中样本之间的相似程度，又考虑到了不同通信辐射源样本之间的区分性，从而保证了对测试样本的鲁棒分类结果。

**3. 基于协作表示的通信辐射源个体识别算法**

首先,利用传统特征提取方法提取通信辐射源训练样本的特征 $\boldsymbol{X}$ 和测试样本的特征 $\boldsymbol{y}$ ,如傅里叶特征、SIB 特征、小波特征等;其次,利用训练样本特征字典 $\boldsymbol{X}$ 计算投影矩阵 $\boldsymbol{P}$ ,将测试样本特征 $\boldsymbol{y}$ 投影到矩阵 $\boldsymbol{P}$ 上,得到协作表示系数 $\hat{\boldsymbol{\alpha}}$ ;最后,计算各类别的重构残差和对应的表示系数大小,获得各类别的分类残差 $\boldsymbol{r}_i(\boldsymbol{y})$ ,将最小的 $\boldsymbol{r}_i(\boldsymbol{y})$ 对应的类别作为测试样本 $\boldsymbol{y}$ 的个体识别结果 $\mathrm{class}(\boldsymbol{y})$ 。基于协作表示的通信辐射源个体识别流程如图 5-12 所示,其主要步骤如下。

步骤 1:由训练样本信号 $\{\boldsymbol{r}_k(q)\}_{q=0}^{Q-1}, k = 1,2,\cdots,n$ ,测试样本信号 $\boldsymbol{r}(q)$ 和参数 $\lambda$ 计算通信辐射源训练样本和测试样本特征 $\boldsymbol{X}$ 和 $\boldsymbol{y}$ 。

步骤 2:计算投影矩阵 $\boldsymbol{P} = (\boldsymbol{X}^{\mathrm{T}}\boldsymbol{X} + \lambda \boldsymbol{I})^{-1}\boldsymbol{X}^{\mathrm{T}}$ 。

步骤 3:计算协作表示系数 $\hat{\boldsymbol{\alpha}}$ 。

步骤 4:计算分类残差 $\boldsymbol{r}_i(\boldsymbol{y})$ 。

步骤 5:计算测试样本的类别 $\mathrm{class}(\boldsymbol{y})$ 。

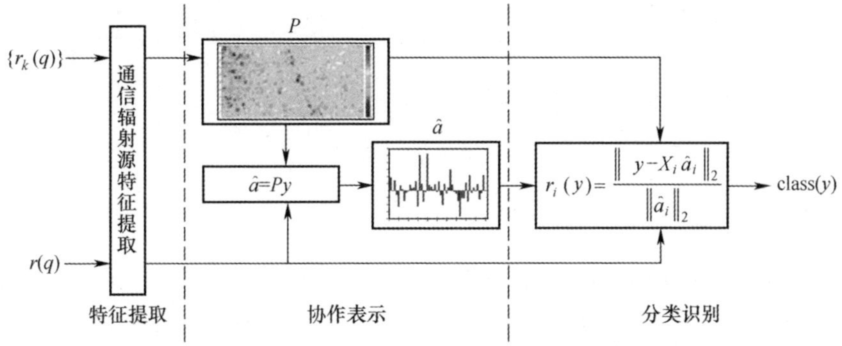


图 5-12 基于协作表示的通信辐射源个体识别流程

## 5.3.2 实验结果与分析

为了评估基于协作表示的通信辐射源个体识别方法的可行性和有效性,在“某”手持式 FM 电台数据集进行实验。为了更好地分析实验结果,将提出的方法(CRC)与传统的稀疏表示分类器(SRC)、最近邻分类器(NN)以及采用高斯核的支持向量机分类器(SVM)进行实验比较。

同样对于 10 部“某”手持式 FM 电台的 90 个样本,设置 8 个实验 $E_{18}, E_{27}, \cdots, E_{81}$,每个实验独立重复 20 次,计算平均识别率。NN、SVM、SRC 和 CRC 方法在该数据集上取不同训练样本个数时的识别性能如表 5-2 和图 5-13 所示。

表 5-2 和图 5-13 显示:第一,在所有实验条件下,CRC 方法均取得最高的平均识别率;第二,随着训练样本数目的增加,NN、SRC 和 CRC 方法的识别性能均得到改善,但 SVM 方法的识别性能从实验 $E_{54}$ 到 $E_{81}$ 并没有得到明显的改善。

表 5-2 NN、SVM、SRC 和 CRC 方法在“某”手持式 FM 电台数据集上取不同训练样本个数时的平均识别率 (单位:%)

| 实验 | $E_{18}$ | $E_{27}$ | $E_{36}$ | $E_{45}$ | $E_{54}$ | $E_{63}$ | $E_{72}$ | $E_{81}$ |
|---|---|---|---|---|---|---|---|---|
| NN | 46.00 | 56.43 | 65.25 | 70.20 | 79.63 | 80.17 | 84.00 | 85.50 |
| SVM | 46.00 | 48.86 | 52.92 | 52.80 | 55.13 | 56.17 | 54.50 | 55.00 |
| SRC | 45.86 | 61.79 | 69.23 | 74.60 | 81.38 | 84.50 | 83.25 | 89.50 |
| CRC | 47.00 | 62.71 | 71.42 | 77.80 | 86.83 | 87.50 | 89.50 | 90.50 |

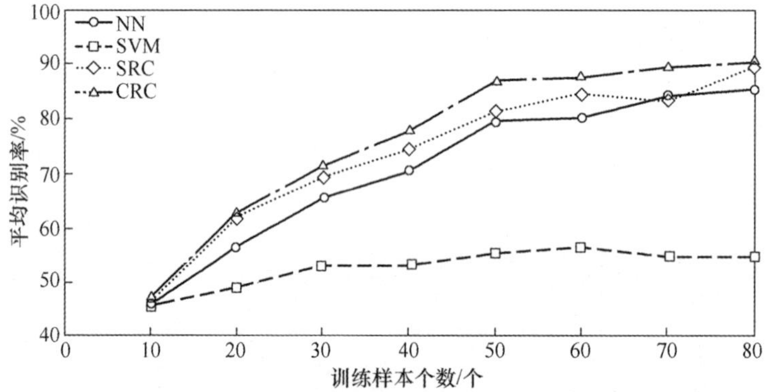


图 5-13 4 种分类识别方法在“某”手持式 FM 电台数据集上的平均识别率变化曲线

实验结果表明:CRC 方法在绝大多数实验条件下得到了最优的分类识别结果,其主要原因是:由于 CRC 方法有效利用了不同通信辐射源个体特征的结构相似性,通过所有训练样本协作地表示测试样本,得到对测试样本更精确的表示,此外,CRC 方法通过“重构残差+系数向量”分类原则保证了算法的鲁棒性,从而获得了较好的分类识别结果。

## 5.4 基于相关熵协作表示的通信辐射源个体识别方法

众所周知,实际采集的通信辐射源观测信号不可避免地会受到高斯和非高斯噪声的影响。例如,系统设备本身产生的噪声,发射机和接收机中的导体由于电子的布朗运动所产生的热噪声,半导体中载流子的起伏变化和真空管中电子的起伏发射所产生的散弹噪声,自然界存在的各种电磁波源(闪电、大气层中的电爆及其他宇宙噪声等)产生的噪声,传输信道中的其他干扰信号等。就通信辐射源个体识别而言,在特征提取和分类器设计两个阶段如何有效地滤除与通信辐射源个体指纹特征无关的噪声是该领域一项重要的研究课题。

美国佛罗里达大学计算神经工程实验室的研究人员在信息论的基础上,结合数字信号处理以及机器学习等理论,建立利用信息熵和离差的描述符作为非参数代价函数去训练有监督或者无监督的自适应学习系统,发展了信息理论学习(Information Theoretic Learning,ITL)。在该理论中,相关熵(Correntropy)能够很好地度量两个随机向量局部的相似性,并在处理高维空间中非高斯噪声、冲击噪声、奇异值点等方面具有良好的性能,被广泛应用于信道的盲均衡、气象分析、模式识别以及非线性检测等领域。

本节针对通信辐射源个体识别存在的噪声干扰问题,在协作表示的基础上,介绍了基于相关熵协作表示(Correntropy-Based Collaborative Representation,CBCR)的通信辐射源个体识别方法,在分类器设计阶段,通过相关熵模型消除通信辐射源特征空间中的非高斯噪声影响,采用半二次优化技术将非线性优化问题转化为线性互补问题,并利用有效集算法获得对测试样本的协作表示系数,结合系数中的重构残差与判别信息,实现对通信辐射源的个体识别。

### 5.4.1 基于相关熵协作表示的通信辐射源个体识别

#### 1. 相关熵

相关熵通常用于衡量两随机向量 $\boldsymbol{A}=[A_1,A_2,\cdots,A_D]^{\mathrm{T}}$ 与 $\boldsymbol{B}=[B_1,B_2,\cdots,B_D]^{\mathrm{T}}$ 的相关性,通过非线性核函数将两向量之间的“距离”映射到投影空间:

$$V_\sigma(\boldsymbol{A},\boldsymbol{B})=E[k_\sigma(\boldsymbol{A}-\boldsymbol{B})] \tag{5-24}$$

式中:$E[\cdot]$ 为数学期望;$k_\sigma(\cdot)$ 为满足 Mercer 理论的核函数。在满足 Mercer 理论的前提下,基于高斯核的相关熵可以定义为

$$\hat{V}_{D,\sigma}(\boldsymbol{A},\boldsymbol{B})=\frac{1}{D}\sum_{j=1}^{D}k_\sigma(A_j-B_j) \tag{5-25}$$

式中:$k_\sigma$ 为高斯核函数 $g(x)\cdot\frac{1}{\sqrt{2\pi}\,\sigma}\exp\left(-\frac{x^2}{2\sigma^2}\right)$,$\sigma$ 为核宽度参数。

相关熵本身具有很多优良的性质,从理论上保证了其广泛的应用价值:

性质 1:对称性,即 $V(\boldsymbol{A},\boldsymbol{B})=V(\boldsymbol{B},\boldsymbol{A})$。

性质 2:正值有界,$0<V(\boldsymbol{A},\boldsymbol{B})<\frac{1}{\sqrt{2\pi}\,\sigma}$,当且仅当 $\boldsymbol{A}=\boldsymbol{B}$ 时,取最大值。

性质 3:相关熵包含变量 $\boldsymbol{A}-\boldsymbol{B}$ 的信息。

性质 4:相关熵是投影空间的二阶统计量。

性质 5:若 $\boldsymbol{A}$ 与 $\boldsymbol{B}$ 相互独立,则 $V_\sigma(\boldsymbol{A},\boldsymbol{B})=\langle E[\boldsymbol{\Phi}(\boldsymbol{A})],E[\boldsymbol{\Phi}(\boldsymbol{B})]\rangle_F$,其中 $\boldsymbol{\Phi}(\cdot)$ 表示一个从原始样本空间投影到希尔伯特空间的非线性映射。

从定义式(5-25)可以发现,两个向量的相关性越强,相关熵越大;反之,相关熵越小。将两个向量 $\boldsymbol{A}=[A_1,A_2,\cdots,A_D]^{\mathrm{T}}$ 与 $\boldsymbol{B}=[B_1,B_2,\cdots,B_D]^{\mathrm{T}}$ 的相关熵最大化:

$$\max \frac{1}{D}\sum_{j=1}^{D} g(A_j - B_j) \tag{5-26}$$

式(5-26)即为最大化相关熵准则(Maximum Correntropy Criterion,MCC)。MCC能够更好地训练含有大量噪声的奇异样本,对于线性和非线性回归问题均有很好的鲁棒性。

**2. 基于相关熵协作表示的通信辐射源个体识别算法**

通信辐射源信号经过特征提取获得 $m$ 类通信辐射源个体的 $n$ 个训练样本 $\{\boldsymbol{x}_k\}_{k=1}^{n}$,将 $n$ 个训练样本构造为字典 $\boldsymbol{X} = [\boldsymbol{x}_1, \boldsymbol{x}_2, \cdots, \boldsymbol{x}_k, \cdots, \boldsymbol{x}_n] \in \mathbf{R}^{D\times n}$,其中 $\boldsymbol{y} = [y_1, y_2, \cdots, y_D]^{\mathrm{T}} \in \mathbf{R}^{D}$ 表示通信辐射源测试样本。第 $i$ 类通信辐射源个体的 $n_i$ 个训练样本 $\boldsymbol{X}_i = [\boldsymbol{x}_1^i, \boldsymbol{x}_2^i, \cdots, \boldsymbol{x}_{n_i}^i] \in \mathbf{R}^{D\times n_i}$ 构成第 $i$ 个子字典,$\boldsymbol{X} = [\boldsymbol{X}_1, \boldsymbol{X}_2, \cdots, \boldsymbol{X}_i, \cdots, \boldsymbol{X}_m]$ 包含 $m$ 个子字典,其中 $\sum_{i=1}^{m} n_i = n$。

令向量 $\boldsymbol{A} = \boldsymbol{y} = [y_1, y_2, \cdots, y_j, \cdots, y_D]^{\mathrm{T}}$,其中 $y_j$ 表示通信辐射源测试样本 $\boldsymbol{y}$ 中第 $k$ 个训练样本的第 $j$ 个分量,向量 $\boldsymbol{B} = \boldsymbol{X\alpha} = \left[\sum_{k=1}^{n} x_{k1}\alpha_k, \cdots, \sum_{k=1}^{n} x_{kj}\alpha_k, \cdots, \sum_{k=1}^{n} x_{kD}\alpha_k\right]^{\mathrm{T}}$ 是通信辐射源字典 $\boldsymbol{X}$ 的一个线性表示,其中 $x_{ki}$ 表示通信辐射源字典 $\boldsymbol{X}$ 中第 $k$ 个训练样本的第 $j$ 个分量。我们希望找到协作表示系数向量 $\boldsymbol{\alpha} = [\alpha_1, \cdots, \alpha_n]^{\mathrm{T}}$,使得在满足最大化相关熵准则的前提下,$\boldsymbol{A}$ 与 $\boldsymbol{B}$ 尽可能相似,因此有基于相关熵的协作表示模型:

$$J_{\mathrm{CECR}} = \max_{\boldsymbol{\alpha}} \sum_{j=1}^{D} g\left(y_j - \sum_{k=1}^{n} x_{kj}\alpha_k\right) - \lambda \|\boldsymbol{\alpha}\|_2^2, \ \text{s. t. } \alpha_k \geqslant 0 \tag{5-27}$$

式中:$g(\cdot)$ 为高斯核函数 $g(x) = \exp\left(-\frac{\|\boldsymbol{x}\|^2}{2\sigma^2}\right)$,根据凸共轭函数的性质,对于函数 $g(x)$,存在一个共轭函数 $\varphi(\cdot)$,使得式

$$g(x) = \max_{p}\left(p\frac{\|\boldsymbol{x}\|^2}{\sigma^2} - \varphi(p)\right) \tag{5-28}$$

在 $p = -g(\boldsymbol{x})$ 时取最大值。

式(5-27)根据凸共轭函数的性质可以写成

$$\hat{J}_{\mathrm{CECR}} = \max_{\boldsymbol{\alpha},\boldsymbol{p}} \sum_{j=1}^{D}\left(p_j\left(y_j - \sum_{k=1}^{n} x_{kj}\alpha_k\right)^2 - \varphi(p_j)\right) - \lambda\sum_{k=1}^{n}\alpha_k^2, \text{s. t. } \alpha_k \geqslant 0 \tag{5-29}$$

式中:$\boldsymbol{p} = [p_1, p_2, \cdots, p_D]^{\mathrm{T}}$ 是引入的辅助变量。当固定 $\boldsymbol{\alpha}$ 时,$J_{\mathrm{CECR}}(\boldsymbol{\alpha}) = \max_{\boldsymbol{p}} \hat{J}_{\mathrm{CECR}}(\boldsymbol{\alpha}, \boldsymbol{p})$,此时,$J_{\mathrm{CECR}}$ 是向量 $\boldsymbol{\alpha}$ 的函数,因此通过 $\boldsymbol{\alpha}$ 和 $\boldsymbol{p}$ 对 $\hat{J}_{\mathrm{CECR}}(\boldsymbol{\alpha}, \boldsymbol{p})$ 进行优化时有 $\max_{\boldsymbol{\alpha}} J_{\mathrm{CECR}}(\boldsymbol{\alpha}) = \max_{\boldsymbol{\alpha},\boldsymbol{p}} \hat{J}_{\mathrm{CECR}}(\boldsymbol{\alpha}, \boldsymbol{p})$。

同样,根据凸共轭函数的性质,在对 $J_{\mathrm{CECR}}$ 进行最大化求解时,某一局部最大值

$(\boldsymbol{\alpha},\boldsymbol{p})$ 可以通过迭代公式进行计算,即

$$p_j^{t+1} = -g(y_j - \sum_{k=1}^{n} x_{kj}\alpha_k^t) \tag{5-30}$$

$$\boldsymbol{\alpha}^{t+1} = \underset{\boldsymbol{\alpha}}{\operatorname{argmax}}\ (\boldsymbol{y} - \boldsymbol{X\alpha})^{\mathrm{T}}\operatorname{diag}(\boldsymbol{p})(\boldsymbol{y} - \boldsymbol{X\alpha}) - \lambda\sum_{k=1}^{n}\alpha_k^2,\ \text{s. t. }\ \alpha_k \geqslant 0 \tag{5-31}$$

式中:$t$ 表示第 $t$ 次迭代;diag( · )表示将向量 $\boldsymbol{p}$ 转换为一个对角阵。式(5-31)表明,在计算第 $t+1$ 次的辅助变量 $p_j^{t+1}$ 之后,辅助变量 $\boldsymbol{p}$ 在优化 $\boldsymbol{\alpha}^{t+1}$ 时退化为一权重系数,从而简化了优化过程,则式(5-31)可以进一步利用二次优化问题进行求解,即

$$\min_{\boldsymbol{\alpha}}\left(\frac{\boldsymbol{\lambda}}{2} - \hat{\boldsymbol{X}}^{\mathrm{T}}\hat{\boldsymbol{y}}\right)^{\mathrm{T}}\boldsymbol{\alpha} + \frac{1}{2}\boldsymbol{\alpha}^{\mathrm{T}}\hat{\boldsymbol{X}}^{\mathrm{T}}\hat{\boldsymbol{X}}\boldsymbol{\alpha},\ \textbf{s. t.}\ \boldsymbol{\alpha}_k \geqslant 0 \tag{5-32}$$

由于式(5-32)中的 $\hat{\boldsymbol{X}}^{\mathrm{T}}\hat{\boldsymbol{X}}$ 为正定阵,因此该二次优化问题是凸优化问题。基于 Karush-Kuhn Tucker (KKT)优化条件[84],式(5-32)可以转化成单调的线性互补问题(Linear Complementary Problem, LCP),即

$$\boldsymbol{\beta} = (\hat{\boldsymbol{X}}^{\mathrm{T}}\hat{\boldsymbol{X}} + \lambda)\boldsymbol{\alpha} - \hat{\boldsymbol{X}}^{\mathrm{T}}\hat{\boldsymbol{y}},\ \text{s. t. }\ \boldsymbol{\beta} \geqslant 0,\ \boldsymbol{\alpha} \geqslant 0,\ \boldsymbol{\alpha}^{\mathrm{T}}\boldsymbol{\beta} = 0 \tag{5-33}$$

式中:$\hat{\boldsymbol{X}} = \operatorname{diag}(\sqrt{-\boldsymbol{p}^{t+1}})\boldsymbol{X}$,$\hat{\boldsymbol{y}} = \operatorname{diag}(\sqrt{-\boldsymbol{p}^{t+1}})\boldsymbol{y}$ 。

对于式(5-33)中的单调线性互补问题,根据有效集算法[86],令 $\boldsymbol{F}$ 和 $\boldsymbol{G}$ 分别代表有效集和非有效集,且 $\boldsymbol{F} \cup \boldsymbol{G} = \{1,2,\cdots,\boldsymbol{n}\}$,$\boldsymbol{F} \cap \boldsymbol{G} = \phi$,则 $\hat{\boldsymbol{X}} = [\hat{\boldsymbol{X}}_F, \hat{\boldsymbol{X}}_G]$,其中,$\hat{\boldsymbol{X}}_F \in \boldsymbol{R}^{D\times|F|}$,$\hat{\boldsymbol{X}}_G \in \mathbf{R}^{D\times|\boldsymbol{G}|}$,$|\boldsymbol{F}|$ 和 $|\boldsymbol{G}|$ 分别代表向量 $\boldsymbol{F}$ 和 $\boldsymbol{G}$ 的长度,式(5-33)进一步转化为

$$\begin{bmatrix}\boldsymbol{\beta}_F\\ \boldsymbol{\beta}_G\end{bmatrix} = \begin{bmatrix}\hat{\boldsymbol{X}}_F^{\mathrm{T}}\hat{\boldsymbol{X}}_F & \hat{\boldsymbol{X}}_F^{\mathrm{T}}\hat{\boldsymbol{X}}_G\\ \hat{\boldsymbol{X}}_G^{\mathrm{T}}\hat{\boldsymbol{X}}_F & \hat{\boldsymbol{X}}_G^{\mathrm{T}}\hat{\boldsymbol{X}}_G\end{bmatrix}\begin{bmatrix}\boldsymbol{\alpha}_F\\ \boldsymbol{\alpha}_G\end{bmatrix} - \begin{bmatrix}\hat{\boldsymbol{X}}_F^{\mathrm{T}}\hat{\boldsymbol{y}}\\ \hat{\boldsymbol{X}}_G^{\mathrm{T}}\hat{\boldsymbol{y}}\end{bmatrix} + \lambda\begin{bmatrix}\boldsymbol{\alpha}_F\\ \boldsymbol{\alpha}_G\end{bmatrix} \tag{5-34}$$

式中:$\boldsymbol{\alpha}_F, \boldsymbol{\beta}_F \in \boldsymbol{R}^{|F|}$,$\boldsymbol{\alpha}_G, \boldsymbol{\beta}_G \in \mathbf{R}^{|G|}$,$\boldsymbol{\alpha} = (\boldsymbol{\alpha}_F, \boldsymbol{\alpha}_G)$ 以及 $\boldsymbol{\beta} = (\boldsymbol{\beta}_F, \boldsymbol{\beta}_G)$,$\boldsymbol{\alpha}_F$ 和 $\boldsymbol{\beta}_G$ 的计算公式如下:

$$\hat{\boldsymbol{\alpha}}_F = \min_{\boldsymbol{\alpha}_F \in \boldsymbol{R}^{|F|}} \|\hat{\boldsymbol{X}}_F\boldsymbol{\alpha}_F - \hat{\boldsymbol{y}}\|_2^2 + \lambda\|\boldsymbol{\alpha}_F\|_2^2 \tag{5-35}$$

$$\boldsymbol{\beta}_G = \hat{\boldsymbol{X}}_G^{\mathrm{T}}(\hat{\boldsymbol{X}}_F\boldsymbol{\alpha}_F - \hat{\boldsymbol{y}}) \tag{5-36}$$

最终,通过对 $\boldsymbol{\alpha}_F$ 和 $\boldsymbol{\beta}_G$ 进行迭代求解,算法得到的解为 $\boldsymbol{\alpha} = (\boldsymbol{\alpha}_F, 0)$ 和 $\boldsymbol{\beta} = (0, \boldsymbol{\beta}_G)$ 。在基于相关熵的协作表示模型中,核宽度参数 $\sigma^2$ 可以写成:

$$\sigma^2 = \frac{\theta}{2D}(\boldsymbol{X}_F\boldsymbol{\alpha}_F - \boldsymbol{y})^{\mathrm{T}}(\boldsymbol{X}_F\boldsymbol{\alpha}_F - \boldsymbol{y}) \tag{5-37}$$

式中:$\theta$ 为控制噪声的常数。为简化优化问题,本节实验中的相关数值计算均在 $\theta$ 为 1 的条件下进行。

求解基于相关熵的协作表示模型的有效集算法步骤下:经过步骤 1 初始化之

后，通过步骤 2 进行算法判决。对于确定的 $\boldsymbol{p}^t$ ，分别由步骤 3 和步骤 4 对目标函数的 $\boldsymbol{\alpha}$ 和 $\boldsymbol{\beta}$ 进行更新，步骤 5 计算第 $t+1$ 次迭代中的辅助变量 $\boldsymbol{p}^{t+1}$ 和核宽度参数 $\sigma$ 。该算法不断最大化目标函数式(5-29)，直至其收敛，得到最终的表示系数 $\boldsymbol{\alpha}$ 。

步骤 1：输入 $\boldsymbol{X}, y, \boldsymbol{p}^1 = -1, \boldsymbol{F} = \phi, \boldsymbol{G} = \{1, 2, \cdots, n\}, \boldsymbol{\alpha} = 0, \boldsymbol{\beta} = -\boldsymbol{X}^{\mathrm{T}}\boldsymbol{y}$ ，计算 $\hat{\boldsymbol{X}} = \mathbf{diag}(\sqrt{-\boldsymbol{p}^t})\boldsymbol{X}$ 以及 $\hat{\boldsymbol{y}} = \mathrm{diag}(\sqrt{-\boldsymbol{p}^t})\boldsymbol{y}$ 。

步骤 2：计算 $r = \mathrm{argmin}\{\boldsymbol{\beta}_k : k \in \boldsymbol{G}\}$ 。如果 $\beta_r < 0$，令 $\boldsymbol{F} = \boldsymbol{F} \cup r, \boldsymbol{G} = \boldsymbol{G} - r$ ；否则，停止算法：$\boldsymbol{\alpha}^* = \boldsymbol{\alpha}$ 即为最优解。

步骤 3：通过式(5-35)计算 $\overline{\alpha}_F$ 。如果 $\overline{\boldsymbol{\alpha}}_F \geqslant 0$，令 $\boldsymbol{\alpha}^t = (\overline{\boldsymbol{\alpha}}_F, 0)$ 转至步骤 4；否则令 $r$ 具有以下性质：

$$\eta = \frac{-\alpha_r}{\overline{\alpha}_r - \alpha_r} = \min\left\{\frac{-\alpha_k}{\overline{\alpha}_k - \alpha_k} : k \in F \text{ 和 } \overline{\alpha}_k < 0\right\}$$

且令 $\boldsymbol{\alpha}^t = ((1-\eta)\boldsymbol{\alpha}_F + \eta\overline{\boldsymbol{\alpha}}_F, 0), \boldsymbol{F} = \boldsymbol{F} - r, \boldsymbol{G} = \boldsymbol{G} \cup r$ 。返回步骤 3。

步骤 4：根据式(5-33)计算 $\boldsymbol{\beta}$ 。

步骤 5：分别根据式(5-30)和式(5-37)更新辅助向量 $\boldsymbol{p}^{t+1}$ 和核宽度参数 $\sigma$ ，并返回步骤 1，输出 $\boldsymbol{\alpha}$ 。

CECR 模型通过最大化相关熵准则使得测试样本 $\boldsymbol{y}$ 获得了关于通信辐射源字典 $\boldsymbol{X}$ 的更加鲁棒的协作表示系数 $\boldsymbol{\alpha}$ 。

在分类识别时，为了防止错误类别产生较大的系数造成错误的分类结果，根据第 3 章协作表示分类器的设计思想，构造基于“重构残差+系数向量”分类原则的分类残差：

$$\boldsymbol{r}_i(y) = \frac{g_1(\|\boldsymbol{y} - \boldsymbol{X}_i\boldsymbol{\alpha}_i\|_2)}{g_2(\|\boldsymbol{\alpha}_i\|_2)}, \qquad i = 1, 2, \cdots, m \tag{5-38}$$

式中：$\boldsymbol{\alpha}_i$ 表示 $\boldsymbol{\alpha}$ 中属于与第 $i$ 类别训练样本相关的系数向量，高斯核函数 $g_1(\cdot)$ 和 $g_2(\cdot)$ 中的两个核宽度参数 $\sigma_1^2$ 和 $\sigma_2^2$ 分别计算如下：

$$\sigma_1^2 = \frac{\theta_1}{2m}\sum_i^m \|\boldsymbol{y} - \boldsymbol{X}_i\boldsymbol{\alpha}_i\|_2^2 \tag{5-39}$$

$$\sigma_2^2 = \frac{\theta_2}{2m}\sum_i^m \|\boldsymbol{\alpha}_i\|_2^2 \tag{5-40}$$

在实验中，式(5-39)和式(5-40)中的参数 $\theta_1$ 和 $\theta_2$ 均设为 1，并在 4.3 节通过实验验证了算法对参数 $\theta_1$ 和 $\theta_2$ 的稳定性。

通过式(5-38)，得到每类通信辐射源对测试样本的分类残差，由于高斯函数为减函数，构造分类器模型为

$$\mathrm{class}(\boldsymbol{y}) = \underset{i}{\mathrm{argmax}}\, \boldsymbol{r}_i(\boldsymbol{y}), \qquad i = 1, 2, \cdots, m \tag{5-41}$$

上述分类器称为相关熵协作表示分类器。

基于相关熵协作表示的通信辐射源个体识别算法针对通信辐射源个体识别存

在的噪声干扰问题，在协作表示的基础上，通过相关熵模型消除通信辐射源细微特征中的非高斯噪声影响，获得包含判别信息的表示系数，并构造相关熵协作表示分类器，对未知类别属性的通信辐射源信号进行分类识别。其流程如图 5-14 所示，算法主要步骤如下。

步骤 1：由训练样本信号 $\{r_k(q)\}_{q=0}^{Q-1}, k = 1,2,\cdots,n$ ，测试样本信号 $r(q)$ 和参数 $\theta = \theta_1 = \theta_2 = 1$，分别计算通信辐射源训练样本和测试样本特征 $\boldsymbol{X}$ 和 $\boldsymbol{y}$ 。

步骤 2：根据有效集算法计算表示系数 $\boldsymbol{\alpha}$ 。

步骤 3：根据式(5-38)计算分类残差 $\boldsymbol{r}_i(\boldsymbol{y})$ 。

步骤 4：根据式(5-41)将最小残差对应的样本类别作为测试样本类别 $\mathrm{class}(\boldsymbol{y})$ 。

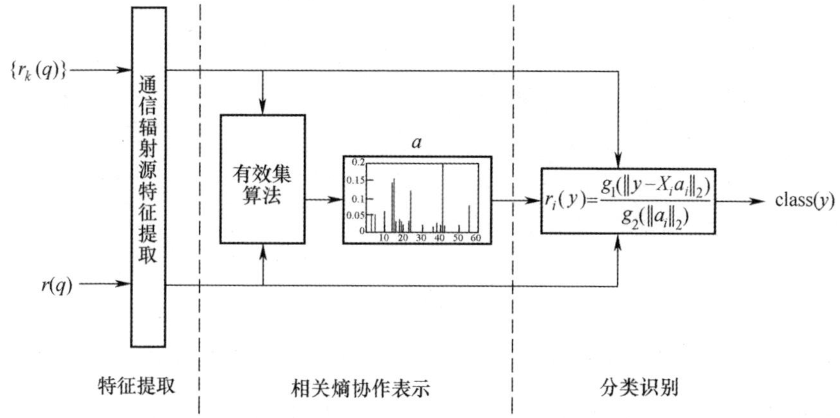


图 5-14　基于相关熵协作表示的通信辐射源个体识别流程

### 5.4.2　实验结果与分析

为了评估基于相关熵协作表示的通信辐射源个体识别方法的可行性和有效性，本节同样在 3 个通信电台数据集上进行实验，将提出的方法(CECR)与最近邻分类器(NN)、采用高斯核的支持向量机分类器(SVM)以及协作表示分类器(CRC)进行实验比较。

对“某”手持式 FM 电台数据集进行训练样本集与测试样本集划分，得到 8 个实验 $E_{18}, E_{27}, \cdots, E_{81}$，4 种分类识别方法的 20 次实验平均识别率如表 5-3 和图 5-15 所示。

可以发现，CECR 方法除在实验 $E_{27}$ 和 $E_{72}$ 时识别效果出现轻微的下降外，在其他实验中均能够得到最高的识别率，当训练样本个数大于 20 时，CECR 方法识别率均在 70%以上；在不同的实验中，随着训练样本的增多，除了 SVM 方法的识别效果变化较小，其他 3 种方法的识别性能均得到相应的提升。

表 5-3　NN、SVM、CRC 和 CECR 方法在“某”手持式 FM 电台数据集上取不同训练样本个数时的平均识别率　　单位:%

| 实验 | $E_{18}$ | $E_{27}$ | $E_{36}$ | $E_{45}$ | $E_{54}$ | $E_{63}$ | $E_{72}$ | $E_{81}$ |
|---|---|---|---|---|---|---|---|---|
| NN | 46.00 | 56.43 | 65.25 | 70.20 | 79.63 | 80.17 | 84.00 | 85.50 |
| SVM | 46.00 | 48.86 | 52.92 | 52.80 | 55.13 | 56.17 | 54.50 | 55.00 |
| CRC | 47.00 | 62.71 | 71.42 | 77.80 | 86.83 | 87.50 | 89.50 | 90.50 |
| CECR | 47.94 | 62.22 | 76.37 | 79.98 | 88.63 | 88.50 | 89.25 | 92.00 |

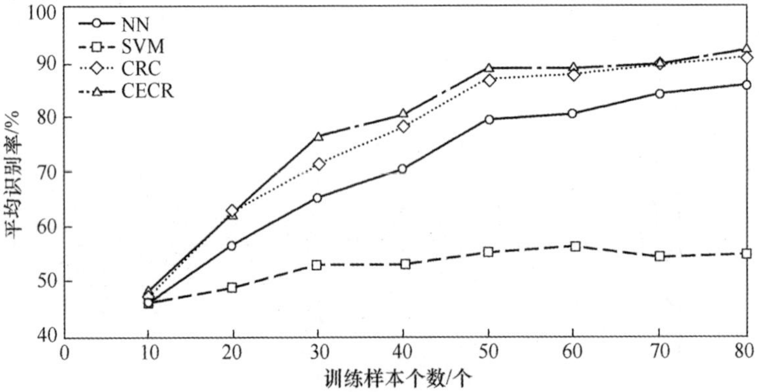


图 5-15　4 种分类识别方法在“某”手持式 FM 电台数据集上的平均识别率变化曲线

实验结果表明：CECR 方法在大多数实验条件下能够得到最优的分类识别结果，其主要原因在于：一是 CECR 方法通过相关熵模型消除了通信辐射源特征空间中的非高斯噪声影响；二是 CECR 方法通过 $l_2$ 范数削弱了稀疏约束，使得较多的训练样本参与表示，提高了表示精度；三是 CECR 方法通过“重构残差+系数向量”分类原则保证了分类的鲁棒性，从而获得了较好的分类识别结果。

# 第 6 章　基于浅层学习的通信辐射源个体识别

## 6.1 引　言

如第 1 章所述,机器学习的发展分为两个部分,即浅层学习(Shallow Learning)和深度学习(Deep Learning)。浅层学习是相对于深度学习而言的,浅层模型具有较低的模型层数,浅层学习起源于 20 世纪 20 年代人工神经网络的反向传播算法(Back-propagation),使得基于统计的机器学习算法大行其道,虽然这时的人工神经网络算法也称为多层感知机(Multiple Layer Perception),但由于多层网络训练困难,通常都是只有一层隐含层的浅层模型,其仍然属于浅层学习的范畴。浅层学习重视的是数据之间的可区分性,其方法主要有逻辑回归(Logistic Regression, LR)、支持向量机、Boosting、最大熵方法等,目前应用最成功的当属 SVM,其可以看作是一个单层的神经网络。

神经网络研究领域领军者 Hinton 在 2006 年提出了神经网络深度学习算法[51],使神经网络的能力大大提高,向支持向量机发出挑战。深度学习是一种深度神经网络,网络模型层数一般有两层或者更多,通过组合低层特征形成更加抽象的高层特征,以发现数据的分布和属性。深度学习重视的是数据之间的深层关联性,其方法主要有卷积神经网络(Convolutional Neural Network,CNN )、自编码机(Autoencoder, AE)、受限玻耳兹曼机 (Restrict Boltzmann Machine,RBM)等,目前研究最广泛、应用最成功的当属 CNN。自深度学习在图像识别领域取得了巨大成功之后,深度学习的潮流逐渐影响计算机视觉的各个领域(语音、文字等),也相应地取得了一些突破性的成果。深度学习追求的是 End-to-end 的学习,甚至可以说深度学习几乎是唯一的 End-to-end 机器学习系统。训练过程中无须人工提取特征。深度多层网络利于学习到更抽象的特征等,且在大数据的情况下效果提升明显。深度学习开启了人工领域知识驱动(Knowledge Driven )向数据驱动(Data Driven)的转化。

但与此同时,深度学习也有不足之处:

(1) 需要大量的数据用于训练,在数据不足的情况下,深度网络容易欠拟合。

(2) 模型复杂,计算量大;参数过多,训练时间较久。

(3) 深度学习过程中不过多依赖人工参与提取特征,这是其优点也恰是其不足之处。

从宏观角度来说,深度学习是一种平均模型思想的体现,缺乏先验知识的引导。

另外,浅层学习的优点在于:

(1) 在样本数量较少的情况下依然可以获得较好的学习效果。

(2) 浅层模型相比深度模型简单,计算量小;参数较少,训练时间较短。

(3) 采取人工提取特征的方式,通过合理降维,可以有针对地训练。

其实,深度学习和浅层学习没有绝对的孰优孰劣,而是要在特定的应用场合选择最合适的学习方式。基于此,本章首先研究基于浅层学习的辐射源个体识别。

径向基函数(Radial Basis Function,RBF)神经网络、支持向量机都是典型的浅层学习模型,具有神经网络识别模型的大部分优点,并在学习时间和全局最优等方面的缺陷相对较弱,本章将 RBF 神经网络和支持向量机引入通信辐射源个体识别中,分别介绍基于径向基函数神经网络(Radial Basis Function Neural Network,RBFNN)阵列网络结构和半监督学习支持向量机的通信辐射源个体识别方法。

## 6.2 基于径向基函数神经网络的通信辐射源个体识别

### 6.2.1 径向基函数及网络模型

径向基函数神经网络是一种应用相当广泛的神经网络模型。径向基函数是 Powell 针对多变量插值提出的,即寻求一类 $R^n \to R^1$ 的映射函数,使之满足插值条件,即

$$F(X_i) = d_i, i = 1,2,\cdots,N \tag{6-1}$$

式中:$X_i(i=1,2,\cdots,N)$ 为 $n$ 维空间中 $N$ 个不同点组成的点集;$d_i$ 为与点集元素相对应的一维实值。在 RBF 方法中,$F$ 的形式为

$$F(X) = \sum_{i=1}^{N} w_i \varphi(\| X - X_i \|) \tag{6-2}$$

式中:$\varphi(\| X - X_i \|)$ 为径向基函数,$\| \bullet \|$ 表示欧氏范数。

RBFNN 网络拓扑结构如图 6-1 所示,它是两层前向网络。网络中的输入节点、隐含节点和输出节点分别为 $N$、$L$、$M$ 。$M$、$N$ 同实际问题的输出维数和输入维数一致,而 $L$ 必须通过适宜的方法确定。由于输入层与隐含层连接权值为 1,所以输入矢量无改变地送入每个隐层单元,每个隐层单元的作用相当于对输入模式进行一次变换,将低维的模式输入数据变换到高维空间中,以利于输出层进行分类识别。隐含层的变换作用实际上也可以看作对输入数据进行特征提取。隐单元的激活函数就是径向基函数,它可有多种形式,理论已经证明,激活函数的形式对网络性能影响不大,本书选用高斯(Gause)基函数,即

$$\varphi(v) = \exp\left(-\frac{v^2}{2\sigma^2}\right), \sigma > 0, v \geqslant 0 \tag{6-3}$$

则其第 $i$ 个隐单元对应的输出利用高斯函数表示为

$$z_i(t) = K|\boldsymbol{x}(t) - \boldsymbol{s}_i| = \exp(-\frac{\sum_{j=1}^{N} x_j(t) - s_{ij}}{2\boldsymbol{\alpha}_i^2}) \ , \ 1 \leqslant i \leqslant L \tag{6-4}$$

式中：$\boldsymbol{z}_i(t)$ 为第 $i$ 个隐单元的输出（即径向基函数）；$\boldsymbol{x}(t)$ 为第 $t$ 个输入模式矢量；$\boldsymbol{s}_i$ 为隐含层中第 $i$ 个单元的变换中心矢量；$\boldsymbol{\sigma}_i$ 为对应第 $i$ 个中心矢量的控制参数（也称为形状参数）。

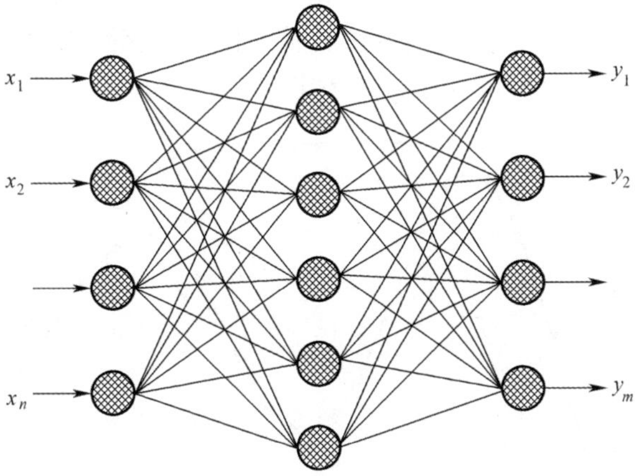


图 6-1　RBFNN 网络拓扑结构

RBFNN 的输出层节点为线性处理单元。其第 $j$ 个单元对应的输出为

$$y_j(t) = \sum_{i=1}^{L} \boldsymbol{w}_{ji}(k)\boldsymbol{z}_i(t) + \theta_j(t) \tag{6-5}$$

$$\sum_{i=0}^{L} \boldsymbol{w}_{ji}(k)\boldsymbol{z}_i(t) = \boldsymbol{z}^{\mathrm{T}}(t)\ \boldsymbol{w}_j(k),\ 1 \leqslant j \leqslant M \tag{6-6}$$

其中

$$w_{j0} = \theta_j(k)$$

$$z_0(t) = 1$$

$$\boldsymbol{w}_j(k) = [\,w_{j0}(k), w_{j1}(k), \cdots, w_{jM}(k)\,]^{\mathrm{T}}$$

$$\boldsymbol{z}(t) = [\,z_0(t), z_1(t), \cdots, z_M(t)\,]^{\mathrm{T}}$$

神经网络可以有各种分类方法。从网络的结构而言，神经网络可分为前馈神经网络和反馈神经网络。从神经网络的函数逼近功能角度，神经网络可分为全局逼近神经网络和局部逼近神经网络。如果网络的一个或多个权值或自适应可调参数在输入空间的每一点对任何一个输出都有影响，则称神经网络为全局逼近神经网络，多层前馈网络是全局逼近网络的典型例子。对于每个输入输出对，网络的每一个权值均需要调整，从而导致全局逼近网络学习速度很慢。这个缺点在工程应用中是不能忽视的。若对输入空间的某个局部区域，只有少数几个权值需要进行

调整,则称网络为局部逼近网络。对于每个输入输出对,只有少量的权值需要进行调整,从而使局部逼近网络具有学习速度快的优点。径向基函数神经网络是一种典型的局部逼近神经网络。BP 网络用于函数逼近时,权值的调整是用梯度下降法,存在局部极小和收敛速度慢等缺点。而 RBFNN 在逼近能力、分类能力和学习速度等方面均优于 BP 网络。

为了对比分析几种神经网络的性能,以图 6-2 所示的待逼近函数为例, 采用径向基函数神经网络、BP 网络以及改进 BP 网络进行函数逼近实验,训练结果如表 6-1 所列,通过比较分析发现,径向基函数神经网络在函数逼近方面有相对于 BP 网络等其他神经网络识别模型很强的优越性。

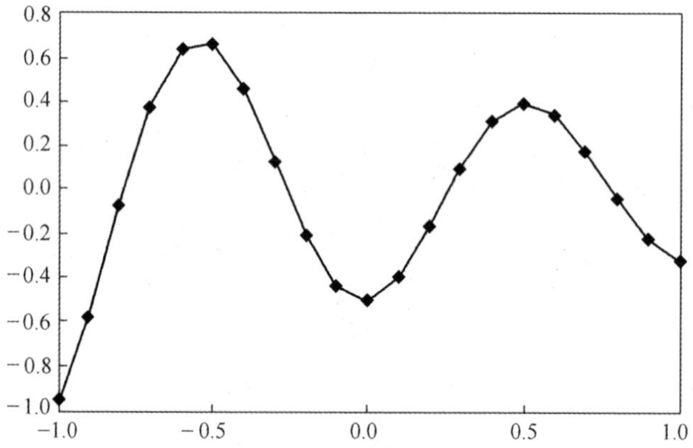


图 6-2　待逼近函数示意图

表 6-1　函数逼近网络性能表

| 网络类型 | 时间/s | 训练步数 |
| --- | --- | --- |
| BP 网络 | 259. 1 | 4123 |
| 采用快速 BP 算法的前向网络 | 42. 4 | 570 |
| 采用 L-M 算法的前向网络 | 3. 3 | 5 |
| 径向基函数网络 | 1. 9 | 5 |

### 6. 2. 2　RBFNN 的学习算法

径向基函数神经网络(RBFNN)的训练算法有很多种,如 Moody 和 Darken 提出的自适应 K-均值和 LMS 算法,Chen 等提出的正交最小二乘算法(Orthogonal Least Square,OLS)、递推混合算法(Recursive Hybrid Algorithm,RHA)、势 RBF 网络,双正交 RBF 网络(Dual-orthogonal RBF Networks)等,本书拟采用的是 RLS-GD 自适应联合算法。

在 RBFNN 模型中,输出端节点是线性的,隐单元传输函数称为中心对称的"感受野(Receptive Field)”。这种网络的隐含层单元执行的是将输入样本空间映射到高维的径向基函数空间的一种非线性变换。当样本数量比较小时,隐单元的数量可以确定为训练样本数量,这样并不会对网络性能有太大影响,但在大多数实际应用中,问题对象来自庞大的样本空间,所以隐单元数量和每个隐含层单元的变换中心矢量必须使用自适应学习的办法来选择。同时 $\sigma_i$ 表示感受野的“视野”宽度大小,从拓扑学上来说,它影响感受野空间的拓扑分布。所以,$\boldsymbol{\sigma}_i$ 的取值大小将无疑影响分类器的性能,甚至会影响网络的收敛速度。使用的“感受野”形状参数也需要根据对象的特点自适应地选择。此外,输出层节点是隐层节点输出的加权线性组合,所以隐层至输出层的连接权矩阵也需要学习调整。综上所述,$\boldsymbol{s}_i$,$\boldsymbol{\sigma}_i$,$\boldsymbol{w}_{ji}$ 需要通过人工神经网络的学习规则训练来确定,因此网络模型训练需要分为 3 步来实现。

**1. 确定径向基函数的中心**

首先,对于隐含层单元的变换中心矢量的确定,为了尽可能均匀地对输入样本数据抽样,在数据点密集处 $s_i$ 也密集,本书采用 K-均值聚类法,这是一种无监督学习算法,此方法不仅简单而且性能良好,具体如下:

(1) 基函数中心 $\boldsymbol{s}_i(0)$,$i=1,2,\cdots,M$ 初始化。通常将基函数中心的初始值置为最初的 $L$ 个训练样本值。

(2) 将所有样本模式按照最近的基函数中心 $\boldsymbol{s}_i$ 分组,对每个基函数中心 $\boldsymbol{s}_i$ 及所有样本模式 $\boldsymbol{x}(t)=(x_1(t),x_2(t),\cdots,x_N(t))^{\mathrm{T}}$ 满足 $\min\|\boldsymbol{x}(t)-\boldsymbol{s}_i\|$ 时的 $\boldsymbol{x}(t)$ 属于 $\boldsymbol{s}_i$ 的子样本集 $c_i$。

(3) 重新计算 $\boldsymbol{s}_i$,$\boldsymbol{s}_i=\dfrac{1}{N_i}\sum\limits_{t\in c_i}\boldsymbol{x}(t)$,式中:$N_i$ 是子样本集 $c_i$ 中的样本模式数量。

(4) 若基函数中心 $\boldsymbol{s}_i$ 不再发生变化,则停止训练,其基函数中心 $\boldsymbol{s}_i$ 的稳定值即为所求,否则转向(2)重新计算 $\boldsymbol{s}_i$,直到稳定为止。

**2. 确定径向基函数形状参数**

形状参数 $\boldsymbol{\sigma}_i$ 可以采用自适应梯度下降迭代方法进行选择。基函数中心 $\boldsymbol{s}_i$ 训练完成以后,首先确定形状参数 $\boldsymbol{\sigma}_i$ 的初始值,它们表示与每个中心相联系的子样本集中样本散布的一个测度,令它们等于基函数中心与子样本集中样本模式之间的平均距离,即

$$\boldsymbol{\sigma}_i=\sqrt{\frac{1}{N_i}\sum_{x(t)\in c_i}\sum_{j=1}^{N}(x_j(t)-c_{ij})^2} \tag{6-7}$$

定义网络在第 $k$ 个迭代时刻的加权误差目标函数为

$$J(k)=\frac{1}{2}\sum_{t=1}^{k}\lambda^{k-t}\sum_{j=1}^{M}\boldsymbol{\varepsilon}_j^2(t)=\frac{1}{2}\sum_{t=1}^{k}\lambda^{k-t}\sum_{j=1}^{M}(\boldsymbol{d}_j(t)-\boldsymbol{y}_j(t))^2 \tag{6-8}$$

式中:$\lambda$ 为加权遗忘因子,其作用是将过样本对当前估值的影响逐渐遗忘掉,使所估计的参数尽量反映当前时刻样本的特性,通常 $\lambda$ 的取值范围为 $0<\lambda<1$;$t$ 为

输入模式矢量的次数标记；$\boldsymbol{\varepsilon}_j(t)$ 为输出层第 $j$ 个节点在第 $t$ 个模式输入时对应的误差信号；$\boldsymbol{d}_j(t)$ 为输出层第 $j$ 个节点在第 $t$ 个模式输入时对应的期望输出；$\boldsymbol{y}_j(t)$ 为输出层第 $j$ 个节点在第 $t$ 个模式输入时的实际输出。

通过负梯度计算求得形状参数 $\boldsymbol{\sigma}_i$ 的迭代公式为

$$\boldsymbol{\sigma}_i(k)=\boldsymbol{\sigma}_i(k-1)+\eta\boldsymbol{\delta}_i(k)+\zeta(\boldsymbol{\sigma}_i(k-1)-\boldsymbol{\sigma}_i(k-2)) \tag{6-9}$$

式中：$\eta$ 为学习步长（通常取值为 $0<\eta<0.1$）；$\zeta$ 为动量因子（通常取值为 $0<\zeta<0.001$）。

**3. 隐含层至输出层的权值训练**

对于 RBFNN 网络连接权矢量学习，本书选用 RLS-BP 迭代算法，步骤如下：

（1）给定初始权矢量 $\hat{\boldsymbol{w}}_i(0)\,(1\leqslant i\leqslant M)$，逆相关矩阵初始值 $\hat{P}(0)$，高斯形状参数 $\boldsymbol{\sigma}_i$，误差能量迭代终止值 $\varepsilon$。

（2）迭代开始，$k=1$。

（3）分别计算卡尔曼增益矢量 $\boldsymbol{g}(k)$ 与训练样本逆相关矩阵 $\boldsymbol{P}(k)$ 的值，即

$$\boldsymbol{g}(k)=\frac{\boldsymbol{P}(k-1)\boldsymbol{x}(k)}{\lambda+\boldsymbol{x}^{\mathrm{T}}(k)\boldsymbol{P}(k-1)\boldsymbol{x}(k)}$$

$$\boldsymbol{P}(k)=\frac{1}{\lambda}[\boldsymbol{P}(k-1)-\boldsymbol{g}(k)\boldsymbol{x}^{\mathrm{T}}(k)\boldsymbol{P}(k-1)]$$

（4）计算输出端每个节点对应的误差信号：

$$\boldsymbol{\varepsilon}_i(k)=\boldsymbol{d}_i(k)-\boldsymbol{z}^{\mathrm{T}}(k)\hat{\boldsymbol{w}}_i(k-1),1\leqslant i\leqslant M$$

（5）计算更新得到的连接权矢量 $\hat{\boldsymbol{w}}_i(k)\,(1\leqslant i\leqslant M)$ 的值：

$$\hat{\boldsymbol{w}}_i(k)=\hat{\boldsymbol{w}}_i(k-1)+\boldsymbol{g}(k)[\boldsymbol{d}_i(k)-\boldsymbol{x}^{\mathrm{T}}(k)\hat{\boldsymbol{w}}(k-1)]$$

（6）计算累积误差能量 $J(k)$ 的值：

$$J(k)=\lambda J(k-1)+\frac{1}{2}\sum_{j=1}^{N}[\boldsymbol{d}_j(k)-\boldsymbol{x}^{\mathrm{T}}(k)\hat{\boldsymbol{w}}_j(k-1)]^2$$

（7）若 $J(k)\geqslant\varepsilon$，则 $k=k+1$，转(3)；否则转(8)。

（8）训练结束。

网络连接权矢量的递归最小二乘（Recursive Least Squares，RLS）算法与形状参数 $\boldsymbol{\sigma}_i$ 的梯度下降自适应迭代算法结合起来，就是本书所用的 RLS-GD 自适应联合算法。

### 6.2.3 RBFNN 的阵列网络结构

在使用 RBFNN 网络进行通信辐射源“指纹”特征识别的应用中，必然面临一个这样的问题：如果使用一个网络作为分类器，当待识别的电台 $N$ 改变时，网络的结构（至少输出层神经单元个数）需要随之改变，因此需要重新对网络进行训练。另外，当 $N$ 无限增大时，将无法完成神经网络的训练。解决这一问题的方法之一是将单个大网络化成许多完成部分功能的子网络，再将各个子网络进行组合来完成

大网络的功能。L. Rudasi 等已用反向传输网络(BP 网络)分别尝试了说话人识别的两分网络(binary network)方法和神经树网络方法。本书提出的 RBFNN 神经阵列网络结构可以成功地应用到电台“指纹”特征识别研究中。它以仅完成两类模式区分的小型网络作为子网络,再将单个子网络组合成阵列形式,通过搜索算法来完成多类模式的区分,从而提高 RBFNN 识别模型的增量学习能力。

**1. 阵列网络结构**

当待识别电台数目较大时,训练时间成为制约 RBFNN 识别模型的主要问题,因此应设法将多电台分解为少电台的组合,这就引入了子网络集问题。子网络集类似分级判决问题。由于神经网络在分类数目小时性能较好,我们期望网络尽可能小,在极限情况下,网络的分类数为 2,因而将 $N$ 个电台两两组合,作为一个子神经网络,该网络仅完成两个电台间的识别。两两分组后,用于 $N$ 个电台识别的一个大网络被分成了 $C_N^2 = N(N-1)/2$ 个子网络,采用子网络后,当 $N$ 增加时,已有的子网络不需要新训练,而仅需要训练新增加的子网络。就网络总训练时间而言,研究已显示,当 $N$ 很大时($N=47$),使用 BP 子网络集方法的训练时间比单个大网络的训练时间缩短至少两个数量级。

对子网络按规律进行排列,就形成了阵列网络结构。对 $N$ 个电台,其子网络排列如图 6-3 所示,图中所有的子网络排成 $N-1$ 行和 $N-1$ 列,行号和列号分别对应电台的序号,其中最大的行号还对应待识别电台的总数,图中行与列的交叉点为该行和该列所对应的两个电台的子网络。从图中可以看到,对 $N$ 个电台的阵列网络,再增加一个电台,子网络只需要增加 $N$ 个,原来的网络并不需要改变或者重新训练。

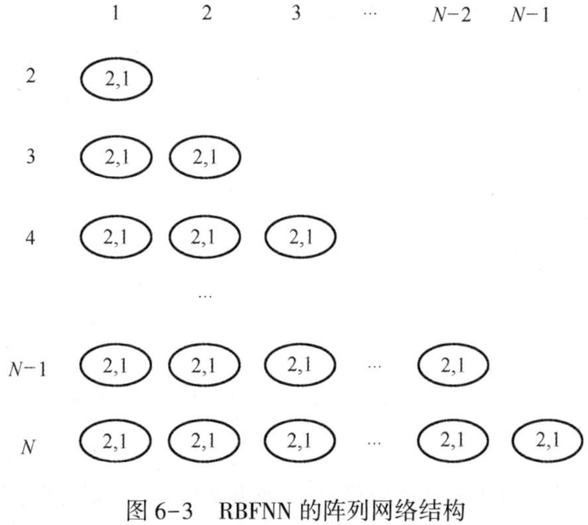


图 6-3　RBFNN 的阵列网络结构

**2. 搜索算法**

在神经网络阵列中,各子网络间的连接关系比较复杂,且子网络数远大于分类数，所以如何从各个子网络的输出结果中得出阵列网络的最终输出，也是影响网络性能的一个重要方面。这里给出该阵列网络的识别搜索算法。对于 $N$ 分类问题，该算法可从子网络集中搜索到 $N-1$ 个子网络，经 $N-1$ 次判决后得出分类结果。

由于每个子网络仅由其所在的行和所在的列分别对应的两类模式样本训练，在识别时对某一子网络做出的是模式 $A$ 而不是模式 $B$ 的判决结果，仅可理解为像模式 $A$ 而非模式 $B$。这样每个子网络虽不能确定一模式，但可排除另一模式。对图 6-3 的网络结构，从网络的顶层开始搜索，采用自上而下的搜索顺序，每排除一模式，则放弃与该模式有关的全部子网络，即放弃图 6-3 中该模式所对应的全部子网络，由于网络的每一层比上一层仅增加一个子网络，而上一层的判决结果又放弃了网络的一个列，所以当搜索到某一层时，该层已仅剩唯一一个子网络。经全部的 $N-1$ 层搜索后就可以得出分类结果。

下面以 $N$ 个电台识别为例说明这一搜索算法。在图 6-3 中，由于子网络集内与每个待识别电台相关的网络仅有 $N-1$ 个，当进行电台确认时(仅确定待识别电台是否是它所声明的序号)，显然仅判决这 $N-1$ 个网络(网络中的一个行或一个列)就已经足够了。在 $N$ 个电台识别问题(电台序号未知)中，我们无法确定与待识别电台相关的 $N-1$ 个网络，按搜索算法可选出 $N-1$ 个网络，并不能保证它们都与待识别电台相关。

假设待识别电台的序号为 $I(2<I\leqslant N)$，其所选的 $N-1$ 网络有两种：

(1) 当从行号 2 开始搜索到行号 $I$ 前，所选用的 $I-2$ 个网络都与该电台不相关，也就是说待识电台需进入与另外两个电台相关的网络，由于子网络不具备识别第三种模式的能力，子网络的输出结果很难预料。但在搜索算法中，每一子网络只需要做出一个排除决定，就上述情形而言，无论排除该两电台中的任何一个都不是错误的决定。

(2) 从行号 $I$ 开始，选出的子网络是与待识电台相关的。由于每一个网络仅需区分两个电台，经充分训练后一般不易发生分类错误。

由于以上两种情况都不会导致分类错误，故该算法可行。

### 6.2.4 RBFNN 泛化能力优化方法

RBFNN 是多层前向网络的一种，其拓扑结构为有向无环图，与多层感知器(Multi-Layer Perception，MLP)、BP 网络等都是实际工程应用最多的神经网络。多层前向网络的泛化能力是指学习后的神经网络对测试样本或工作样本做出正确反应的能力。所以，没有泛化能力的神经网络没有任何使用价值。正因为其重要性，泛化问题已成为近年来国际上十分关注的理论问题。通过研究表明，影响泛化能力的因素很多，包括神经网络的结构复杂性、训练样本的数量与质量、初始权值、学习时间、目标规则的复杂性、对目标规则的先验知识等。神经网络的结构复杂性是指神经网络的规模与容量。对线性阈值神经网络来说，是指神经网络函数类的 VC

维数,对函数逼近网络来说则可用权参数和隐节点数目来衡量,样本复杂性是指训练某一固定结构神经网络所需要的样本数。

决定泛化能力主要有两个因素:一是网络的结构;二是网络的训练程度。过分地追求在样本点上的逼近会发生过训练/过适应(Over-Training/Over-Fitting),导致网络泛化能力的减弱。本章的基本思路是:首先选择神经网络结构以保证网络的泛化能力,其次通过学习算法来避免影响泛化能力的其他因素。

**1. 泛化能力的结构优化研究**

从网络结构考虑,由于训练样本不可避免地包含误差,如果网络结构冗余,那么在网络训练的后期,这些误差就会影响整个神经网络的训练收敛方向,从而造成全局最优点的偏离并导致泛化能力的降低,即过训练。这是由于网络结构的自由度大于训练数据信息自由度造成的,而且规模冗余的网络还会导致训练陷入局部最小值。最优的网络结构选择包括并行学习法与串行修改法两种方法。

并行学习法是对不同类型、规模的多个候选网络用同样的学习样本进行并行训练,然后用独立于学习集的校验样本集比较它们的泛化性能,并选择其中最好的一个。这种方法的主要缺陷是浪费了大量的计算,常用的方法为网络委员会法与多专家的混合。

相对而言,串行修改法更为实用,为了降低计算量,串行修改法采用逐渐修改网络,最终达到最优值的方法,每次修改后无须全部重新训练,而是利用前面得到的结果继续训练。串行修改法主要包括剪枝法(Pruning)和增长法(Growing)。

常用的剪枝法可以分为5个大类:灵敏度法、惩罚项法、交互作用法、奇异值分解法、遗传算法以及其他方法。剪枝法首先训练明显冗余的网络,其次按照一定的判断规则删除“冗余”的神经元或连接,再次继续训练或直接调整其他权值,最后达到或接近网络的优化结构。剪枝法被公认为是优化网络结构、提高网络泛化能力的有效办法。但从根本上说,剪枝法还只是一种半理论、半经验的方法,不同的剪枝算法都有一些经验参数需要设定,而这本身需要一定的经验和技巧,剪枝过程中如果某项参数选择不当,达到网络最优结构之前,会停止在某个中规模的网络上陷入局部最小,无法达到剪枝的效果。因为大多数剪枝算法在设计过程中一次只改变一个节点或权,所以计算时间长是一个普遍的问题。

增长法寻优方向与剪枝法正好相反,它从一个简单模型开始不断增加神经元的连接,或由一些神经网络子模型进行组合,或按照一定的构造规则来形成神经网络,直到泛化能力满足要求为止。增长法又包括Tilling法、Upstart法、级联相关法、启发式法以及其他算法四大类型。增长法在训练过程中逐步增加结构的复杂性,但很难确定什么时候该终止增长,若对网络增长控制不当,则会造成一个规模过大的网络,出现过度拟合的现象。

由于增长法和剪枝法各有优缺点,一种可行的方法是将两种方法联合应用,即训练初始时网络规模开始增长,达到性能指标后,再进行修剪,以运算的开销换取全局最优。

**2. 训练算法中的泛化能力研究**

在对反向传播学习算法的研究中,没有指定算法使用的终止条件。通常是训练样本的输出误差 $E$ 降低到某个预先定义的阈值时网络停止训练。事实上,这不是一个好的策略,因为反向传播算法容易过度拟合训练样本,降低对于其他未训练样本的泛化精度。

在网络整个训练过程中,随着迭代次数的增加,尽管训练样本的误差持续下降,但是对于其他样本集测量到的误差却是先下降后上升。产生这种现象的原因是因为网络权值拟合了训练样本的"特异性"(Idiosyncrasy),而这个"特异性"对于样本的一般分布没有代表性。神经网络中大量的权值参数为拟合这样的"特异性"提供了很大的自由度。

过度拟合一般发生在迭代的后期。因为网络的权值是被初始化为小的随机数,使用这样几乎一样的权值仅能描述非常平滑的决策面。随着训练的进行,一些权值开始增加,以降低在训练数据上的误差,同时学习到的决策面的复杂度也在提高。于是,随着权值的调整,迭代次数增加,反向传播算法获得的假设有效复杂度也在增加。如果权值调整迭代次数足够多,反向传播算法经常会产生过度复杂的决策面,拟合了训练数据中的噪声和训练样本中没有代表性的特征,即产生过度拟合问题。

解决过度拟合问题的一个最成功的方法就是在训练数据外再为算法提供一套验证数据(Validation Data)。算法在使用训练集合进行梯度下降搜索的同时,监视对于这个验证集合的误差。这时,权值调整迭代次数应该是使得在验证集合上产生最小误差,因为这是网络性能对于未训练样本的最好情形。在这种方法的典型实现中,网络的权值被保留两份复制:一份用来训练,另一份作为目前为止性能最好的权,衡量标准是它们对于验证集合的误差。一旦训练到的权值在验证集合上的误差比保存的权值误差高,训练就被终止,并且返回保存的权值作为最终的权值。Baldi 与 Chauvin 研究表明,泛化过程可分为 3 个阶段:在第一阶段,泛化误差单调下降;在第二阶段,泛化动态较为复杂,但这一阶段的泛化误差将达到最小点;在第三阶段,泛化误差又将单调上升,并且最佳的泛化能力出现在训练误差的全局最小点出现之前,从而从理论上证明了在神经网络训练过程中,存在最优停止时间。

一般而言,过度拟合问题以及克服它的办法是一个棘手的问题。因为交叉验证方法只有在可以获得额外的数据提供验证集合时工作得最好。然而遗憾的是,过度拟合的问题对于小训练样本集合最为严重。在这种情况下,可以使用一种"k-fold交叉验证"(k-fold Cross-Validation)的方法,这种方法进行 $k$ 次不同的交叉验证,每次使用数据的不同分割作为训练集合和验证集合,然后对结果进行平均。

一种可行的方法,即首先把可供使用的 $m$ 个实例分割成 $k$ 个不相交的子集,每个子集有 $m/k$ 个样本。其次,运行 $k$ 次交叉验证过程,每一次使用不同的子集作为验证集合,并合并其他的子集作为训练样本。于是,每一个样本都会在一次迭代中被用作验证集合中的数据,在 $k-1$ 次实验中用作训练集合的数据。在每次迭代中,都使用上面讨论的交叉验证过程来决定在验证集合上取得最佳性能的迭代次数 $i$。再次计算这些 $i$ 的均值 $\bar{i}$。最后,依次进行反向传播算法,训练所有 $m$ 个样本并迭代 $\bar{i}$ 次,此时没有验证集合。通过总的迭代次数来控制网络训练。在实际应用中,这种方法是非常适应的,也是很有效的,在研究中为了进一步改善识别模型的性能,也可采用此种策略。

### 6.2.5 实验结果与分析

**1. RBFNN 识别模型实验**

为了测试所建立的 RBFNN 识别模型的识别性能,实验选用了标准 BP 算法的前向网络模型、快速 BP 算法的前向网络模型、正交最小二乘算法学习的 RBFNN 识别模型、RLS-GD 自适应联合算法的 RBFNN 识别模型来对比研究。

实验以中央人民广播电台一套节目的 3 个频点 11760kHz、13700kHz、15550kHz 的发信电台为识别对象。电台“指纹”特征参数选用由信号瞬时特征参数、调幅度参数与分形参数组成的 11 维输入矢量。工作样式为 AM 信号,在短波侦察接收机中频信号输出口以高速 A/D 采集卡进行采集,接收机带宽选择 6kHz,采样点数为 64b,采样频率为 18.604551kHz,中频频率为 1.4MHz,信号传输方式为远距离天波传播。训练样本数目为 30(每个频点选取 10 个样本),测试样本数为 60(每个频点选取 20 个样本),其训练性能与识别结果分别如表 6-2 与表 6-3 所列。

表 6-2　识别模型训练性能对比

| 识别模型 | 时间/s | 训练步数 |
|---|---|---|
| 标准 BP 算法的前向网络模型 | 3016.8 | 51263 |
| 快速 BP 算法的前向网络模型 | 800.2 | 10275 |
| 正交最小二乘算法学习的 RBFNN 识别模型 | 599.3 | 157 |
| RLS-GD 自适应联合算法的 RBFNN 识别模型 | 405.6 | 126 |

通过实验可以得出:在这 3 个频点信号的识别过程中,从识别模型结构的选择角度比较,RBFNN 网络的训练速度和识别正确率都优于 BP 网络。其中,采用RLS-GD 自适应联合算法的 RBFNN 识别模型相对其他模型而言,两方面的性能最佳。

表 6-3　识别模型识别结果对比

| 识别模型 | 11760kHz 电台/% | 13700kHz 电台/% | 15550kHz 电台/% |
|---|---|---|---|
| 标准 BP 算法的前向网络模型 | 60 | 60 | 65 |
| 快速 BP 算法的前向网络模型 | 60 | 65 | 70 |
| 正交最小二乘算法学习的 RBFNN 识别模型 | 65 | 70 | 80 |
| RLS-GD 自适应联合算法的 RBFNN 识别模型 | 75 | 80 | 80 |

**2. 实际短波通信辐射源个体识别**

1）总体设计方案

短波电台“指纹”识别的总体结构框图如图 6-4 所示。

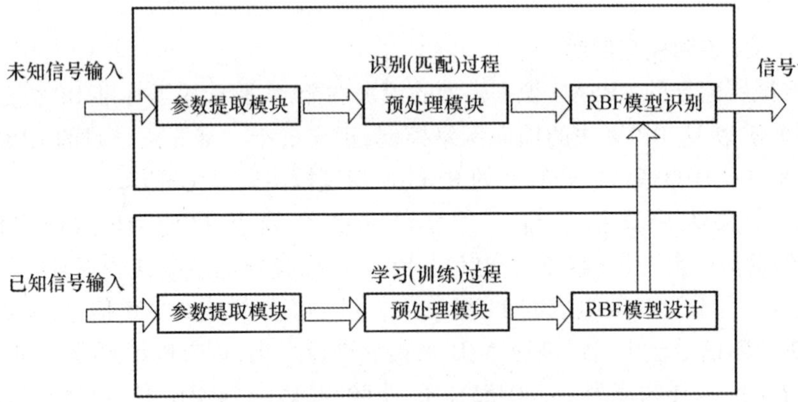


图 6-4　短波电台“指纹”识别的总体结构框图

整个结构由 3 个部分组成：第一部分为参数提取模块；第二部分为预处理模块；第三部分为 RBFNN 识别模型。

参数提取模块包括 4 个参数提取单元，分别为瞬时特征参数提取单元、分形参数提取单元、频率特性分析单元以及调制域参数提取单元。参数提取是预处理以及识别模型的基础，所以其性能将对整个识别系统的识别结果至关重要。

参数处理模块中通常的预处理方法包括消除稳态分量、幅度归一化等。此外，在“指纹”特征的参数处理模块中，更重要的是针对不同样式的信号，有效“指纹”特征的选取。

RBFNN 识别模型分为模型训练与模型识别两部分，首先以已知信号输入作为训练样本，对识别模型进行训练学习，确定网络参数。在训练完成以后，才能对输入的未知信号进行识别。

2）基于 PCA 的“指纹”特征选择

特征参数提取完成以后，参数之间或多或少地存在着相关性，RBF 分类器的性能和输出结果强烈地依赖于输入物理量的选取,神经网络可以容纳某种程度的相关性,但太多的相关性信息又会使网络的操作速度变慢,稳定性变差,结果也可能变坏。通过对原始 输入变量进行 PCA 方法重组,构造出一组相互独立的输入变量,去除原始变量中的某些相关性,可以减少输入变量的个数,改善网络的操作速度性能,具体如下:

假定有若干个目标电台产生的 $n$ 个信号样本,其中每个样本提取出 1 个特征参数,表示为 $x_{ij}^0$。其中下标 $i = 1,2,\cdots,n$ 表示 $n$ 个样本,$j = 1,2,\cdots,l$ 代表 $l$ 个参数,构成矩阵 $\boldsymbol{X}(n \times l)$。对它们的处理步骤如下:

首先计算每个特征参数的均值:

$$g_j = \frac{1}{n}\sum_{i=1}^{n} x_{ij}^0 \tag{6-10}$$

对每个特征参数去均值处理:

$$x'_{ij} = x_{ij}^0 - g_j \tag{6-11}$$

于是可得它们的方差:

$$s_j = \frac{1}{n}\sum_{i=1}^{n} x'^2_{ij} \tag{6-12}$$

对各个特征参数进行归一化,并计算它们的协方差:

$$x_{ij} = \frac{x'_{ij}}{\sqrt{s_j}} \tag{6-13}$$

$$r_{kj} = \frac{1}{n}\sum_{i=1}^{n} x_{ik}x_{ij} \tag{6-14}$$

得到以 $\boldsymbol{r}_{kj}$ 为元素的协方差矩阵 $\boldsymbol{R}(l \times l)$,它是正定阵。因而可以用矩阵 $\boldsymbol{T}$ 进行对角化:

$$\tilde{\mathrm{T}}\mathrm{RT} = \mathrm{diag}(\lambda_1,\lambda_2,\cdots,\lambda_l) \tag{6-15}$$

重新定义新的特征参数 $c_{ij}$ 为 $x_{ij}$ 的线性组合:

$$c_{ij} = \mathrm{XT} = \sum_{k=1}^{l} x_{ik}t_{kj} \tag{6-16}$$

显然此时不同特征之间的协方差为零:

$$\frac{1}{n}\sum_{i=1}^{n} c_{ik}c_{ij} = \mathrm{diag}(\lambda_1,\lambda_2,\cdots,\lambda_l) \tag{6-17}$$

因此经过变换后,它们就构成了互相正交的特征参数集合,可认为近似独立。

注意到新的特征参数仍为 1 个,其中第 $j$ 个变量的方差为 $\lambda_j$,不妨设它们是从大到小按顺序排列的,即 $\lambda_1 \geqslant \lambda_2 \geqslant \cdots \geqslant \lambda_l$。它们被成为第 $1,2,\cdots,l$ 个基本元素(Principal Components)。这些基本元素方差的大小反映了不同信号之间的差异,因此方差越大的特征参数在信号识别中就越有效。而且可以舍弃方差小的特征参数,取前 $k$ 个基本元素作为神经网络的输入,这样做并不至于损失太多的物理信息。

实验证明,若使用 PCA 方法去除输入变量之间的相关信息,则可以减少输入量的个数,降低计算量;并且抑制了训练过程中的振荡,误差函数收敛较快,因而可以减少循环次数。这在将神经网络用于在线数据获取的触发判选或硬件实现时就非常有意义,并提高了物理结果的可靠性。

3) 工程实现中的问题

(1) 信号有效采样时间的分析。

对于采样时间不同的电波,传播信道对信号载频的影响既有相同之处也有不同之处。其相同之处是噪声的影响。电台发射信号的本身就含有噪声,经信道传输后会引入更多的信道噪声,使接收机解调输入信噪比大大降低。据信号检测与估计理论,任何估计量的方差均受限于克拉美罗方差下限,即方差只能大于或等于克拉美罗下限。根据计算,频率未知信号的频率估计量的最小方差为

$$\hat{\sigma}_{\hat{\varpi}} \geqslant \left(\frac{2E}{N_0} \cdot t_d^2\right)^{-1} \tag{6-18}$$

式中:$\frac{2E}{N_0}$ 为信噪比;$t_d$ 为信号持续时间。只有被测信号的方差大于 $\hat{\sigma}_{\hat{\varpi}}$ 时,才能获得正确的频率估计量。假设 $\frac{2E}{N_0}=10$,信号的观察时间为 100ms,可以计算出 $\hat{\sigma}_{\hat{\varpi}}=10$,其标准方差为 3.3Hz。若信号载频的频率方差为 10,则测试结果是不可信的。实际应用中,为了使测频结果有高的置信度,由式(6-18)可见,应尽量在高信噪比条件下测量,并尽量增大对信号的积累监测时间。至于对信噪比和监测时间的要求,应在实际情况下,根据实验确定。

在短波天波通信中,由于多径效应会引起载波频率弥散,使单一载频变成宽带频谱,会对测频精度有影响。另外,短波天波信道中电离层的不规则随机运动引起信号随机相位起伏,由此产生的多普勒频移在 1~2Hz 范围内。如果此频移超过发射信号本身的频率偏差,就会使测量结果失去意义。因此,在实际应用中,对上述情况必须予以考虑。

(2) 信号采样速率的选取。

根据 Nyquist 采样定理,如果采用带通采样,采样速率 $f_s$ 要满足:$f_s > 2B$(其中 $B$ 为信号带宽)。采样频率的选择原则主要是从保留信息内容,避免频谱折叠角度去考虑的。而从信号“指纹”特征识别的角度来考虑,采样频率的选取一般要求尽可能高一些,如取 $f_s=(4\sim8)f_c$,其中 $f_c$ 为载波频率(中心频率),尤其是需要提取信号的相位信息时。这种选择的理由主要有:一是信号的最高频率或带宽有时往往是不确知的,尤其是在非合作通信侦收场合;二是为了实现从实信号到复解析信号的变换处理,也要求采用过采样;三是当采用模 π 计算瞬时相位时,为了确保相位非模糊,两个采样点之间的相位应该不大于 π/2,这也就要求 $f_s > 4f_{\max}$。以上 3

点总的来说要求采样率尽可能选高一些，所以按 $f_s = (4 \sim 8)f_c$ 来选择采样频率是比较合适的。

4）实际数据实验

（1）2FSK 信号电台频率特征识别实验。

测频实验采用 3 部同型号短波单边带电台发射 2FSK 信号，并采用同一数字发报机终端。分别在近距离、中距离和远距离上进行精确测频实验。在短波接收机中频口用高速 A/D 采集卡进行采样，利用复调制细化频谱分析（Zoom Fast Fourier tansform，ZFFT）方法提取 2FSK 信号频域特征。为了精确测量频率，采用谱峰重心所处的位置计算 $f_1$ 和 $f_2$。接收机带宽取 6kHz，采样点数为 20.48kHz，采样点数为 256Kbit。在每一种距离上对一部电台采集 3 组数据，表中列出了载频（$f_1$ 和 $f_2$），频率间隔 $f_d$ 和电台工作频率。其实验数据如表 6-4～表 6-7 所列。

表 6-4　短距离频域特征参数测量

| 电台编号 | 载频 1/kHz | 载频 2/kHz | 频率间隔/Hz | 工作频率/MHz |
|---|---|---|---|---|
| 1 | 95.311 | 96.288 | 977 | 17.00 |
| 1 | 95.322 | 96.300 | 978 | 12.10 |
| 1 | 95.337 | 96.315 | 978 | 5.20 |
| 2 | 95.473 | 96.348 | 875 | 17.00 |
| 2 | 95.505 | 96.380 | 875 | 12.10 |
| 2 | 95.537 | 96.412 | 875 | 5.20 |
| 3 | 95.223 | 96.248 | 1025 | 17.00 |
| 3 | 95.237 | 96.262 | 1025 | 12.10 |
| 3 | 95.248 | 96.273 | 1025 | 5.20 |

表 6-5　中距离频域特征参数测量

| 电台编号 | 载频 1/kHz | 载频 2/kHz | 频率间隔/Hz | 工作频率/MHz |
|---|---|---|---|---|
| 1 | 95.337 | 96.315 | 978 | 5.20 |
| 1 | 95.323 | 96.300 | 977 | 12.10 |
| 1 | 95.314 | 96.292 | 978 | 16.30 |
| 2 | 95.252 | 96.127 | 875 | 5.20 |
| 2 | 95.544 | 96.127 | 875 | 12.10 |
| 2 | 95.541 | 96.416 | 875 | 16.30 |
| 3 | 95.248 | 96.273 | 1025 | 5.20 |
| 3 | 95.240 | 96.265 | 1025 | 12.10 |
| 3 | 95.235 | 96.260 | 1025 | 16.30 |

表 6-6 远距离频域特征参数测量

| 电台编号 | 载频 1/kHz | 载频 2/kHz | 频率间隔/Hz | 工作频率/MHz |
|---|---|---|---|---|
| 1 | 95. 296 | 96. 274 | 978 | 24. 20 |
| 1 | 95. 323 | 96. 301 | 978 | 12. 10 |
| 1 | 95. 314 | 96. 291 | 977 | 16. 30 |
| 2 | 95. 541 | 96. 416 | 875 | 24. 20 |
| 2 | 95. 548 | 96. 423 | 875 | 12. 10 |
| 2 | 95. 545 | 96. 420 | 875 | 16. 30 |
| 3 | 95. 230 | 96. 255 | 1025 | 24. 20 |
| 3 | 95. 242 | 96. 267 | 1025 | 12. 10 |
| 3 | 95. 237 | 96. 263 | 1026 | 16. 30 |

表 6-7 径向基函数网络模式识别结果

| 电台编号 | 训练样本数 | 测试样本数 | 识别率/% |
|---|---|---|---|
| 电台 1 | 3 | 6 | 100 |
| 电台 2 | 3 | 6 | 100 |
| 电台 3 | 3 | 6 | 100 |

(2) AM 信号电台“指纹”特征识别实验。

实验以中央人民广播电台二套节目的 5 个频点 21690kHz、11800kHz、11845kHz、11500kHz、17625kHz 的发信电台为识别对象。工作样式为 AM 信号,在短波侦察接收机中频信号输出口以高速 A/D 采集卡进行采集,接收机带宽选择 6kHz,采样点数为 64bit,采样频率为 18. 604551kHz,中频频率为 1. 4MHz,信号传输方式为远距离天波传播。为了研究阵列网络结构对增量学习性能的影响,网络训练分为两步:

首先,选取 4 个频点的 20 个训练样本,对网络进行学习。然后增加第 5 个频点 17625kHz 发信电台的 5 个样本,再对网络进行增量学习,测试其学习速度。学习完成后,对目标样本进行识别,识别样本数为 50 个,其结果如表 6-8 所列。

表 6-8 选取不同特征参数的学习与识别性能对比

| 特征矢量 | 学习时间/s | 增量学习时间/s | 识别率/% |
|---|---|---|---|
| 瞬时特征参数(9 维) | 324. 5 | 80. 2 | 68 |
| 瞬时特征参数(9 维)+分形参数(1 维) | 363. 7 | 92. 1 | 78 |
| 瞬时特征参数(9 维)+调幅度值(1 维) | 371. 2 | 95. 4 | 76 |
| 瞬时特征参数(9 维)+载波精确值(1 维) | 358. 2 | 89. 2 | 80 |

(续)

| 特征矢量 | 学习时间/s | 增量学习时间/s | 识别率/% |
|---|---|---|---|
| 瞬时特征参数(9 维)+载波精确值(1 维)+分形参数(1 维)+调幅度(1 维) | 512.4 | 127.8 | 86 |
| 瞬时特征参数(9 维)+载波精确值(1 维)+分形参数(1 维)+调幅度(1 维)+PCA=7 维 | 274.1 | 68.3 | 86 |

实验结果说明,特征参数的提取直接关系到整个系统的识别性能。瞬时特征参数是电台识别特征矢量的主要部分,可以基本反映电台之间的区别,理论可以证明,分性特征参数的抗噪声干扰的性能强,所以对 21690kHz(有干扰)的信号识别能力要强,调幅度值与载波精确值从不同层面描述了目标信号的特性,因此对于提高电台的识别率有明显效果。将这几类特征参数综合使用时,识别率可以达到最高。但是,同时带来的问题是网络规模的增大与学习时间的增加。同时不可避免地,特征矢量中的参数间相关性增强,为了在不损失有效特征的前提条件下减小特征矢量的维数,本章采用主分量分析方法(PCA)对特征矢量进行降维处理,可以看出,无论是学习时间还是增量学习时间都明显减短,但此时的识别率并没有受到影响。

阵列网络结构的设计以及搜索算法的实现对网络的增量学习能力有显著提高,因为在电台识别的实际应用中,不可避免地会发现新的目标电台,为了增加对新目标的识别功能,对于不具有增量学习的识别模型来说,必须进行全部样本的重新学习。但对于阵列网络结构的 RBFNN 模型,4 个目标电台的 20 个样本的学习时间为 324.5(9 维特征矢量)s,增加一个目标电台的 5 个样本后增量学习时间仅为 80.2s。而若对 25 个样本重新学习,则需要 436.2s,且随着目标电台数目的进一步增加,这个时间也将快速增长。

## 6.3 基于支持向量机的辐射源个体识别

随着信息化程度不断提高,在实际战场环境中,电磁信号环境越来越复杂,各类辐射源设备广泛采用各种低截获概率技术而不断提升自身的反侦察、抗干扰能力;通信信号复杂多变,持续时间短,信噪比低,且各种电磁信号密集地交错在一起,在时域和频域上都会有交叠。这些都使得对敌方辐射源信号的截获、接收的难度大大增加,要获得充足的可用于识别系统学习的标记样本非常困难,而支持向量机特别适合处理小样本数据。

另外,在第 5 章讲到现实战场环境中难以获取充足的训练样本,其实是标记数据难以获得,而无标记数据则是可以大量获得的。半监督学习系统能够利用无标记数据中包含的数据结构信息来辅助分类模型的学习,进而弥补标记样本不足造成的信息不充分，一方面能够克服监督学习完全依赖大量标记样本的缺陷，另一方面也缓解了无监督学习由于完全忽略标记信息而导致学习性能较低的问题，可以用来解决通信辐射源个体识别标记样本不足的问题。

综合考虑，本节引入经典的半监督学习算法：拉普拉斯支持向量机（Laplacian Support Vector Machine，LapSVM），它通过结合 Laplacian 流形正则项与支持向量机的目标函数，能够将无标记样本的流形结构信息添加到支持向量机的目标函数中，通过正则项来求得标记样本与未标记样本之间的最大间隔。因此，LapSVM 算法通过利用未标记数据，能够适用于标记样本不足时的学习问题。

在 LapSVM 流形正则项中，需要构建数据邻接图，图的好坏将直接影响分类的效果及效率。然而，LapSVM 数据邻接图仅仅利用了数据间的距离信息，忽略了样本特征空间的类别分布信息。当存在样本重叠或样本分布不平衡时，由于过度依赖距离度量，LapSVM 数据邻接图无法准确给出样本邻域分布结构，最终将导致标记传递平滑性被破坏，从而影响最终分类决策。此外，LapSVM 在构造数据邻接图时，边权值的计算通常采用的是热核函数，热核参数的经验式选择也无法保证算法的学习性能。并且，LapSVM 的热核函数仅仅关注对应样本，没有考虑局部近邻内数据对权值计算的影响。在标记样本数量大且样本分布均匀的情况下，算法性能不会出现大的波动，一旦存在大量分布不均匀的无标记样本相互干扰的情况时，就无法保证 LapSVM 的性能。

为解决此问题，本节叙述了一种基于局部行为相似性的拉普拉斯支持向量机（Local Behavioral Similarity LapSVM，LBS-LapSVM）半监督学习算法。结合人类行为认知的特点，该算法构造一种新的数据邻接图：首先设计一种能够利用数据标记信息的行为相似性边权值，然后利用所提出的局部视角距离对热核函数进行改进，不仅能够反映邻域结构特性，而且克服了热核参数选择的问题。

## 6.3.1 拉普拉斯支持向量机

### 1. 支持向量机

支持向量机建立在计算学习理论的结构风险最小化原则之上，其主要思想是针对两类分类问题，在高维空间中寻找一个超平面作为两类的分割，以保证最小的分类错误率。用 SVM 实现分类，首先要从原始空间中抽取特征，将原始空间中的样本映射为高维特征空间中的一个向量，以解决原始空间中线性不可分的问题。支持向量机示意图如图 6-5 所示。

设线性样本集为 $(x_i, y_i), i = 1, 2, \cdots, n, x \in \boldsymbol{R}^d, y \in \{-1, 1\}$ 是类别标号，求 $(w, b)$ 使得结构风险 $R(w, b) = \int \frac{1}{2} |f_{w,b}(x) - y| \mathrm{d}\rho(x, y)$ 达到最小。其中，$\rho(x, y)$ 是变量 $y$ 与 $x$ 存在一定的未知依赖关系，即遵循的某一未知的联合概率。Vapnik 给出了该问题的解，最优决策函数为

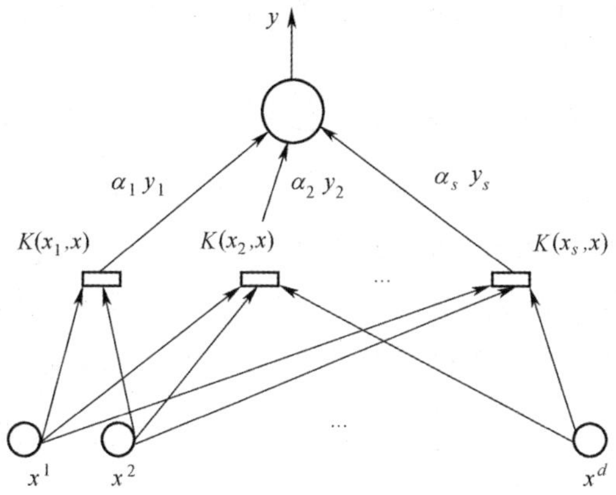


图 6-5　支持向量机示意图

$$f(x) = \mathrm{sgn}\left\{ \sum_{i=1}^{n} \alpha_i y_i K(x_i, x) + b \right\} \tag{6-19}$$

式中：$K(x_i, x)$ 为核函数，SVM 中不同的内积核函数将形成不同的算法，目前研究最多的核函数主要有 3 类，即多项式核函数：

$$K(x, x_i) = [(x \cdot x_i) + 1]^q \tag{6-20}$$

径向基函数（RBF）：

$$K(x, x_i) = \exp\{-\delta * \frac{|x - x_i|^2}{\sigma^2}\} \tag{6-21}$$

Sigmoid 函数：

$$K(x, x_i) = \tanh(v(x \cdot x_i) + c) \tag{6-22}$$

本书根据所选取的特征参数选择了径向基核函数。

另外，SVM 是一个典型的二类问题分类器，在解决通信辐射源个体识别等多值分类问题时，需将两分类器扩展为多分类器，较常用的方法有一对一、一对多、有向无环图、决策树等。

**2. LapSVM 半监督学习算法**

拉普拉斯支持向量机（LapSVM）将未标记数据的流形结构信息以正则项的形式整合到目标函数中，通过标记数据和未标记数据共同作用来逼近流形空间，继而得到特征矢量与标记之间的映射关系，其决策超平面能有效避开样本高密度分布区域。

假设 $\{(\boldsymbol{x}_i, y_i)\}_{i=1}^{l}$ 为标记数据集，$\{\boldsymbol{x}_i\}_{i=l+1}^{l+u}$ 为无标记数据集，其中 $l$ 和 $u$ 为标记数据的个数和无标记数据的个数，$\boldsymbol{x}_i$、$y_i$ 分别表示数据的特征矢量及其标记。LapSVM 选择再生核 Hilbert 空间 $H_K$ 作为假设空间，寻求在近邻区域和数据边缘分布上具有平滑性的解，以保持数据的局部结构信息。其目标函数可表示如下：

$$f = \underset{f \in H_K}{\operatorname{argmin}} \frac{1}{l} \sum_{i=1}^{l} V(\boldsymbol{x}_i, y_i, f) + \gamma_A \|f\|_K^2 + \gamma_I \|f\|_I^2 \tag{6-23}$$

式中：$f$为所要求解的目标判决函数；$\frac{1}{l} \sum_{i=1}^{l} V(\boldsymbol{x}_i, y_i, f)$ 表示关于 $l$ 个标记训练样本的误分类损失函数，通常情况下可取 $V(\boldsymbol{x}_i, y_i, f) = 1 - y_i f(\boldsymbol{x}_i)$；惩罚项 $\|f\|_K^2$ 旨在保持$f$在再生核 Hilbert 空间的平滑性；惩罚项 $\|f\|_I^2$ 即为流形正则项，通过保持$f$在低维流形上的平滑性来反映数据的内在结构信息；正则参数 $\gamma_A$ 和 $\gamma_I$ 分别控制$f$在再生核 Hilbert 空间和流形图结构上的复杂度。在 LapSVM 中，流形正则项 $\|f\|_I^2$ 一般可表示为 $\frac{1}{(l+u)^2} \sum_{i,j=1}^{l+u} (f(\boldsymbol{x}_i) - f(\boldsymbol{x}_j))^2 W_{ij}$，$W_{ij}$ 是连接数据邻接图上两点间的边权值，常采用热核函数进行计算：

$$W_{ij} = \mathrm{e}^{-d^2(\boldsymbol{x}_i, \boldsymbol{x}_j)/4t} \tag{6-24}$$

式中：$d(\boldsymbol{x}_i, \boldsymbol{x}_j)$ 为数据间的距离度量，一般为欧氏距离；$t$ 为热核参数。数据集中所有数据间的边权值构成了边权值矩阵 $\boldsymbol{W}$。

综上所述，LapSVM 的目标函数可写为

$$\begin{aligned} f &= \underset{f \in H_K}{\operatorname{argmin}} \frac{1}{l} \sum_{i=1}^{l} V(\boldsymbol{x}_i, y_i, f) + \gamma_A \|f\|_K^2 + \frac{\gamma_I}{(l+u)^2} \sum_{i,j=1}^{l+u} (f(\boldsymbol{x}_i) - f(\boldsymbol{x}_j))^2 W_{ij} \\ &= \underset{f \in H_K}{\operatorname{argmin}} \frac{1}{l} \sum_{i=1}^{l} (1 - y_i f(\boldsymbol{x}_i)) + \gamma_A \|f\|_K^2 + \frac{\gamma_I}{(l+u)^2} \boldsymbol{f}' \boldsymbol{L} \boldsymbol{f} \end{aligned} \tag{6-25}$$

式中：$\boldsymbol{f} = [f(\boldsymbol{x}_1), \cdots, f(\boldsymbol{x}_{l+u})]'$，图 Laplacian$\boldsymbol{L} = \boldsymbol{D} - \boldsymbol{W}$，$\boldsymbol{D}$ 为对角矩阵，其对角线上的元素 $D_{ii} = \sum_{j=1}^{l+u} W_{ij}$，运算符号“ ′ ”代表对矩阵或矢量的转置运算。

选定一个 Mercer 核函数 $K: X \times X$，则式(6-25)问题的解可以表示为

$$f(\boldsymbol{x}) = \sum_{i=1}^{l+u} \alpha_i K(\boldsymbol{x}, \boldsymbol{x}_i) \tag{6-26}$$

式中：$K(\boldsymbol{x}, \boldsymbol{x}_i)$ 为数据 $\boldsymbol{X}$ 与训练样本 $\boldsymbol{X}_i$ 的核函数值；$\alpha_i$ 为相对应的待求解系数。因此，LapSVM 的优化问题等价于：

$$\begin{cases} \min\limits_{\alpha \in \boldsymbol{R}^{l+u}, \xi \in \boldsymbol{R}^l} \frac{1}{l} \sum_{i=1}^{l} \xi_i + \gamma_A \boldsymbol{\alpha}' \boldsymbol{K} \boldsymbol{\alpha} + \frac{\gamma_I}{(l+u)^2} \boldsymbol{\alpha}' \boldsymbol{KLK} \boldsymbol{\alpha} \\ \text{s. t.} \quad (\sum_{j=1}^{l+u} \alpha_j K(\boldsymbol{x}_i, \boldsymbol{x}_j) + b) \geqslant 1 - \xi_i, \ i = 1, 2, \cdots, l \\ \qquad \xi_i > 0, \ i = 1, 2, \cdots, l \end{cases} \tag{6-27}$$

式中：$\boldsymbol{\alpha} = [\alpha_1, \alpha_2, \cdots, \alpha_{l+u}]'$；$\boldsymbol{K}$ 为全体数据之间的核函数值 $K(\boldsymbol{x}_i, \boldsymbol{x}_j)$ 构成的核函数矩阵。引入 Lagrange 乘子 $\beta_i, \zeta_i$，可得 Lagrangian 方程：

$$L(\boldsymbol{\alpha},\boldsymbol{\xi},b,\boldsymbol{\beta},\boldsymbol{\zeta}) = \frac{1}{l}\sum_{i=1}^{l}\xi_i + \frac{1}{2}\boldsymbol{\alpha}'\left(2\gamma_A \boldsymbol{K} + 2\frac{\gamma_I}{(l+u)^2}\boldsymbol{KLK}\right)\boldsymbol{\alpha}$$
$$- \sum_{i=1}^{l}\beta_i\left(y_i\left(\sum_{j=1}^{l+u}\alpha_j K(\boldsymbol{x}_i,\boldsymbol{x}_j) + b\right) - 1 + \xi_i\right) - \sum_{i=1}^{l}\xi_i\zeta_i \tag{6-28}$$

对式(6-28),分别求 $b$ 和 $\xi_i$ 的一阶偏导,可得

$$\begin{cases} \dfrac{\partial L}{\partial b} = 0 & \Rightarrow \displaystyle\sum_{i=1}^{l}\beta_i y_i = 0 \\ \dfrac{\partial L}{\partial \xi_i} = 0 & \Rightarrow \dfrac{1}{l} - \beta_i - \zeta_i = 0 \\ & \Rightarrow 0 \leqslant \beta_i \leqslant \dfrac{1}{l} \end{cases} \tag{6-29}$$

将式(6-29)代入式(6-28),可得

$$L(\boldsymbol{\alpha},\boldsymbol{\beta}) = \frac{1}{2}\boldsymbol{\alpha}'\left(2\gamma_A \boldsymbol{K} + 2\frac{\gamma_I}{(l+u)^2}\boldsymbol{KLK}\right)\boldsymbol{\alpha} - \sum_{i=1}^{l}\beta_i\left(y_i\left(\sum_{j=1}^{l+u}\alpha_j K(\boldsymbol{x}_i,\boldsymbol{x}_j)\right) - 1\right)$$
$$= \frac{1}{2}\boldsymbol{\alpha}'\left(2\gamma_A \boldsymbol{K} + 2\frac{\gamma_I}{(l+u)^2}\boldsymbol{KLK}\right)\boldsymbol{\alpha} - \boldsymbol{\alpha}'\boldsymbol{KJ}'\boldsymbol{Y\beta} + \sum_{i=1}^{l}\beta_i \tag{6-30}$$

式中:$\boldsymbol{J} = [\boldsymbol{I}\ 0]$,$\boldsymbol{I}$ 为单位矩阵;$\boldsymbol{Y} = \mathrm{diag}(y_1, y_2, \cdots, y_l)$。对式(6-30)的 $\boldsymbol{\alpha}$ 求偏导得

$$\frac{\partial L}{\partial \boldsymbol{\alpha}} = \left(2\gamma_A \boldsymbol{K} + 2\frac{\gamma_I}{(u+l)^2}\boldsymbol{KLK}\right)\boldsymbol{\alpha} - \boldsymbol{KJ}'\boldsymbol{Y\beta} \tag{6-31}$$

当上述偏导式等于零时得到最优解:

$$\boldsymbol{\alpha} = \left(2\gamma_A \boldsymbol{I} + 2\frac{\gamma_I}{(u+l)^2}\boldsymbol{LK}\right)^{-1}\boldsymbol{J}'\boldsymbol{Y\beta} \tag{6-32}$$

将式(6-32)代入式(6-30),得

$$\begin{cases} \boldsymbol{\beta} = \max\limits_{\boldsymbol{\beta}\in \boldsymbol{R}^l}\displaystyle\sum_{i=1}^{l}\beta_i - \frac{1}{2}\boldsymbol{\beta}'\boldsymbol{Q\beta} \\ \text{s. t.} \quad \displaystyle\sum_{i=1}^{l} y_i\beta_i = 0 \\ 0 \leqslant \beta_i \leqslant \dfrac{1}{l}, \quad i = 1,2,\cdots,l \end{cases} \tag{6-33}$$

其中

$$\boldsymbol{Q} = \boldsymbol{YJK}\left(2\gamma_A \boldsymbol{I} + 2\frac{\gamma_I}{(l+u)^2}\boldsymbol{LK}\right)^{-1}\boldsymbol{J}'\boldsymbol{Y}$$

为求得最优解 $\boldsymbol{\alpha}$ ,可以利用现有 SVM 中求解二次规划问题的方法进行求解。此外,还可以看出,当 $\gamma_I = 0$ 时,LapSVM 就成了标准的 SVM。

LapSVM 的算法步骤如下。

步骤 1:由 $l$ 个标记样本 $\{\boldsymbol{x}_i, y_i\}_{i=1}^{l}$、$u$ 个未标记样本 $\{\boldsymbol{x}_i\}_{i=l+1}^{l+u}$ 、正则参数 $\gamma_A$ 与 $\gamma_I$ 计算 $\boldsymbol{x}_i$ 和 $\boldsymbol{x}_j$ 的边权值 $W_{ij}$ ,对 $(l+u)$ 个全体训练数据构造数据邻接图。

步骤 2:计算图 Laplacian$\boldsymbol{L} = \boldsymbol{D} - \boldsymbol{W}$ 。

步骤 3:选择一个核函数 $K(\boldsymbol{x}_i, \boldsymbol{x}_j)$ ,计算 $(l+u)$ 个全体样本的核函数矩阵 $\boldsymbol{K}$ 。

步骤 4:利用标准 SVM 算法求解二次规划,得到 $\boldsymbol{\alpha}$ ,继而得到判决函数 $f(\boldsymbol{x}) = \sum_{i=1}^{l+u} \alpha_i K(\boldsymbol{x}, \boldsymbol{x}_j)$ 。

在 LapSVM 流形正则项中,以每个数据作为图的顶点,顶点之间通过式(6-20)定义的边权值连接,在全体标记训练样本和未标记训练样本上构建数据邻接图。LapSVM 构建数据邻接图的实质是为了模拟数据隐含的低维流形,并以此用于约束决策函数保持数据的局部几何结构。这也是 LapSVM 算法可以使用无标记数据进行半监督式学习的关键。由式(6-25)可知,流形正则项通过边权值矩阵 $\boldsymbol{W}$ 构建数据邻接图,图的好坏将直接影响分类的效果。

然而,由式(6-24)可知,LapSVM 数据邻接图仅仅利用了数据间的距离信息,忽略了样本特征空间中的类别分布信息。当存在样本重叠区域或样本分布不平衡区域时,由于过度依赖距离度量,LapSVM 无法准确给出样本邻域分布结构,最终会导致标记传递平滑性被破坏,从而影响最终的分类决策。如图 6-6 所示,三角形和圆形分别代表一类样本,实心点和空心点分别代表标记样本和未标记样本,样本 $\boldsymbol{x}_2$、$\boldsymbol{x}_3$、$\boldsymbol{x}_4$、$\boldsymbol{x}_5$ 均在 $\boldsymbol{x}_1$ 邻域内,且它们与 $\boldsymbol{x}_1$ 的距离都相同。尽管它们的标记情况各不相同,但由式(6-24)计算的 $\boldsymbol{x}_1$ 与 $\boldsymbol{x}_2$、$\boldsymbol{x}_3$、$\boldsymbol{x}_4$、$\boldsymbol{x}_5$ 之间的边权值却都是相同的。明显看出,这并不能准确地反映数据结构信息。直观上理解,当数据特征距离相同时,对类别相同的样本赋予较大的边权值、类别不同的样本赋予较小的边权值应该更加符合数据的实际分布结构。

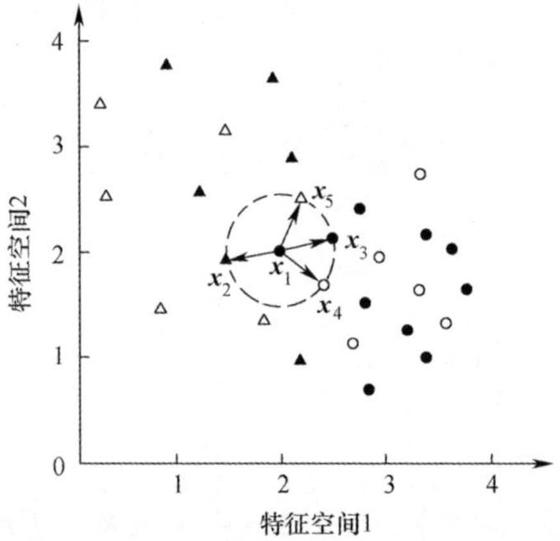


图 6-6　数据邻接图的构建

此外,LapSVM 在构造邻接图时,边权值 $W_{ij}$ 的计算通常采用的是式(6-24)给出热核函数,即 $W_{ij} = e^{-d^2(x_i,x_j)/4t}$ 。其中,参数 $t$ 需要经验设定,且没有限定具体范围,不同环境的不同取值会对算法性能产生较大影响。此外,式(6-24)的热核函数仅仅关注对应样本,没有考虑局部近邻数据对权值计算的影响。在标记样本数量大且样本分布均匀的情况下,算法性能不会出现大的波动,一旦存在大量分布不均匀的未标记样本相互干扰情况时,则可能会导致算法变得不稳定。

### 6.3.2 基于局部行为相似性的拉普拉斯支持向量机

#### 1. 算法思想

人类探索未知世界的过程就是一个不断学习、不断继承和总结经验知识,并将之应用于生产和生活中的过程。人类通过利用已有知识和长期以来形成的思维方式对事物现象进行观测和学习,寻找事物的内在本质规律,并对发现的规律进行总结形成新的知识。随着计算机技术的发展,如何使计算机能像人一样智能地思考、学习,是目前机器学习领域研究的重要课题之一。作为智能计算的重要研究方向,机器学习的原理就是通过利用计算机模拟人的思维方式和辨识能力,对大量样本数据所蕴含的知识进行归纳推理和学习,探寻、挖掘数据的内在本质和规律,并依此建立解决客观问题的计算模型。机器学习的研究与认知科学紧密相连,需要对人类认知的机理和过程有深入的了解。

更进一步来说,半监督学习过程更加符合人类的认知规律。人类在对事物的认知过程中,往往会面对没有现成解的新问题,这时人类就会结合历史积累的经验知识和对新问题分析的自我学习来解决新问题。如果将经验知识当作标记数据,将经过自学习得到的信息当作无标记数据,那么人类这种基于经验知识和自学习的认知过程恰好与半监督学习同时利用标记数据和未标记数据学习的思想是高度一致的。此外,许多人类认知心理学实验结果也证明了人类确实进行着半监督方式的学习,人类行为认知模型也能够反过来指导、促进半监督训练过程。由于客观世界的复杂性及人类有限的认知水平,人类经常会面临只能利用有限经验知识来解决复杂多变问题的情形。半监督学习在利用标记数据的基础上,通过挖掘未标记数据中包含的数据结构信息来指导学习问题的解决,有助于帮助人类应对现实中的复杂问题,因而半监督学习更加符合人类在现实中的客观需求。

然而,传统半监督学习算法大多都是以某种数学模型或假设为基础开展研究的。当数据结构简单、学习问题不复杂时,这类学习算法能够很好地解决问题。但是,当数据结构变得复杂、未标记数据与学习问题相关性不强等情况时,传统半监督算法就会出现学习性能下降的问题。究其原因,还是因为传统半监督学习算法所依据的数学模型一般都较为单一、简单,不能像人类那样深入挖掘事物的内在本质规律,无法应对复杂情况的学习问题。因此,我们迫切需要研究能够拥有像人类一样认知事物的智能学习算法。近年来,众多研究者开始关注如何根据人类的认知特点构建半监督学习模型,以提出能够更深入挖掘数据内在本质信息的半监督学习算法。

受此启发,我们试图从人类认知特点的角度去解决所分析的 LapSVM 算法中存在的问题,提出了一种基于局部行为相似性的 LapSVM 半监督学习算法。基于人类行为认知的思想,该方法通过能够利用标记信息的行为相似性边权值构造新的数据邻接图,能更好地挖掘样本邻域的潜在概率分布信息,并引入能够反映邻域结构特性的局部视角距离,克服了热核参数的选择问题,有效解决了 LapSVM 算法存在的问题。

人们在认识事物时总会优先考虑事物更深层次、更本质的属性信息,即会不由自主地把相同类别的事物归为一类,哪怕它们的特征并不是很相似;同样也会把不同类别的事物区分开来,哪怕它们在特征上有一定的相似性。如图 6-7 所示,在对图中 3 种生物进行纲目分类时,我们知道鲸是一种海洋生物,不论体型还是生活习性都与鲫鱼有很大的相似之处,但是当我们知道鲸也属于哺乳动物时,就会把鲸和猴归为哺乳纲一类,而并不会将它与属于鱼纲的鲫鱼归为一类。可见,事物的类别信息对于指导人类认识事物本质具有很重要的指导意义。

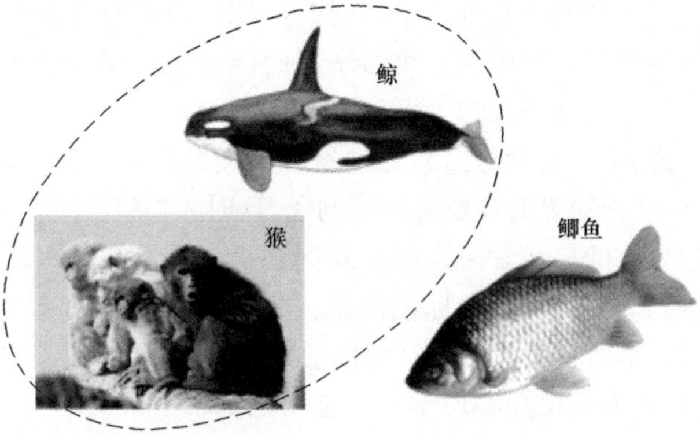


图 6-7　数据类别信息对认知的影响

在图 6-6 中, $\boldsymbol{x}_1$ 与 $\boldsymbol{x}_2$、$\boldsymbol{x}_3$、$\boldsymbol{x}_4$、$\boldsymbol{x}_5$ 之间的边权值并不能准确地反映数据结构信息,也不符合人类的行为认知特点。人们在认识事物时,如果预先知道了事物的类别信息,总会优先考虑这些数据的标记信息。当我们知道 $\boldsymbol{x}_1$ 与 $\boldsymbol{x}_3$ 的标记相同,而与 $\boldsymbol{x}_2$ 的标记不同时,尽管 $\boldsymbol{x}_1$ 与它们的距离相同,也会认为 $\boldsymbol{x}_1$ 与 $\boldsymbol{x}_3$ 具有较高的相似度。

由 LapSVM 算法的分析可知,LapSVM 在构造数据邻接图时仅仅考虑了数据之间的距离信息,忽略了样本特征空间的类别分布信息。当存在样本重叠区域或样本分布不平衡区域时,由于过度依赖距离度量,LapSVM 无法准确给出样本的邻域分布结构,导致标记传递平滑性被破坏,从而影响最终的分类决策。标记样本的标记信息携带着特征空间分布的疏密程度、距离远近,将标记信息加入数据邻接图中，能够更好地刻画样本特征空间的分布。结合人类认知事物的特点，利用样本标记的后验概率来刻画数据邻接图的构建过程，以使类别相同的样本具有较大边权值，类别不同的样本具有较小边权值。在此定义基于行为相似性的边权值如下：

$$W_{ij}^{BS}=\begin{cases}1/(3\times\sqrt{10/9-W_{ij}}),y_i=y_j\\1/(3\times\sqrt{1/W_{ij}}),y_i\neq y_j\\2/(3\times(\sqrt{1-W_{ij}}+\sqrt{1/W_{ij}})),其他\end{cases}\tag{6-34}$$

式中：$W_{ij}$ 为式(6-24)计算的热核函数值。上述定义的行为相似性边权值 $W_{ij}^{BS}$ 构成了新的边权值矩阵 $\boldsymbol{W}^{BS}$，并以此在全体训练样本上构建新的数据邻接图。图 6-8 给出了式(6-34)的图形化表示。

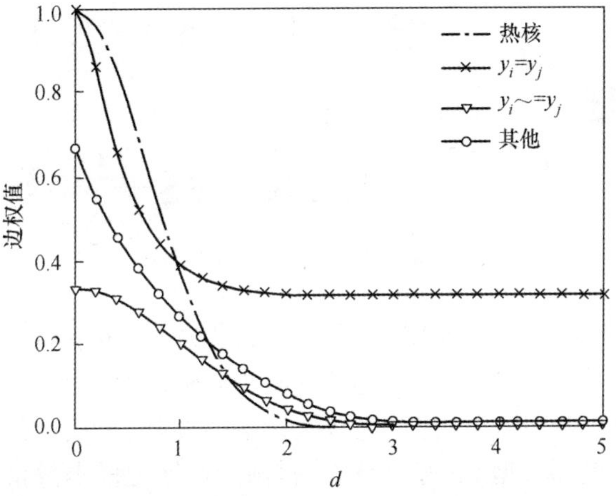


图 6-8　基于行为相似性的边权值

在图 6-8 中，$W_{ij}^{BS}$ 相比于传统热核函数能够表征更丰富的数据结构信息。根据数据 $\boldsymbol{x}_i$ 与 $\boldsymbol{x}_j$ 的标记情况，基于行为相似性的边权值 $W_{ij}^{BS}$ 的计算可分为 3 种情况：①如果数据 $\boldsymbol{x}_i$ 与 $\boldsymbol{x}_j$ 的标记已知且相同时，$W_{ij}^{BS}$ 取较大值，且收敛于大于 0 的正数值；②当数据 $\boldsymbol{x}_i$ 与 $\boldsymbol{x}_j$ 的标记已知但不相同时，$W_{ij}^{BS}$ 取较小值，收敛于 0；③当 $\boldsymbol{x}_i$ 或 $\boldsymbol{x}_j$ 的标记未知，则 $W_{ij}^{BS}$ 取值介于前两种情况之间。于是，边权值依据样本标记信息被很好地划分为 3 块区域，各区间差异明显，互不干扰，很好地实现了类内边权值大于类间边权值的构想，能够为后续分类决策提供有利支撑。

事物作为一个整体，其所包含的各个部分的特性往往能够从与其他部分的交互关系中体现出来。人类在认识事物时，并不是一开始就将事物分割成许多独立的部分进行认识的，而是根据事物的各个部分的共性或联系来将它们连成一个整体来看待，先有一个整体上的理解与把握，然后再细化到各个部分和细节，通过这样的过程人类对事物才会有一个全面而又细致的认识。此外，事物本身的属性往往也会受到周围环境的影响，并会随之改变。周围环境因素也会对人们的思维过程产生不可忽略的影响。所以,人类在认识事物时,一方面会考虑事物本身的因素,另一方面也会从周围的外界环境中去间接地实现对该事物的认知。

如图 6-9 所示,如果单独辨识左侧的手写字符,既可以将它认作字符"B",也可以看作数字"13",此时并不能准确地对该字符的含义做出判断。但是如果该字符出现图 6-9 右侧的表达之中,就会很有把握地对该字符的含义做出判断。如在图右上方的表达中,可以看出这是一个数学计算式,很明显"12+1"应该等于"13",而字符出现在等号右边,所以我们一般都会判断该字符的含义应该为数字"13";同理,可以看出图右下方的表达应该是"BBC NEWS",所以会认为出现在这里的左侧字符应该是字母"B"。可见,人类在进行思维活动时,会根据认识对象所处的环境、上下文关系来指导对事物的认知。

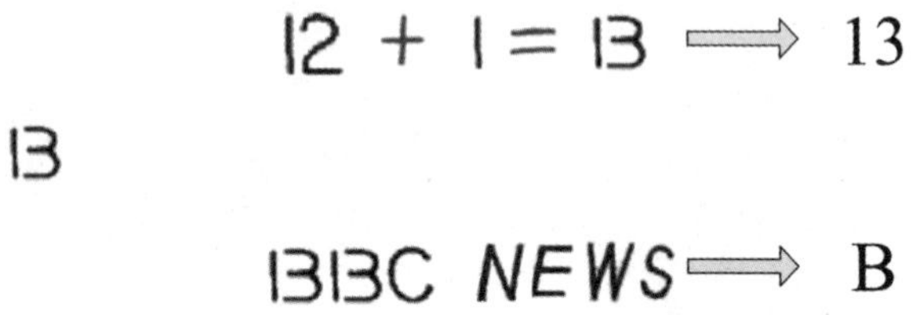


图 6-9　近邻信息对认知的影响

在构造数据邻接图时,LapSVM 边权值 $W_{ij}$ 的计算通常采用的是式(6-24)给出的热核函数,即 $W_{ij}=\mathrm{e}^{-d^2(\boldsymbol{x}_i,\boldsymbol{x}_j)/4t}$,而参数 $t$ 需要经验设置,且没有限定具体范围,不同环境的不同取值会对算法性能产生较大影响。此外,热核函数仅仅关注对应样本,没有考虑局部近邻数据对权值计算的影响。在标记样本数量大且分布均匀的情况下,算法性能不会出现大的波动。一旦存在大量分布不均匀的未标记样本相互干扰的情况时,则可能会导致算法变得不稳定。

基于人类认知事物的特点,在分析数据时,可以考虑数据的局部分布对数据的影响,通过近邻间潜在的数据分布关系做出正确判决。因此,定义数据 $\boldsymbol{x}_i$ 到数据 $\boldsymbol{x}_j$ 的局部视角距离为

$$d(\boldsymbol{x}_i,\boldsymbol{x}_j)/\rho_i \tag{6-35}$$

式中:$d(\boldsymbol{x}_i,\boldsymbol{x}_j)$ 为一般的欧式距离;$\rho_i=\dfrac{1}{N_k}\sum_{k=1}^{N_k}d(\boldsymbol{x}_i,\boldsymbol{x}_k)$ 为 $\boldsymbol{x}_i$ 与 $N_k$ 个近邻 $\boldsymbol{x}_1,\boldsymbol{x}_2,\cdots,\boldsymbol{x}_{N_k}$ 之间的距离平均值。如图 6-10(a)所示,若 $\boldsymbol{x}_i$ 近邻分布较密集,$\rho_i$ 则较小,$\boldsymbol{x}_i$ 到 $\boldsymbol{x}_j$ 的局部视角距离 $d(\boldsymbol{x}_i,\boldsymbol{x}_j)/\rho_i$ 对 $d(\boldsymbol{x}_i,\boldsymbol{x}_j)$ 的敏感度就会较大,这是因为当 $\boldsymbol{x}_i$ 邻域具有密集分布的特点时,离其较远的数据与之相似的可能性就会比较小。相反,若 $\boldsymbol{x}_i$ 近邻分布较稀疏,则 $\rho_i$ 较大,$\boldsymbol{x}_i$ 到 $\boldsymbol{x}_j$ 的局部视角距离 $d(\boldsymbol{x}_i,\boldsymbol{x}_j)/\rho_i$ 对 $d(\boldsymbol{x}_i,\boldsymbol{x}_j)$ 的敏感度就会较小,因为 $\boldsymbol{x}_i$ 邻域分布较分散,即使 $\boldsymbol{x}_j$ 距 $\boldsymbol{x}_i$ 有一定的距离也有可能与 $\boldsymbol{x}_i$ 具有相似性,如图 6-10(b)所示。局部视角距离的定义,符合人类的行为认知策略,能够较好地囊括数据的近邻分布结构信息。

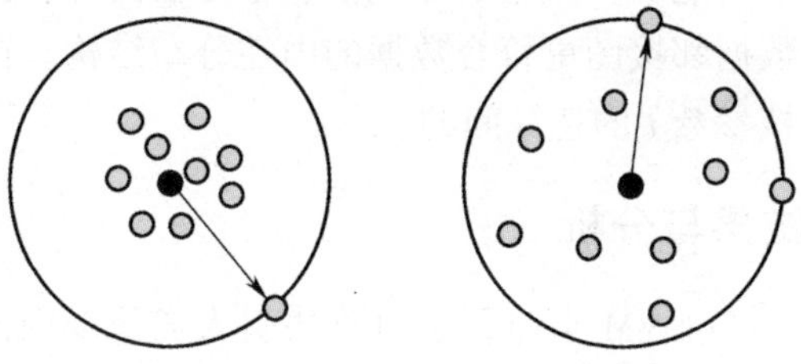

(a) 密集分布　　　　(b) 稀疏分布

图 6-10　局部视角距离

同样地,也可定义 $\boldsymbol{x}_j$ 到 $\boldsymbol{x}_i$ 的局部视角距离为 $d(\boldsymbol{x}_j,\boldsymbol{x}_i)/\rho_j$ 。综合两者的局部视角距离,可得 $\boldsymbol{x}_i$ 与 $\boldsymbol{x}_j$ 的之间相互距离为

$$d(\boldsymbol{x}_i,\boldsymbol{x}_j)d(\boldsymbol{x}_j,\boldsymbol{x}_i)/\rho_i\rho_j = d^2(\boldsymbol{x}_i,\boldsymbol{x}_j)/\rho_i\rho_j \tag{6-36}$$

为解决热核函数参数 $t$ 难以选择的问题,将式(6-35)和式(6-36)的距离度量代替式(6-24)中的距离函数,并剔除参数 $t$ ,可得

$$W_{ij} = \exp\left(\frac{-d^2(\boldsymbol{x}_i,\boldsymbol{x}_j)}{\rho_i\rho_j}\right) \tag{6-37}$$

可以看出,局部视角距离 $d(\boldsymbol{x}_i,\boldsymbol{x}_j)/\rho_i$ 和 $d(\boldsymbol{x}_j,\boldsymbol{x}_i)/\rho_j$ 分别将样本 $\boldsymbol{x}_i$ 与 $\boldsymbol{x}_j$ 的局部邻域信息反馈给热核函数,符合行为逻辑思维判断,且由于剔除了热核参数 $t$ ,精度抖动现象得以克服。

**2. 算法流程**

综上所述,基于局部行为相似性的拉普拉斯支持向量机(LBS-LapSVM)基于人类行为认知思想对数据邻接图进行了重新构造。首先,行为相似性边权值能够利用样本标记信息,从而将数据的条件分布信息加入数据邻接图的构建中。其次,引入局部视角距离,将数据邻域的边缘分布信息反馈给热核函数并避免了热核参数的选择问题。LBS-LapSVM 算法的主要步骤如下。

步骤 1:根据 $l$ 个标记样本 $\{\boldsymbol{x}_i,y_i\}_{i=1}^{l}$ ,$u$ 个未标记样本 $\{\boldsymbol{x}_i\}_{i=l+1}^{l+u}$ 和正则参数 $\gamma_A$ 和 $\gamma_I$ ,对 $(l+u)$ 个全体训练数据构造一个数据邻接图:计算边权值 $W_{ij}$ ,然后计算行为相似性边权值 $W_{ij}^{BS}$ 。

步骤 2:使用 $\boldsymbol{W}^{BS}$ 计算新的图 Laplacian$\boldsymbol{L} = \boldsymbol{D} - \boldsymbol{W}^{BS}$ 。

步骤 3:选择一个核函数 $K(\boldsymbol{x}_i,\boldsymbol{x}_j)$ ,计算 $(l+u)$ 个全体训练样本的核函数矩阵 $\boldsymbol{K}$,$K_{ij} = K(\boldsymbol{x}_i,\boldsymbol{x}_j)$ 。

步骤 4:利用标准 SVM 算法求解二次规划,得到 $\boldsymbol{\alpha}$ ,进而得到判决函数 $f(\boldsymbol{x}) = \sum_{i=1}^{l+u}\alpha_i K(\boldsymbol{x},\boldsymbol{x}_i)$ 。

LBS-LapSVM 在全体训练集上计算边权值 $W_{ij}^{BS}$ ,以此构建新的图 Laplacian,并以流形正则项的形式整合到目标优化函数中。此外,在计算核函数矩阵 $\boldsymbol{K}$ 时也利用了全体训练集,实现了对未标记数据信息的利用。LBS-LapSVM 在步骤 1 中,计算相似性边权值矩阵时,能够将数据的标记信息考虑在内,同时考虑了数据的近邻结构信息,所构建的数据邻接图更符合数据的内在分布结构。此外,利用改进热核函数,也避免了对热核参数 $t$ 的选择问题。

### 6.3.3 实验结果与分析

将所提出的 LBS-LapSVM 半监督学习算法引入通信辐射源个体识别应用中,并使用实测电台辐射源数据进行实验验证。

实验中,采集 10 部同类型调频电台的远距离接收的电台话音实测数据。电台型号、批次相同,工作频率为 160MHz,发射信号带宽为 25kHz。接收机信道带宽为 100kHz,以 204.8kHz 的采样频率进行采样。采集到辐射源信号数据后,提取能够表征辐射源个体属性的细微特征。在前期研究中,经过对各种辐射源细微特征的大量对比实验,选择包括非线性、非平稳和非高斯特征的 6 类特征作为本章辐射源实测数据实验中所要提取的特征,具体为包络盒维数、包络信息维数、Lempel-Ziv 复杂度、高阶 R 特征、高阶 J 特征、Hilbert 时频能量参数。图 6-11 举例给出了某部电台辐射源信号包络及所提取的特征。

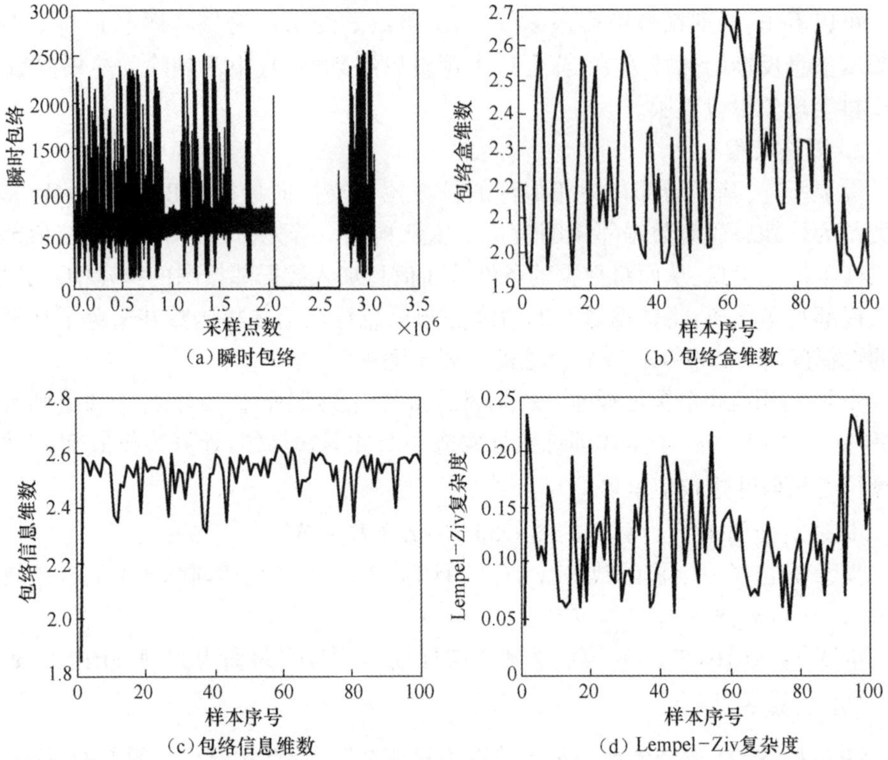

(a)瞬时包络 (b)包络盒维数 (c)包络信息维数 (d)Lempel-Ziv复杂度

图 6-11 电台辐射源信号及所提取的特征

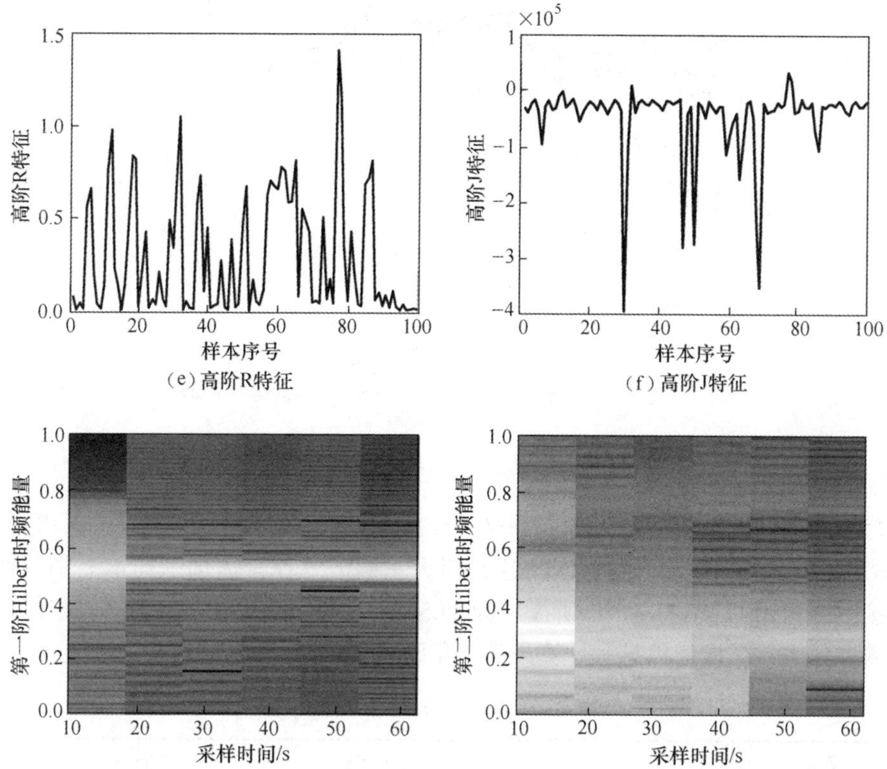

(e)高阶R特征 (f)高阶J特征
(g)第一阶Hilbert时频能量参数 (h)第二阶Hilbert时频能量参数

图 6-11 电台辐射源信号及所提取的特征(续)

从每部电台特征数据中先后各随机选取 100 个数据分别作为测试集和训练集。然后,再将训练集按一定比例随机分成标记训练集和无标记训练集两部分。实验中,标记率分别取 5%、10%、20%、30%、40%、50%、60%、70%、80%、90%,参数 $N_k$ 经验地设为 8。每次实验都重复独立运行 20 次,取平均分类准确率作为最终结果。图 6-12 给出了 SVM、LapSVM 和 LBS-LapSVM 三种算法在不同标记率下的分类识别结果。可以看出,相比于 SVM 和 LapSVM,LBS-LapSVM 基本上都可以取得最高的准确率。并且,LBS-LapSVM 和 LapSVM 的识别率并不随着标记率的增大而单调地提高。此外,在样本标记率低于 70%时,监督式学习算法 SVM 的分类准确率基本上都低于 0.60,而此时的半监督式学习算法 LapSVM 和 LBS-LapSVM 依然能够达到 0.90 以上的准确率。这说明将半监督学习算法引入通信辐射源个体识别应用中是非常具有实际应用价值的。

为了从时效性上进行比较,分别对上述算法各进行 1000 次实验,并统计每种算法单次运行的平均时间,如表 6-9 所列。实验中,训练集样本的标记率设为 0.5,实验平台为:计算机配置为 Windows 7 Intel(R)-Core(TM) i3-CPU 3.4GHz,

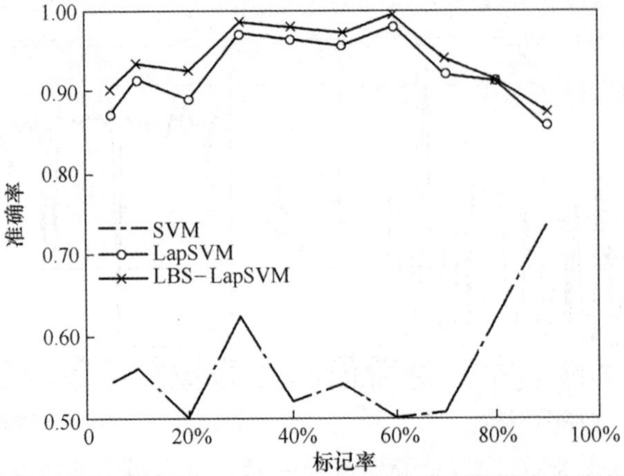


图 6-12　不同方法的识别率对比

内存 4GB,程序运行平台为 Matlab 7.12(R2011a)。可以看出,LapSVM 和 LBS-LapSVM 的运行时间要比 SVM 长,这是因为它们需要在全体训练样本上构建数据邻接图。相比 LapSVM 而言,所提出的 LBS-LapSVM 算法在构建数据邻接图时因为需要考虑数据标记信息和计算局部视角距离,所以运行时间略长。

表 6-9　算法运行时间比较

| 算法 | SVM | LapSVM | LBS-LapSVM |
|---|---|---|---|
| 时间/s | 0.0075 | 0.0744 | 0.1022 |

图 6-13 给出了在辐射源数据实验中参数 $N_k$ 对 LBS-LapSVM 性能的影响。$N_k$ 的范围为[2 4 6 8 10 12 14],训练集标记率分别取 10%、50%和 90%。可以看出,在不同训练标记率下,LBS-LapSVM 的最优结果依然分布在参数 $N_k$ 为[6,10]的范围内。

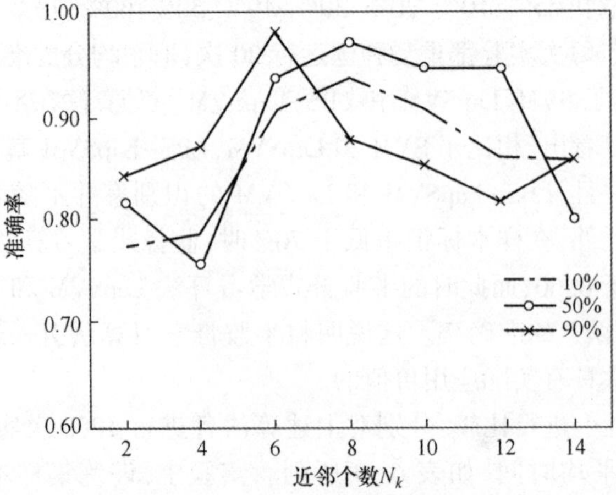


图 6-13　近邻个数 $N_k$ 对 LBS-LapSVM 算法性能的影响

为了考虑训练集样本个数对 LBS-LapSVM 性能的影响,分别从每部电台中选取 100、200、300、400、500、600 组数据作为训练集进行实验。实验中,参数 $N_k$ 设为 8,测试样本依然取每部电台 100 个样本数据。图 6-14 给出了标记率为 10%、50% 和 90%时,训练样本个数对 LBS-LapSVM 的影响。可以明显看出,随着训练集样本个数的增加,LBS-LapSVM 识别率并没有一直提高,甚至出现下降的趋势。这里可能的解释是训练样本中有用信息是有限的,当训练样本足够多时,无法再提供更多的有用信息,相反,过多的无用数据还会对学习造成干扰。

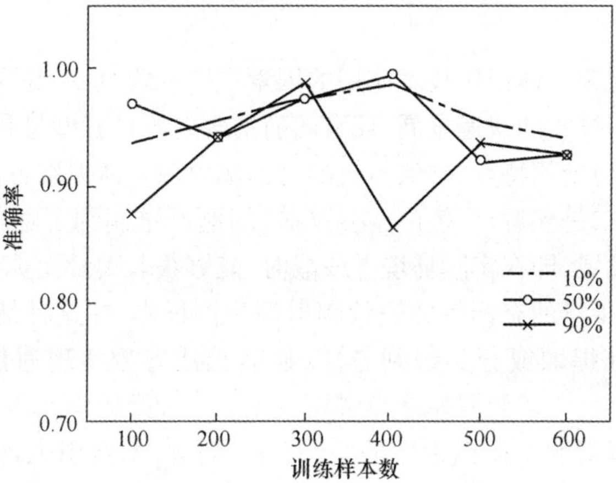


图 6-14　训练集数据个数对 LBS-LapSVM 算法性能的影响

# 第7章　基于深度学习的通信辐射源个体识别

## 7.1　引　　言

制约通信辐射源个体识别技术应用的因素主要有两个：一是通信辐射源本身，随着无线电和通信技术的快速发展，现有的通信辐射源具有型号种类庞杂、技术体制先进、设备性能稳定等特点，导致传统的通信辐射源个体识别方法不能获得令人满意的识别效果；二是实际环境下，"小样本"问题严重制约了通信辐射源个体识别技术的应用与发展，即在实际环境下或战时，能够获取大量无标签的通信辐射源个体样本，而仅有少量的有标签的通信辐射源观测样本，在这种情况下，如果直接采用有监督的特征提取或分类识别方法，显然无法有效实现通信辐射源的个体识别。

为解决通信辐射源个体识别中的"小样本"问题，本章引入深度学习理论，充分利用大量无标签样本内在的结构信息提取通信辐射源个体本征特征，从半监督学习的角度提高通信辐射源个体识别性能。首先分析了基于深度学习的通信辐射源个体识别的可行性；在此基础上，开展了基于深度学习网络的特征提取方法设计与分类器模型优化研究，提出了4种有效的半监督通信辐射源个体识别方法[87-88]；最后在实际采集的4种通信辐射源信号数据集上进行了实验验证，并与当前通信辐射源个体识别典型方法进行了比较，验证了所提方法的可行性与有效性。

## 7.2　基于深度学习的通信辐射源个体识别可行性分析

现有的通信辐射源个体识别技术假定获得大量有类别标签的通信辐射源观测样本，主要通过有监督学习技术完成通信辐射源个体识别，也就是说实现通信辐射源个体识别的前提条件是必须获得大量有类别标签的通信辐射源观测样本。但是在实际环境下，根本无法通过常规数据采集手段侦收获得大量有类别标签的通信辐射源观测样本，极端情况下，甚至连一段有标签的通信辐射源观测样本都无法获得。在此情况下，现有通信辐射源个体识别技术体制无法进行有效的训练、提取通信辐射源个体特征或识别通信辐射源个体，这就是本章需要研究解决的通信辐射源个体识别技术的"小样本"问题。

现通过一个实际例子说明“小样本”问题对现有通信辐射源个体识别技术造成的影响。通过有监督的高阶谱+主分量分析降维方法(简记为 SIB/PCA)、杂散成分方法(简记为 R)以及近年新提出的高阶谱稀疏表示方法[89](简记为 MCER)在设定的“小样本”条件下对 kenwood 数据集进行个体识别,将 softmax 分类器用于分类识别,取 50 次识别的平均识别率作为实验结果。实验结果如表 7-1 所列,其中 $E_1 \sim E_3$ 表示“小样本”条件,其中有标签样本分别占总样本的 10%、20% 和 30%,无标签样本占总样本的 50%,余下 20%中随机选出一半作为测试样本; $E_4$ 是有监督条件,有标签样本为总样本的 80%,即全部训练样本,余下 20%的样本中随机选取一半作为测试样本。

表 7-1 SIB/PCA、R、MCER 在 kenwood 数据集上的识别准确率

(单位:%)

| 方法 | $E_1$ | $E_2$ | $E_3$ | $E_4$ |
|---|---|---|---|---|
| SIB/PCA | 46 | 56.43 | 65.25 | 85.5 |
| R | 43.26 | 43.86 | 48.21 | 58.3 |
| MCER | 47.94 | 62.22 | 76.37 | 92 |

从表 7-1 可以看出,在 $E_1$、$E_2$ 和 $E_3$ 三种“小样本”条件下,实验中的 3 种有监督通信辐射源个体识别方法所获得的平均识别率远远低于在 $E_4$ 条件下的有监督平均识别率;随着有标签样本在 $E_1 \sim E_3$ 中逐渐增多,MCER 方法的平均识别率有显著提升,最高达到了 76.37%,但是仍然不能满足个体识别的精度要求。

在“小样本”条件下,有监督方法显然不再满足通信辐射源个体识别的要求,而在实际环境下,仍存在大量无标签的通信辐射源样本可供利用,其与有标签样本中包含的个体信息差异仅在于缺少类别标签。考虑研究无监督或半监督学习技术从这些无标签的通信辐射源样本中提取能够表征对应通信辐射源个体的结构信息,实现“小样本”条件下准确有效的通信辐射源个体识别。在研究中,由于无标签通信辐射源样本的来源复杂,特征提取算法必须具备很强的非线性数据结构表达能力,从无标签样本中有效提取到能够表达个体类别的内部结构信息,从而实现有效的通信辐射源个体识别。

深度学习作为近年发展迅速的一种无监督(或半监督)学习方法,可以对大规模数据进行有效的特征提取,反映其本质特征。特别是深度学习理论中的自编码网络算法,它通过建立一个含有多层隐藏神经元的非线性表达的网络模型,对输入的高维数据进行非线性映射,以低维特征空间表现高维数据的隐藏结构,有利于在通信辐射源个体识别中提取复杂通信信号中隐蔽性强的非线性个体特征。

基于深度学习的通信辐射源个体识别技术研究的可行性在于深度学习方法能够通过多层的非线性神经网络,对高维无标签的通信辐射源输入样本进行特征编码、降维,以深层的低维特征表达原始输入中的主要信息,反映通信辐射源样本中

的内在结构特征,为分类器提供丰富的类别判决证据,实现有效的个体识别。并且,传统有监督的通信辐射源个体识别方法是在已知类别信息的情况下提取训练样本中的潜在结构信息,该信息在无标签通信辐射源样本中以同样的形式存在,可以结合深度学习方法,对能准确表达通信辐射源个体差异的信息进行学习,反映在个体特征上,在个体识别过程中发挥作用。还有,深度学习提取的低维特征可以与常用的 softmax 分类器进行匹配,softmax 分类器是一种有效的有监督多元分类器,其分类性能主要取决于深度学习提取特征对通信辐射源个体表达的准确性,因此只需少量有标签通信辐射源样本即可实现分类识别,并且结构简单、分类速度快,将其与基于深度学习的通信辐射源细微特征提取相结合,可以高效完成通信辐射源的个体识别。

现在通过一个简单的实验说明基于深度学习的通信辐射源个体识别方法的可行性。图 7-1 所示为基于堆栈自编码(Stacked Autoenl oder,SAE)网络的通信辐射源个体识别算法对 4096 维通信辐射源观测样本进行深度编码的过程。SAE 的结构为 4096-1024-256-64,SAE 隐藏层的每一层都是对前一层通信辐射源特征的抽象表示,因此可以在网络模型的深层通过较低的维度表达通信辐射源的内在细微结构特征。在实验中选取 10 个 kenwood 电台 1 的通信辐射源观测样本进行深度编码,并以第 5 个样本为例进行说明。为直观表示通信辐射源个体特征,将通信辐射源特征样本及其个体特征绘成等高线图。SAE 完成深度编码后,将其权重系数作为通信辐射源样本的特征基,而编码权重表示了通信辐射源观测样本对应的个体特征。可以看出,kenwood 电台 1 的 5 号样本可以由 64 个抽象的特征基按照相应的编码权重进行表示,特征基相比原始的特征样本具有更加简洁的表示形式,说明基于深度学习的通信辐射源个体识别方法能够有效提取通信辐射源观测样本的内在结构信息,用于识别通信辐射源个体。

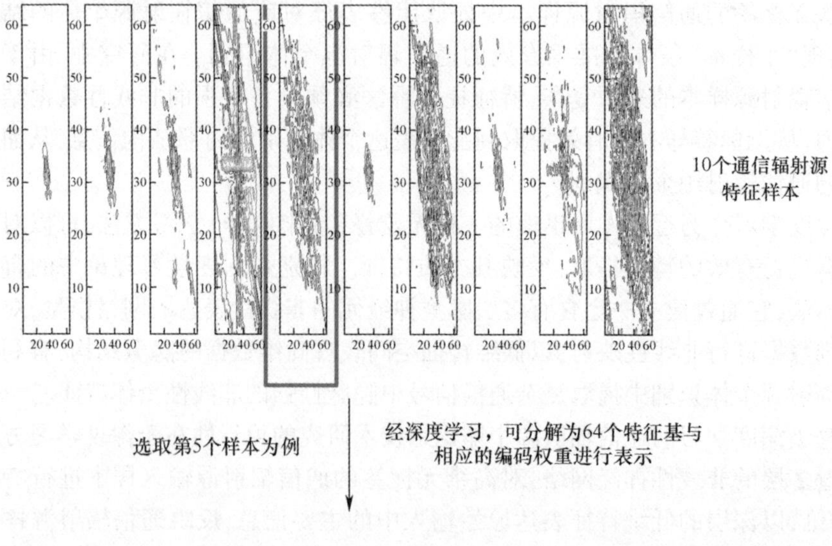

| | | | | | | | |
|---|---|---|---|---|---|---|---|
| 0.154722 | 0.156836 | 0.591013 | 0.154584 | 0.170042 | 0.154721 | 0.066555 | 0.156149 |
| 0.158876 | 0.589025 | 0.156321 | 0.155075 | 0.593449 | 0.535948 | 0.155629 | 0.155487 |
| 0.154899 | 0.549995 | 0.550281 | 0.180497 | 0.167002 | 0.186438 | 0.073325 | 0.169082 |
| 0.144545 | 0.142933 | 0.190232 | 0.155917 | 0.154809 | 0.155505 | 0.18626 | 0.181811 |
| 0.156602 | 0.156165 | 0.156838 | 0.155101 | 0.536733 | 0.155964 | 0.154659 | 0.067991 |
| 0.155467 | 0.155232 | 0.153662 | 0.140966 | 0.066963 | 0.15538 | 0.176472 | 0.154901 |
| 0.593558 | 0.153408 | 0.066865 | 0.155376 | 0.156882 | 0.155765 | 0.154545 | 0.155919 |
| 0.261493 | 0.188049 | 0.185705 | 0.156018 | 0.155101 | 0.155161 | 0.163587 | 0.155951 |

编码权重

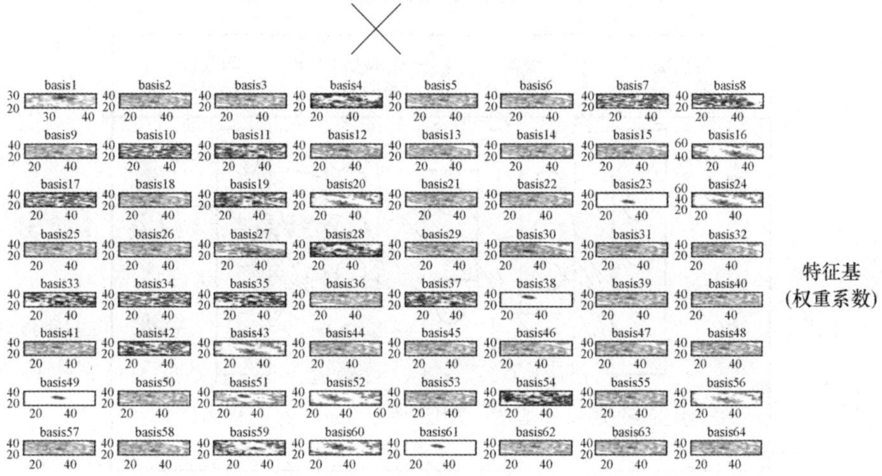


图 7-1　SAE 提取的 kenwood 数据集电台 1 个体特征构成机理

## 7.3　基于堆栈自编码网络的通信辐射源个体识别

为解决通信辐射源个体识别中的“小样本”问题,引入深度学习理论,充分利用大量无标签样本内在的结构信息提取通信辐射源个体本征特征,从半监督学习的角度提高通信辐射源个体识别性能。本节提出一种基于堆栈自编码网络的通信辐射源个体识别算法。该方法首先利用堆栈自编码网络对大量无标签通信辐射源观测样本进行压缩编码,提取反映通信辐射源个体内在结构信息的本征特征;其次通过少量有标签通信辐射源观测样本优化 softmax 分类器模型,从而有效提高分类器的判别性能。

### 7.3.1　堆栈自编码网络

堆栈自编码网络(SAE)是一种经典的深度学习方法,其模型结构如图 7-2 所示。SAE 的基本结构为“输入层—编码器—解码器—输出层”,其中输入层和输出层是可观测到样本差异的可视层,编码器和解码器则是各个神经元按照样本特征进行非线性组合表达的隐藏层,无法直接观察到样本特征在其中的变化。一般而言,SAE 除输出层外,每一层都包含若干个编码神经元和一个偏置神经元,后一层的神经元会根据前一层输出的特征进行编码,通过叠加隐藏层达到对输入的高维样本降维编码的目的,最深层的低维编码系数表示了高维样本中的潜在结构信息,通过解码器在输出层重构样本的高维信息。为使输出层重构恢复的高维信息与输入样本之间的差异尽可能的小,SAE 需要有效提取输入样本的潜在结构信息,通过构造网络代价函数,并多次迭代优化编码过程,使网络代价函数最小,得到最优的编码系数。下面简单介绍 SAE 的特征提取过程。

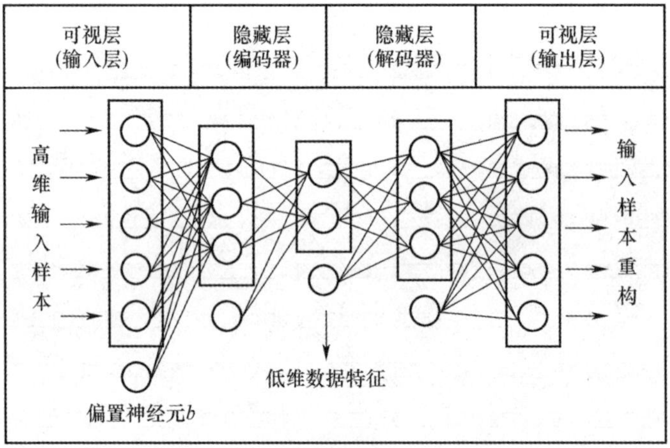


图 7-2　堆栈自编码网络原理示意图

假设自编码网络有 $L$ 层隐藏层,输入的无标签通信辐射源观测样本为高维特征 $\boldsymbol{X}_U = [x_1, x_2, \cdots, x_N]$,则自编码网络对每个输入样本 $x$ 的编码函数为

$$\boldsymbol{h}(x) = \boldsymbol{\omega x} + \boldsymbol{b} \tag{7-1}$$

式中:$\boldsymbol{\omega}$ 为堆栈自编码网络隐藏层中神经元传播路径的权重系数;$\boldsymbol{b}$ 为隐藏层偏置。那么,对于自编码网络隐藏层第 $l$ 层,神经元输出的非线性激励为

$$\boldsymbol{a}^{(l)} = f(\boldsymbol{h}^{(l-1)}) = \mathrm{sigmoid}(\boldsymbol{h}^{(l-1)}) \tag{7-2}$$

解码器与编码器互为逆过程,它们关于第 $L$ 层呈对称结构,第 $2L$ 层为输出层,对高维样本的重构 $\boldsymbol{y}$ 为

$$\boldsymbol{y} = \boldsymbol{a}^{(2L)} = f(\boldsymbol{h}^{(2L-1)}) \tag{7-3}$$

将重构 $\boldsymbol{y}$ 与高维输入 $\boldsymbol{x}$ 之间的均方误差定义为重构误差,然后构造代价函数 $J(\boldsymbol{\omega},\boldsymbol{b})$,即

$$J(\boldsymbol{\omega},\boldsymbol{b}) = \frac{1}{N}\sum_{i=1}^{N}\frac{1}{2}\|\boldsymbol{x}-\boldsymbol{y}\|^2 + \frac{\lambda}{2}\sum_{l=1}^{2}\sum_{i=1}^{s_{l+1}}\sum_{j=1}^{s_l}(\omega_{ij}^{(l)})^2 \tag{7-4}$$

式中:第一项是重构误差项,表示重构 $\boldsymbol{y}$ 与输入 $\boldsymbol{x}$ 之间的差异大小,$N$ 为输入样本的数目;第二项是权重衰减项,控制代价函数中权重系数的大小,避免出现过拟合,其中 $\lambda$ 为权重衰减因子,$s_{l+1}$ 表示第 $l+1$ 层的神经元数目,$s_l$ 表示当前第 $l$ 层的神

经元数目，$\omega_{ij}^{(l)}$ 表示第 $l$ 层与第 $l+1$ 层的神经元传播路径的权重。

因为代价函数不是严格凸函数，一般通过反向传播算法对代价函数进行迭代优化，求其最小值。根据自编码网络各层的非线性激励 $\boldsymbol{a}^{(l)}$ 计算各层残差 $\boldsymbol{\delta}^{(l)}$ ：

$$\boldsymbol{\delta}^{(l)} = ((\boldsymbol{\omega}^{(l)})^{\mathrm{T}}\boldsymbol{\delta}^{(l+1)})f'(\boldsymbol{h}^{(l)}) \tag{7-5}$$

因此，可以计算各层权重与偏置矢量分别为

$$\nabla_{\boldsymbol{\omega}^{(l)}} J(\boldsymbol{\omega},\boldsymbol{b}) = \boldsymbol{\delta}^{(l+1)}(\boldsymbol{a}^{(l)})^{\mathrm{T}} \tag{7-6}$$

$$\nabla_{\boldsymbol{b}^{(l)}} J(\boldsymbol{\omega},\boldsymbol{b}) = \boldsymbol{\delta}^{(l+1)} \tag{7-7}$$

最后更新 SAE 的网络参数（式中的 $\alpha$ 为学习率）：

$$\boldsymbol{\omega}^{(l)} = \boldsymbol{\omega}^{(l)} - \alpha \nabla_{\boldsymbol{\omega}^{(l)}} J(\boldsymbol{\omega},\boldsymbol{b}) \tag{7-8}$$

$$\boldsymbol{b}^{(l)} = \boldsymbol{b}^{(l)} - \alpha \nabla_{\boldsymbol{b}^{(l)}} J(\boldsymbol{\omega},\boldsymbol{b}) \tag{7-9}$$

### 7.3.2 基于堆栈自编码网络的通信辐射源个体识别

基于 SAE 的通信辐射源个体识别算法基本流程如图 7-3 所示，按照预处理后通信辐射源矩形积分双谱特征样本的维度设计堆栈自编码网络输入/输出层以及隐藏层的神经元节点数目，堆栈自编码网络隐藏层对无标签样本压缩编码，得到低维编码系数；为得到样本的最佳编码系数，需要通过反向传播算法迭代更新编码系数，迭代完成后将编码系数初始化 softmax 分类器参数，结合有标签样本训练 softmax 分类器模型，完成个体识别算法训练。

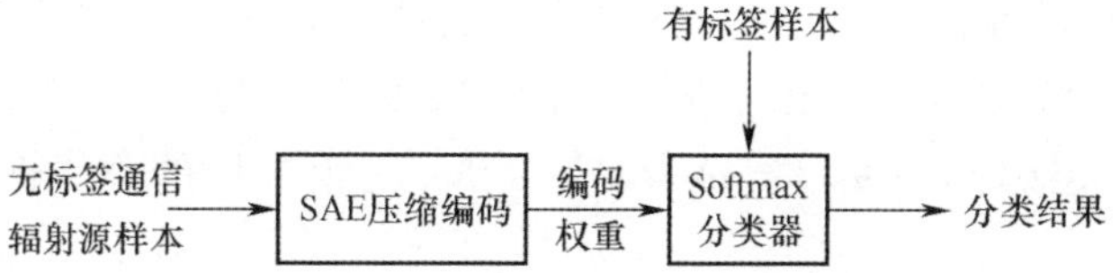


图 7-3 基于 SAE 的通信辐射源个体识别算法基本流程

#### 1. 堆栈自编码网络结构设计

经过大量实验和研究发现，堆栈自编码网络结构对于特征表达的准确性影响最大。为研究最适用于通信辐射源个体识别方法的堆栈自编码网络结构，本节在 4 种不同通信辐射源数据集上利用 SAE 分别提取所有输入样本的个体特征，实验变量为不同的 SAE 模型结构。预处理提取的矩形积分双谱特征（SIB）维度为 4096，对照图 7-2，输入层和输出层各有 4096 个神经元，按照 25%的个体特征缩放比例设计隐藏层结构（不计偏置神经元在内）分别为 1024、1024-256、1024-256-64、1024-256-64-16 的 4 种 SAE 模型，分别编号为 $M_1$, $M_2$, $M_3$, $M_4$。以 SAE 重构误差（解码输出的重构与输入样本之间的均方误差）作为性能评价指标，迭代训练 100 次，比较 4 种模型在 4 种数据集上的重构误差，实验结果如表 7-2 所列。

表 7-2　不同 SAE 模型在 kenwood、krisun、USW、SW 数据集上的重构误差

| SAE 模型 | kenwood | krisun | USW | SW |
|---|---|---|---|---|
| $M_1$ | 0.180 | 0.193 | 0.275 | 0.350 |
| $M_2$ | 0.060 | 0.074 | 0.158 | 0.260 |
| $M_3$ | **0.045** | **0.052** | 0.150 | **0.256** |
| $M_4$ | 0.056 | 0.081 | **0.149** | 0.257 |

可以发现,SAE 模型的重构误差在 4 种数据集上大体上随着隐藏层数目的增加,首先开始降低,在层数 $L=3$ 时误差基本不再下降,甚至开始增大。而在 kenwood 和 krisun 数据集上,由于信号形式较简单、环境中的电磁干扰较少,重构误差很小,在 $M_3$ 的模型结构下取得了 4 种模型中最小的重构误差,继续增加隐藏层反而造成重构误差变大,这是由于 SAE 的梯度下降方向偏离了最优方向造成的。相比之下,USW、SW 数据集在隐藏层数为 $L=3$ 和 $L=4$ 时,重构误差基本没有变化,表现得较为平稳,说明这两个信号环境较为复杂的数据集在 SAE 隐藏层数 $L=3$ 时就达到了算法 4 种模型中的最优学习效果。

总结实验结果可知,隐藏层为 3 时的 SAE 模型在 4 种数据集上的重构误差最小,即提取的特征最能够反映输入样本的特征,因此在本书涉及 SAE 的算法中,SAE 均采用 1024-256-64 的隐藏层结构。

**2. 堆栈自编码网络预训练**

为简化推导过程,令 SAE 的隐层数目为 2,高维输入样本数目为 $N$,特征维度为 $D$。那么将高维输入 $\boldsymbol{X}_U$ 记为 $\boldsymbol{h}^{(0)}$,第一层编码记为 $\boldsymbol{h}^{(1)}$,非线性激励记为 $\boldsymbol{a}^{(1)}$,所以第二层编码为 $\boldsymbol{h}^{(2)}=\boldsymbol{\omega}^{(2)}\boldsymbol{a}^{(1)}+\boldsymbol{b}^{(2)}$,第二层的非线性激励为 $\boldsymbol{a}^{(2)}=\text{sigmoid}(\boldsymbol{h}^{(1)})$。

解码器首层编码则为 $\boldsymbol{h}^{(3)}=(\boldsymbol{\omega}^{(2)})^{\mathrm{T}}\boldsymbol{a}^{(2)}+\boldsymbol{b}^{(2)}$,从而可以计算解码器端对高维输入的重构 $\boldsymbol{y}=\boldsymbol{h}^{(4)}=(\boldsymbol{\omega}^{(1)})^{\mathrm{T}}\boldsymbol{a}^{(3)}+\boldsymbol{b}^{(1)}$。

将重构 $\boldsymbol{y}$ 与高维输入 $\boldsymbol{h}^{(0)}$ 之间的均方误差定义为重构误差,代入式(7-4),则

$$J(\boldsymbol{\omega},\boldsymbol{b})=\frac{1}{N}\sum_{i=1}^{N}\frac{1}{2}\|\boldsymbol{h}^{(0)}-\boldsymbol{y}\|^2+\frac{\lambda}{2}\sum_{l=1}^{2}\sum_{i=1}^{s_{l+1}}\sum_{j=1}^{s_l}(\omega_{ij}^{(l)})^2 \tag{7-10}$$

通过迭代计算可以找到代价函数 $J(\boldsymbol{\omega},\boldsymbol{b})$ 的最小值,由反向传播算法实现。

当代价函数收敛至最小时,输出 SAE 编码权重 $\boldsymbol{\theta}_{\text{initial}}=\boldsymbol{\omega}=\boldsymbol{\omega}^{(1)}\boldsymbol{\omega}^{(2)}$ 作为 softmax 分类器的初始化参数。

**3. softmax 分类器训练**

softmax 分类器通过有标签通信辐射源观测样本进行训练,SAE 算法从无监督训练的模式转变成半监督训练的模式,因此可以通过 SAE 无监督训练得到的编码系数进行模型初始化,处于较好的特征学习起点,有利于快速获得最佳分类性能参数,从而实现更加准确有效的通信辐射源个体识别。

softmax 分类器模型结构如图 7-4 所示，由一个带偏置单元的输入层和一个输出层构成。训练时首先以 SAE 的编码权重对 softmax 的模型参数 $\boldsymbol{\theta}$ 进行初始化，然后利用对输入的有标签训练样本的类别估计 $\boldsymbol{y}$ 构造目标函数并对其最小化，得到最优的模型参数 $\boldsymbol{\theta}_{\text{opt}}$ 。进行分类识别时，待分类样本从输入层输入，由 Softmax 模型参数 $\boldsymbol{\theta}_{\text{opt}}$ 进行编码，然后在输出层输出对输入样本标签的预测结果。

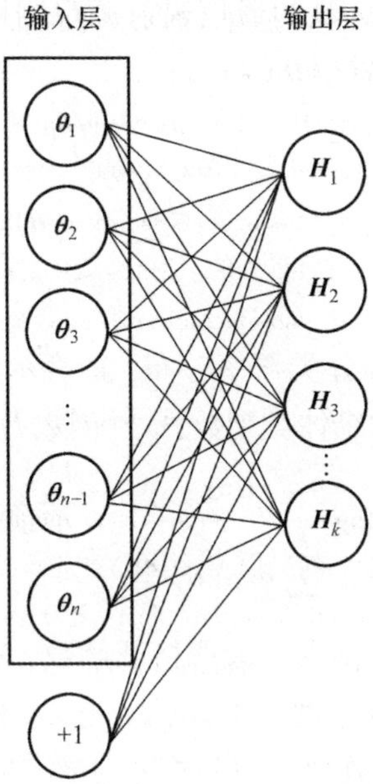


图 7-4　softmax 分类器模型结构

假设训练集合 $\boldsymbol{X}_L=[(\boldsymbol{x}_{N+1},t_{N+1}),\cdots,(\boldsymbol{x}_{N+M},t_{N+M})]$ 由 $M$ 个有标签的通信辐射源观测样本构成，每个通信辐射源观测样本 $\boldsymbol{x}_i$ 的特征维度为 $D$ ，$t_{N+i}(i=1,2,\cdots,M)$ 表示该观测样本所属的类别，$t_{N+i}\in\{1,2,\cdots,k\}$，$k$ 表示通信辐射源观测样本的类别数。softmax 分类器模型会根据模型参数 $\boldsymbol{\theta}$（$\boldsymbol{\theta}$ 模型参数的初始值是通过无标签样本对 SAE 模型得到的编码权重）对输入的每个样本所属通信辐射源个体类别进行估计，$y_i$ 表示分类器对通信辐射源观测样本 $\boldsymbol{x}_i$ 的预测标签号，那么，在已知 $\boldsymbol{X}_L$ 条件下第 $i$ 个样本对应的预测标签 $y_i$ 为 $t_{N+i}$ 的概率可以表示为 $p(\boldsymbol{y}_i=t_{N+i}\mid\boldsymbol{X}_L)$ ，其中 $i=1,2,\cdots,M,t_{N+i}=1,2,\cdots,k$ 。对所有训练样本 $\boldsymbol{X}_L$ 分类概率的预测函数

$$\boldsymbol{H}(\boldsymbol{X}_L)=\begin{bmatrix}p(\boldsymbol{y}_i=1\,|\,\boldsymbol{x}_i;\boldsymbol{\theta})\\p(\boldsymbol{y}_i=2\,|\,\boldsymbol{x}_i;\boldsymbol{\theta})\\\vdots\\p(\boldsymbol{y}_i=k\,|\,\boldsymbol{x}_i;\boldsymbol{\theta})\end{bmatrix}=\frac{1}{\sum\limits_{j=1}^{k}\exp(\boldsymbol{\theta}_j^{\mathrm{T}}x_i)}\begin{bmatrix}\exp(\boldsymbol{\theta}_1^{\mathrm{T}}\boldsymbol{x}_i)\\\exp(\boldsymbol{\theta}_2^{\mathrm{T}}\boldsymbol{x}_i)\\\vdots\\\exp(\theta_k^{\mathrm{T}}\boldsymbol{x}_i)\end{bmatrix}\tag{7-11}$$

式中：$\frac{1}{\sum_{j=1}^{k}\exp(\boldsymbol{\theta}_j^{\mathrm{T}}\boldsymbol{x}_i)}$ 为归一化因子，使所有分类概率之和为 1；$\boldsymbol{\theta} = [\boldsymbol{\theta}_1, \boldsymbol{\theta}_2, \cdots, \boldsymbol{\theta}_k]^{\mathrm{T}}$ 为 softmax 的模型参数，其起始值为 SAE 训练所得的初始模型参数 $\boldsymbol{\theta}_{\mathrm{initial}} \in \boldsymbol{R}^{s_L \times \mathrm{D}}$，$s_L$ 为 SAE 第 $L$ 层的神经元数目。

为了进一步利用少量有标签的通信辐射源观测样本训练 softmax 分类器模型参数 $\boldsymbol{\theta}$，可以最小化目标函数 $J_s(\boldsymbol{\theta})$：

$$J_{\mathrm{s}}(\boldsymbol{\theta}) = -\frac{1}{\mathrm{M}}\left[\sum_{i=1}^{\mathrm{M}}\sum_{j=1}^{k} 1\{y_i = t_{N+i}\}\log\frac{\boldsymbol{\theta}_j^{\mathrm{T}}x_i}{\sum_{l=1}^{k}\exp(\boldsymbol{\theta}_l^{\mathrm{T}}x_i)}\right] + \frac{\lambda}{2}\sum_{j=1}^{k}\sum_{m=1}^{\mathrm{D}}(\theta_{jm})^2 \tag{7-12}$$

其中，第一项是样本正确分类概率分布，$M$ 表示输入有标签通信辐射源观测样本数目，$k$ 表示通信辐射源个体类别数；示性函数 $l\{y_i = t_{N+i}\}$ 在 $y_i = t_{N+i}$ 时（$t_{N+i} = 1, 2, \cdots, k$）为 1，其余为 0；$\log\frac{\boldsymbol{\theta}_j^{\mathrm{T}}x_i}{\sum_{l=1}^{k}\exp(\boldsymbol{\theta}_l^{\mathrm{T}}x_i)}$ 表示预测分类概率的对数值；第二项是权重衰减项，目的是将代价函数变为严格凸函数，$\lambda$ 是权重衰减因子，$D$ 表示样本 $\boldsymbol{X}_L$ 中数据特征部分 $\boldsymbol{x}_{N+i}$ 的维度大小，也是 softmax 模型参数 $\boldsymbol{\theta}$ 的维度，$\theta_{im}$ 为第 $i$ 类第 $m$ 个样本对应的模型参数。

由于代价函数 $J_s(\boldsymbol{\theta})$ 是非凸函数，故只能通过迭代运算方法进行计算，此处采用与 SAE 相同的反向传播算法进行参数更新，迭代步骤如下：

首先，计算代价函数的梯度 $\nabla_{\theta_m} J_{\mathrm{s}}(\boldsymbol{\theta})$，即

$$\nabla_{\theta_m} J_s(\boldsymbol{\theta}) = -\frac{1}{M}\sum_{i=1}^{M}[x_i(l\{y_i = t_{N+i}\} - p(y_i = t_{N+i} \mid x_i; \boldsymbol{\theta}))] + \lambda\theta_m \tag{7-13}$$

模型参数 $\boldsymbol{\theta}$ 中每个神经元的参数 $\theta_m$ 更新公式为

$$\theta_m = \theta_m - \alpha\nabla_{\theta_m} J_{\mathrm{s}}(\boldsymbol{\theta}) \tag{7-14}$$

当迭代计算达到预设的次数时，视为代价函数 $J_s(\boldsymbol{\theta})$ 收敛至最小，保留此时 softmax 分类器模型参数 $\boldsymbol{\theta}_{\mathrm{opt}}$。将测试样本输入 softmax 分类器，可得到其预测标签 $y_i$，对照样本的实际标签 $t_i$，判断分类结果正误，将所有测试样本的分类结果进行统计，计算得到 softmax 分类器对测试样本的识别率。

**4. 算法步骤**

根据算法原理推导，基于 SAE 的通信辐射源个体识别算法主要步骤归纳如下。

步骤 1：输入无标签通信辐射源观测样本集 $\boldsymbol{X}_U$，在 SAE 中进行无监督特征编码。对输入数据进行编码，得到 SAE 各层对输入数据的非线性编码 $\boldsymbol{h}^{(l)}$。

步骤 2：构造无监督训练代价函数。计算重构 $\boldsymbol{y}$，在此基础上，优化代价函数 $J(\boldsymbol{\omega},\boldsymbol{b})$。

步骤 3：对无监督代价函数进行迭代计算。根据式(7-8)和式(7-9)参数更新方法，计算获得 softmax 分类器初始化参数 $\boldsymbol{\theta}_{\text{initial}}$。

步骤 4：构造分类器的有监督代价函数。用 $\boldsymbol{\theta}_{\text{initial}}$ 对 softmax 分类器模型参数进行初始化，计算有监督代价函数 $J_s(\boldsymbol{\theta})$。

步骤 5：通过迭代最小化有监督代价函数 $J_s(\boldsymbol{\theta})$，由式(7-14)获得模型参数 $\boldsymbol{\theta}$ 的最优值 $\boldsymbol{\theta}_{\text{opt}}$。

步骤 6：进行个体识别，将测试样本输入由降噪深度学习机(Denoising Deep Learning Machine，DDLM)算法训练的 softmax 分类器，输出分类结果。

### 7.3.3 实验与结果分析

实验目的在于评价基于堆栈自编码网络的通信辐射源个体识别方法是否能够在“小样本”条件下有效识别同厂家、同型号的多部通信辐射源个体，实验数据为第 1 章介绍的数据集。为验证算法的有效性，将该方法(SAE)与有监督的高阶谱降维方法(SIB/PCA 法)、杂散成分方法(R 特征法)以及近年新提出的高阶谱稀疏表示方法(MCER)[89]在设置的“小样本”条件下进行比较。

将划分好的“小样本”条件下不同数据集按照“小样本”条件的不同将实验编号为 $E_1$、$E_2$、$E_3$、$E_4$。每个实验重复 50 次，取 50 次的平均识别率作为评价指标。SIB/PCA、R、MCER 以及 SAE 方法在不同数据集上的平均识别率及其标准差如表 7-3～表 7-6 所列。

表 7-3　SIB/PCA、R、MCER 和 SAE 方法在 kenwood 数据集上取不同训练样本数时的平均识别率及其标准差　(单位:%)

| 方法 | $E_1$ | $E_2$ | $E_3$ | $E_4$ |
|---|---|---|---|---|
| SIB/PCA | 46(±2.99) | 56.43(±2.94) | 65.25(±2.76) | 85.5 |
| R | 43.26(±3.93) | 43.86(±3.77) | 48.21(±3.64) | 58.3 |
| MCER | 47.94(±3.07) | 62.22(±2.83) | 76.37(±2.56) | **92** |
| SAE | **75.12(±1.84)** | **78.59(±1.63)** | **79.45(±1.53)** | — |

表 7-4　SIB/PCA、R、MCER 和 SAE 方法在 krisun 数据集上取不同训练样本数时的平均识别率及其标准差　　(单位:%)

| 方法 | $E_1$ | $E_2$ | $E_3$ | $E_4$ |
|---|---|---|---|---|
| SIB/PCA | 44.67(±3.56) | 57.46(±3.48) | 64.03(±3.4) | 82.15 |
| R | 42.58(±4.43) | 42.94(±4.4) | 44.1(±4.13) | 55.67 |
| MCER | 45.16(±3.58) | 59.74(±3.51) | 73.15(±3.48) | **91.33** |
| SAE | **72.83(±2.38)** | **75.25(±2.1)** | **77.43(±1.98)** | — |

表 7-5　SIB/PCA、R、MCER 和 SAE 方法在 USW 数据集上取不同训练样本数时的平均识别率及其标准差　　(单位:%)

| 方法 | $E_1$ | $E_2$ | $E_3$ | $E_4$ |
|---|---|---|---|---|
| SIB/PCA | 39(±4.31) | 51.71(±4.28) | 55.33(±4.2) | 81 |
| R | 40(±5.75) | 42.14(±5.67) | 42.17(±5.64) | 60 |
| MCER | 40.25(±3.92) | 53.86(±3.84) | 56.33(±3.7) | **87** |
| SAE | **51.4(±4.55)** | **55.8(±4.42)** | **57.5(±4.34)** | — |

表 7-6　SIB/PCA、R、MCER 和 SAE 方法在 SW 数据集上取不同训练样本数时的平均识别率及其标准差　　(单位:%)

| 方法 | $E_1$ | $E_2$ | $E_3$ | $E_4$ |
|---|---|---|---|---|
| SIB/PCA | 44.13(±6.68) | 49.14(±6.68) | 54(±6.6) | 59 |
| R | 20(±7.9) | 20(±7.34) | 19.83(±7.13) | 20 |
| MCER | **47.13(±4.57)** | **50.86(±1.92)** | **54.5(±1.85)** | 70 |
| SAE | 48.25(±6.28) | 50.1(±6.2) | 53.75(±6.1) | — |

在 Kenwood 数据集、Krisun 数据集、USW 数据集和 SW 数据集上的实验结果表明:

(1) 除 SW 数据集的 $E_2$ 和 $E_3$ 实验外,SAE 方法在所有其他实验条件下均实现了最好的通信辐射源个体分类识别性能,尤其是在 kenwood 数据集和 krisun 数据集取得了显著的性能提升,如在 kenwood 数据集 $E_1$ 实验条件下,平均识别率比 SIB/PCA、R、MCER 有监督方法高出约 30%。其主要原因在于 SAE 方法通过对大量无标签通信辐射源观测样本进行压缩编码,能够有效探测样本中的内在非线性结构信息,从而提取通信辐射源个体本质特征,实现同类型不同通信辐射源个体的分类识别。

(2) SAE 方法的性能并没有因为每个数据集包含了不同频率、不同传输模式

(直射和绕射)和不同说话人($A$、$B$ 和 $C$)的通信辐射源观测样本而受到显著影响,说明 SAE 方法对频率、传输模式和说话人等因素不敏感。

(3) SAE 方法在 kenwood 数据集和 krisun 数据集上的平均识别率及其标准差显著优于在 USW 和 SW 数据集上的实验结果,其主要原因有两个:一是通信电台内部的干扰,二是通信辐射源信号受外界因素和传播环境的干扰。可以从这 4 个数据集的平均识别率的标准差变化得到验证,此外,第 3 章和第 5 章的改进深度学习算法在 USW 和 SW 数据集上的实验性能得到显著提升也验证了这一点。

(4) 在 kenwood 数据集和 krisun 数据集上的实验结果表明,SAE 方法能够有效解决通信辐射源个体识别中存在的"小样本"问题,但是在受到通信辐射源内部和外部环境干扰条件下,其识别性能受到不同程度的影响。

## 7.4 基于降噪深度学习机的通信辐射源个体识别

通信辐射源观测样本中不可避免地存在来自通信辐射源内部和外部环境的干扰,使得 SAE 算法无法通过编码权重准确反映通信辐射源个体内部结构信息,最终导致基于 SAE 的通信辐射源个体识别方法存在识别性能不稳健的问题。本节针对通信辐射源个体识别的噪声干扰问题,引入降噪自编码网络(Denoising Autoencoder,DAE)算法。降噪自编码网络由 Vincent 于 2008 年提出,在堆栈自编码网络的基础上,对输入样本进行人为噪声污染,减少了训练模型可学习的特征,但在解码器端依然要求重构完整的输入样本,从而迫使自编码网络提取的特征泛化能力更强,对样本内在结构信息的描述更加准确。2015 年 Wu 等[90]基于降噪自编码网络设计了语音合成算法,利用大量无标签数据准确提取了语音数据的关键特征,实现了高精度的自动语音合成。因此,将无标签通信辐射源观测样本作为降噪自编码网络的输入样本,可以发挥降噪自编码网络良好的特征泛化与抗噪能力,在"小样本"条件下能有效识别多个同类型通信辐射源个体。

本节在分析降噪自编码网络理论的基础上,根据自编码网络训练流程的特点设计了一种降噪深度学习机算法来识别通信辐射源个体,将并行学习的方法用于训练降噪自编码网络,发挥降噪自编码网络对复杂样本内在结构本征特征的表达能力,提高个体识别有效性。首先,将无标签通信辐射源观测样本同时输入堆栈自编码网络和降噪自编码网络进行无监督训练,以堆栈自编码网络的训练结果作为降噪自编码网络训练结果的误差校正项,构造代价函数;其次,通过解码函数,将堆栈自编码网络的编码器与降噪自编码网络的解码器连接,在代价函数上反馈训练误差;最后,从降噪自编码网络顶层提取个体特征,利用 softmax 分类器完成个体识别。DDLM 算法在实际环境下采集的 kenwood、krisun、USW 和 SW 数据集上的平均识别率相比 SAE 算法分别提高了 11%、16%、25%和 22%。

## 7.4.1 基于降噪深度学习机的通信辐射源个体识别方法

本节提出了基于降噪深度学习机的通信辐射源个体识别方法，主要流程如图7-5所示，首先将预处理所得无标签通信辐射源样本 $\boldsymbol{X}_U$ 分别输入降噪自编码网络与堆栈自编码网络训练，降噪自编码网络的解码器通过隐藏层神经元表示样本编码激励 $\widetilde{\boldsymbol{a}}^{(l)}$，与堆栈自编码网络对应隐藏层的样本编码激励 $\boldsymbol{a}^{(l)}$ 共同构造投影误差项 $J^{(l)}$，组成模型训练所需整体代价函数 $J$；其次通过反向传播算法优化降噪深度学习机各层的权重系数 $\boldsymbol{\omega}$；最后从顶层提取 $\boldsymbol{\omega}$ 作为输入通信辐射源样本的个体特征，在分类识别过程中作为 softmax 分类器的初始模型参数，加入有标签通信辐射源样本 $\boldsymbol{X}_L$ 训练 softmax 分类器，实现通信辐射源个体识别的全部训练。

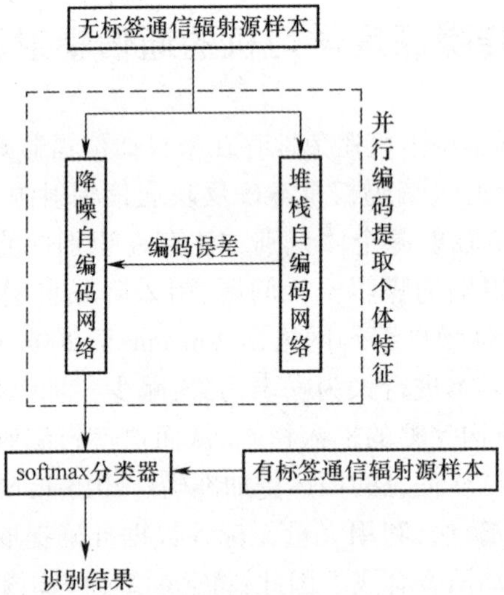


图7-5　基于 DDLM 的通信辐射源个体识别方法主要流程

### 1. 降噪自编码网络

降噪自编码网络原理示意图如图7-6所示，训练样本并不直接送入自编码网络，而是首先加入随机噪声污染样本，这样能够迫使自编码网络设法恢复样本被污染的部分，正确重构输入样本。由于样本中可学习的信息变少，自编码网络必须根据现有的信息提取泛化能力更好的特征，以去除噪声污染，重构原始未污染样本，因而特征对样本内在结构的描述更加准确，抗噪性能更强。

假设输入的无标签通信辐射源观测样本集为 $\boldsymbol{X}_U=[\boldsymbol{x}_1,\boldsymbol{x}_2,\cdots,\boldsymbol{x}_N]$，降噪自编码网络首先对样本进行加噪处理，随机噪声注入通常有两种方法：①加入随机高斯噪声；②将 $\boldsymbol{X}_U$ 中的数据按比例置零。本书算法采用了第一种加噪方法，则此时降噪自编码网络的污染样本 $\widetilde{\boldsymbol{X}}=[\widetilde{x}_1,x_2,\cdots,\widetilde{x}_N]$ 表示为

$$\widetilde{\boldsymbol{x}}_i=\boldsymbol{x}_i+\boldsymbol{\varepsilon},\boldsymbol{\varepsilon}\in\boldsymbol{N}(0,\boldsymbol{x}^2\boldsymbol{I}),\quad i=1,2,\cdots,N \tag{7-15}$$

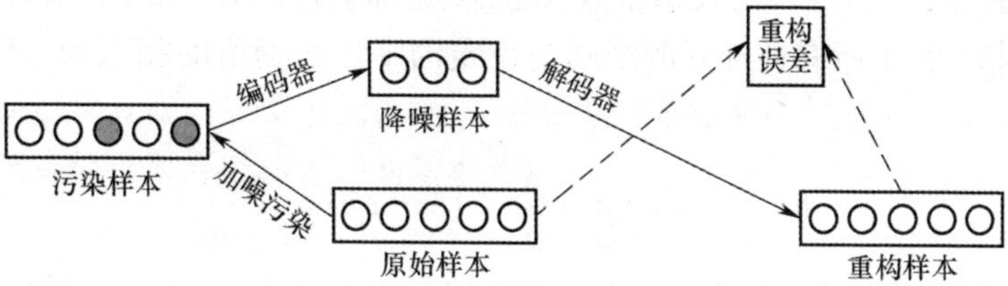


图 7-6　降噪自编码网络原理示意图

式中：$\boldsymbol{\varepsilon}$ 表示均值为 0、方差为 $\boldsymbol{x}^2\boldsymbol{I}$ 的随机高斯噪声，$\boldsymbol{I}$ 为单位矩阵。

其次通过降噪自编码网络进行编码，将输入样本压缩投影到低维特征空间中。假设降噪自编码网络隐藏层有 $L$ 层，以 $l$ 表示当前层数，则输入样本的非线性编码表达式为

$$\widetilde{\boldsymbol{z}}^{(1)} = \boldsymbol{\omega}^{(1)}\widetilde{\boldsymbol{x}} + \boldsymbol{b}^{(1)} \tag{7-16}$$

式中：向量 $\boldsymbol{\omega}^{(1)}$ 表示输入信息在神经元上的传播路径权重大小；$\boldsymbol{b}^{(1)}$ 为该层偏置单元向量。

根据降噪自编码网络的逐层贪婪学习过程，隐藏层的每一层都将前一层的非线性编码的激励作为该层的输入，所以对于第 $l$ 层，有

$$\widetilde{\boldsymbol{z}}^{(l)} = \boldsymbol{\omega}^{(l)}\widetilde{\boldsymbol{a}}^{(l-1)} + \boldsymbol{b}^{(l)} \tag{7-17}$$

式中：$\widetilde{\boldsymbol{a}}^{(l)}$ 为降噪自编码网络第 $l$ 层神经元的激励，在本节算法中，有

$$\widetilde{\boldsymbol{a}}^{(l)} = \text{sigmoid}(z^{(l-1)}) \tag{7-18}$$

因此，隐藏层顶层的编码为

$$\widetilde{\boldsymbol{z}}^{(L)} = \boldsymbol{\omega}^{(L)}\widetilde{\boldsymbol{a}}^{(L-1)} + \boldsymbol{b}^{(L)} \tag{7-19}$$

解码器根据顶层编码 $z^{(L)}$，由式(7-17)从第 $L$ 层到第 $2L-1$ 层自顶向下计算，最后输出降噪重构 $\widetilde{\boldsymbol{y}}$：

$$\widetilde{\boldsymbol{y}} = \widetilde{\boldsymbol{z}}^{(2L-1)} = \boldsymbol{\omega}^{(1)}\widetilde{\boldsymbol{a}}^{(2L-2)} + \boldsymbol{b}^{(1)} \tag{7-20}$$

为使降噪自编码网络能够提取输入的通信辐射源信号对应个体特征，以重构误差 $\|\widetilde{\boldsymbol{y}}_k - \boldsymbol{x}_k\|^2 (k = 1,2,\cdots,N)$ 构造降噪自编码网络代价函数：

$$J(\boldsymbol{\omega},\boldsymbol{b}) = \frac{1}{N}\sum_{k=1}^{N}\frac{1}{2}\|\widetilde{\boldsymbol{y}}_k - \boldsymbol{x}_k\|^2 + \frac{\lambda}{2}\sum_{l=1}^{2L-2}\sum_{i=1}^{s_{l+1}}\sum_{j=1}^{s_l}(\omega_{ij}^{(l)})^2 + \beta KL(\hat{\rho}\|\rho) \tag{7-21}$$

式中：第一项为重构误差项，$N$ 为输入的通信辐射源观测样本数，$\widetilde{\boldsymbol{y}}_k$、$\boldsymbol{x}_k$ 分别表示降噪重构和输入中的第 $k$ 个元素；第二项是权重衰减项，$\boldsymbol{\lambda}$ 为权重衰减系数，$s_{l+1}$、$s_l$ 分别表示第 $l+1$ 和第 $l$ 层的神经元个数，$\omega_{ij}^{(l)}$ 表示第 $l$ 层中第 $j$ 个神经元与 $l+1$

层第 $i$ 个神经元传播路径的权重系数;第三项是稀疏性约束项,$\beta$ 是稀疏性约束系数,$KL(\hat{\rho}\|\rho)$ 表示所有神经元的激励与设定的平均激励值的相对熵,其计算方法如下:

$$KL(\hat{\rho}\|\rho)=\rho\ln\frac{\rho}{\hat{\rho}}+(1-\rho)\ln\frac{1-\rho}{1-\hat{\rho}} \tag{7-22}$$

式中:$\rho$ 为设定的平均激励值,一般设置为接近于 0 的值;$\hat{\rho}$ 为所有神经元激励的平均值:

$$\hat{\rho}=\frac{1}{L}\sum_{l=1}^{L}\frac{1}{s_l}\sum_{i=1}^{s_l}\widetilde{\boldsymbol{a}}_i^{(l)} \tag{7-23}$$

当 $\rho$ 为常数 $\rho_0$,相对熵 $KL(\hat{\rho}\|\rho)$ 在 $\rho=\rho_0$ 取得最小值。

最后对代价函数求最小值。由式(7-21)可知,代价函数 $J(\boldsymbol{\omega},\boldsymbol{b})$ 的前两项是非凸的,其全局最小值只能通过迭代计算求解,此处采用反向传播算法计算,计算步骤如下:

步骤 1:计算降噪自编码网络输出层的激励 $\widetilde{\boldsymbol{a}}^{(2L-2)}$。

步骤 2:计算输出层的残差矢量 $\widetilde{\boldsymbol{\delta}}^{(2L-1)}$:

$$\widetilde{\boldsymbol{\delta}}^{(2L-1)}=-(\boldsymbol{X}_U-\widetilde{\boldsymbol{a}}^{(2L-2)})[\text{sigmoid}(z^{(2L-1)})]' \tag{7-24}$$

其中

$$[\text{sigmoid}(z)]'=\text{sigmoid}(z)(1-\text{sigmoid}(z))=\frac{1}{e^z+e^{-z}+2}$$

步骤 3:对于第 $l=2L-2,2L-1,\cdots,2,1$ 层的隐藏层,由后向前计算各层残差矢量,有

$$\widetilde{\boldsymbol{\delta}}^{(l)}=((\boldsymbol{\omega}^{(l)})^{\mathrm{T}}\widetilde{\boldsymbol{\delta}}^{(l+1)})[\text{sigmoid}(\boldsymbol{z}^{(2L-1)})]' \tag{7-25}$$

步骤 4:计算每次迭代中第 $l$ 层权重系数和偏置系数的梯度下降方向矢量:

$$\nabla_{\boldsymbol{\omega}^{(l)}}\boldsymbol{J}(\boldsymbol{\omega},\boldsymbol{b})=\widetilde{\boldsymbol{\delta}}^{(l+1)}(\widetilde{\boldsymbol{a}}^{(l)})^{\mathrm{T}} \tag{7-26}$$

$$\nabla_{\boldsymbol{b}^{(l)}}J(\boldsymbol{\omega},\boldsymbol{b})=\widetilde{\boldsymbol{\delta}}^{(l+1)} \tag{7-27}$$

步骤 5:更新第 $l$ 层权重系数和偏置系数($\alpha$ 为学习率):

$$\boldsymbol{\omega}^{(l)}=\boldsymbol{\omega}^{(l)}-\alpha\nabla_{\boldsymbol{\omega}^{(l)}}J(\boldsymbol{\omega},\boldsymbol{b}) \tag{7-28}$$

$$\boldsymbol{b}^{(l)}=\boldsymbol{b}^{(l)}-\alpha\nabla_{\boldsymbol{b}^{(l)}}J(\boldsymbol{\omega},\boldsymbol{b}) \tag{7-29}$$

步骤 6:输出训练完成的编码权重系数矩阵 $\boldsymbol{\omega}=\boldsymbol{\omega}^{(1)}\boldsymbol{\omega}^{(2)}\cdots\boldsymbol{\omega}^{(L)}$。当迭代达到设定的最大次数时,降噪自编码网络训练完成,此时顶层 $L$ 的样本编码 $\widetilde{\boldsymbol{z}}^{(L)}$ 为低维降噪编码,对应的权重系数 $\boldsymbol{\omega}=\boldsymbol{\omega}^{(1)}\boldsymbol{\omega}^{(2)}\cdots\boldsymbol{\omega}^{(L)}$ 即为通信辐射源个体特征,输出用于初始化 softmax 分类器。

**2. 基于并行学习的降噪自编码网络训练过程**

并行学习是一种自编码网络训练过程的优化方法,将通信辐射源样本同时输入结构相同的堆栈自编码网络与降噪自编码网络,由于降噪自编码网络的输入样本被污染而缺失了部分样本信息,在进行非线性编码时很有可能与堆栈自编码网络的编码结果不同,因此用堆栈自编码网络与降噪自编码网络各层的样本编码差异构造误差函数,并赋予一定权重反映在整体代价函数上,可以对训练结果的误差进行校正,个体特征能够更准确表征不同的通信辐射源个体。算法采用图 7-7 所示的并行学习机结构。

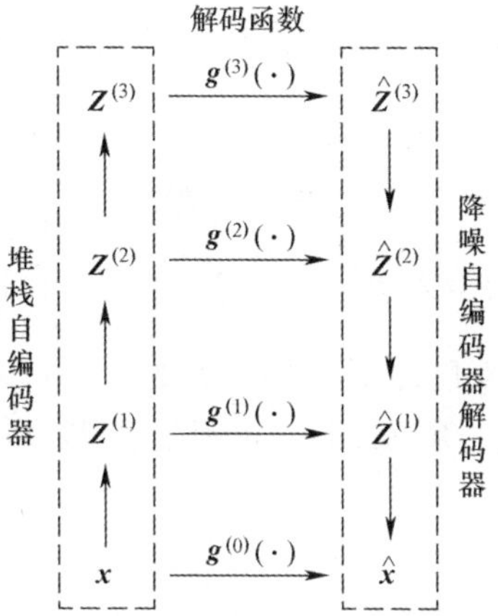


图 7-7　并行学习机结构示意图

在并行学习机中,沿用第 2 章中 SAE 的代价函数,定义重构误差代价项:

$$J^{(0)}(\boldsymbol{\omega},\boldsymbol{b})=\frac{1}{N}\sum_{k=1}^{N}\frac{1}{2}\parallel\widetilde{\boldsymbol{y}}_k-\boldsymbol{x}_k\parallel^2 \tag{7-30}$$

式中:$N$ 为输入样本的数目;$\boldsymbol{x}_k$、$\widetilde{\boldsymbol{y}}_k$ 分别为输入样本矢量与输出重构矢量。

在降噪自编码网络中,由于样本污染,降噪自编码网络的样本编码会偏离堆栈自编码网络的样本编码,在并行学习机中通过隐藏层各层样本编码的非线性激励值误差定义样本编码误差项:

$$J^{(l)}=\frac{1}{s_l}\sum_{i=1}^{s_l}\parallel\boldsymbol{a}^{(l)}-\hat{\boldsymbol{a}}^{(l)}\parallel^2 \tag{7-31}$$

式中:$s_l$ 为堆栈自编码网络第 $l$ 层的神经元数目;$\boldsymbol{a}^{(l)}$ 为堆栈自编码网络中样本编码的激励值;$\hat{\boldsymbol{a}}^{(l)}$ 为降噪自编码网络第 $l$ 层根据该层激励值与解码函数 $g^{(l)}(\boldsymbol{\omega}^{(l)},\boldsymbol{b}^{(l)})$ 对堆栈自编码网络第 $l$ 层的重构值,解码函数 $g^{(l)}(\boldsymbol{\omega}^{(l)},\boldsymbol{b}^{(l)})$ 表示为

$$\hat{\boldsymbol{a}}^{(l)}=\boldsymbol{\omega}^{(l)}\widetilde{\boldsymbol{a}}^{(2L-l-1)}+b^{(2L-l-1)} \tag{7-32}$$

下面对 $\hat{\boldsymbol{a}}^{(l)}$ 进行简单推导与说明,为简化过程,以单层结构的并行自编码网络为例,堆栈自编码网络将原始样本 $\boldsymbol{x}$ 进行非线性编码,激励 $\boldsymbol{a}^{(1)}=\mathrm{sigmoid}(\boldsymbol{x})$ 。那么,对于输入的污染样本 $\tilde{\boldsymbol{x}}$ ,降噪自编码网络应当也输出同样的激励,即 $\tilde{\boldsymbol{a}}^{(1)}=\boldsymbol{a}^{(1)}$ 。但是,由于污染样本 $\tilde{\boldsymbol{x}}$ 部分信息缺失使编码 $\tilde{\boldsymbol{a}}^{(1)}$ 与堆栈自编码网络样本编码的激励出现了细微差异,故需要在降噪自编码网络训练过程中缩小此差异。降噪自编码网络的解码函数 $g(\boldsymbol{\omega},\boldsymbol{b})$ 能够将污染样本编码重构为输入样本,因此同样可将污染的样本编码激励重构为无污染的样本编码激励,即将降噪自编码网络首层激励通过解码函数逼近堆栈自编码网络的首层激励值,其公式可表示为

$$\boldsymbol{a}^{(1)} \approx \hat{\boldsymbol{a}}^{(1)}=g^{(1)}(\tilde{\boldsymbol{a}}^{(1)})=g^{(1)}(\mathrm{sigmoid}(\tilde{\boldsymbol{x}})) \tag{7-33}$$

同理可得

$$\hat{\boldsymbol{a}}^{(0)}=g^{(0)}(\tilde{\boldsymbol{a}}^{(1)}) \tag{7-34}$$

因此,输入层的编码误差为 $J^{(0)}=\dfrac{1}{N}\sum\limits_{i=1}^{N}\|\boldsymbol{x}_i-\tilde{\boldsymbol{y}}_i\|^2$,与堆栈自编码网络代价函数具有一致的形式。而对隐藏层层数为 $L$ 的并行自编码网络而言,各层的编码误差在整体代价函数中通过编码误差权重因子 $\alpha_l$ 控制,即

$$J=J^{(0)}+\sum_{l=1}^{L}\alpha_l J^{(l)} \tag{7-35}$$

由于并行学习机迭代计算 $\hat{\boldsymbol{a}}^{(l)}$,$\hat{\boldsymbol{a}}^{(l)}$ 的回归性会增加神经元传播路径权重系数 $\boldsymbol{\omega}$ 的相关性,使最终编码权重无法准确表征通信辐射源个体。而编码误差项的加入可以帮助提升个体特征分离不同通信辐射源个体的能力,因此在并行学习机的代价函数中加入相关性敏感项 $J_{\Sigma}^{(l)}$,其构造方法如下。

假设堆栈自编码网络第 $l$ 层样本编码的非线性激励为 $\boldsymbol{a}^{(l)}$ ,则协方差矩阵为

$$\sum{}^{(l)}=\frac{1}{s_l}\sum_{k=1}^{s_l}\boldsymbol{a}^{(l)}\,[\boldsymbol{a}^{(l)}]^{\mathrm{T}} \tag{7-36}$$

令 $\lambda_i^{(l)}$ 为 $\sum^{(l)}$ 的特征值,则可对相关性敏感项 $J_{\Sigma}^{(l)}$ 进行计算( $\boldsymbol{I}$ 为单位阵):

$$J_{\Sigma}^{(l)}=\sum_i(\lambda_i^{(l)}-\log\lambda_i^{(l)}-1)=\mathrm{tr}(\sum{}^{(l)}-\log\sum{}^{(l)}-\boldsymbol{I}) \tag{7-37}$$

最后为确保个体特征具有稀疏性,有效表征通信辐射源个体,还需加入稀疏性约束项 $J_{\mu}^{(l)}$ ,由于样本编码激励值的均值为 $\hat{\rho}^{(l)}=\dfrac{1}{s_l}\sum\limits_{k=1}^{s_l}\boldsymbol{a}^{(l)}$ ,则稀疏性约束项 $J_{\mu}^{(l)}$ 为

$$J_{\mu}^{(l)}=\|\hat{\rho}^{(l)}\|^2 \tag{7-38}$$

综上所述,可得基于降噪深度学习机的整体代价函数表达式为

$$J = J^{(0)} + \sum_{l=1}^{L} \alpha_l J^{(l)} + \beta_l J_{\Sigma}^{(l)} + \gamma_l J_{\mu}^{(l)} \tag{7-39}$$

**3. 算法步骤**

基于 DDLM 的通信辐射源个体识别算法步骤如下。

步骤 1:以相同随机分布分别初始化降噪自编码网络与堆栈自编码网络,输入无标签通信辐射源信号 $\boldsymbol{X}_U$。

步骤 2:根据式(7-15),降噪自编码网络对 $\boldsymbol{X}_U$ 注入随机噪声,得到污染样本 $\widetilde{\boldsymbol{X}}$。

步骤 3:按照堆栈自编码网络的深度编码过程,堆栈自编码网络和降噪自编码网络分别对 $\boldsymbol{X}_U$ 和 $\widetilde{\boldsymbol{X}}$ 进行深度编码和降噪编码,计算降噪自编码网络的降噪重构 $\widetilde{\boldsymbol{y}}$,并计算代价函数的重构误差 $J^{(0)}$。

步骤 4:计算降噪自编码网络各隐藏层中输入样本编码的非线性激励 $\widetilde{\boldsymbol{a}}^{(l)}$。

步骤 5:依据隐藏层各层神经元传播路径的权重系数和偏置单元 $\boldsymbol{\omega}^{(l)}$ 与 $\boldsymbol{b}^{(l)}$,构成解码函数,计算堆栈自编码网络解码器中的非线性激励重构 $\hat{\boldsymbol{a}}$,并计算降噪自编码网络各隐藏层的样本编码误差代价 $J^{(l)}$。

步骤 6:计算降噪自编码网络各隐藏层代价函数的稀疏性约束 $J_{\mu}^{(l)}$。

步骤 7:计算 DDLM 的代价函数 $J$。

步骤 8:通过反向传播算法,迭代计算代价函数的最小值,输出各隐藏层的权重系数 $\boldsymbol{\omega} = \boldsymbol{\omega}^{(1)}\boldsymbol{\omega}^{(2)}\cdots\boldsymbol{\omega}^{(L)}$。

步骤 9:以个体特征 $\boldsymbol{\omega}$ 初始化 softmax 分类器,输入有标签样本 $\boldsymbol{X}_L$,进行训练。

步骤 10:进行个体识别,将测试样本输入由 DDLM 方法训练的 softmax 分类器,输出分类结果。

## 7.4.2 实验与结果分析

实验条件同 7.3.3 节,为评估基于降噪深度学习机的通信辐射源个体识别方法在不同“小样本”条件下,对同厂家、同型号的不同辐射源个体的识别性能,以 50 次识别的正确率均值作为评价指标,将不同条件下的实验结果与 SIB/PCA、MCER 以及 SAE 方法进行对照分析。

将划分好的“小样本”条件下数据集按照“小样本”条件的不同将实验编号为 $E_1$、$E_2$、$E_3$、$E_4$。每个实验重复 50 次,取 50 次的平均识别率作为评价指标。SIB/PCA、MCER、SAE 以及 DDLM 方法在不同数据集上的平均识别率及其标准差如表 7-7~表 7-10 所列。

表 7-7　SIB/PCA、MCER、SAE 以及 DDLM 方法在 kenwood 数据集上取不同训练样本数时的平均识别率及其标准差　(单位:%)

| 方法 | $E_1$ | $E_2$ | $E_3$ | $E_4$ |
|---|---|---|---|---|
| SIB/PCA | 46(±2.99) | 56.43(±2.94) | 65.25(±2.76) | 85.5 |
| MCER | 47.94(±3.07) | 62.22(±2.83) | 76.37(±2.56) | **92** |
| SAE | 75.12(±1.84) | 78.59(±1.63) | 79.45(±1.53) | — |
| DDLM | **83.33(±1.23)** | **84.67(±1.13)** | **91.58(±0.87)** | — |

表 7-8　SIB/PCA、MCER、SAE 以及 DDLM 方法在 krisun 数据集上取不同训练样本数时的平均识别率及其标准差　(单位:%)

| 方法 | $E_1$ | $E_2$ | $E_3$ | $E_4$ |
|---|---|---|---|---|
| SIB/PCA | 44.67(±3.56) | 57.46(±3.48) | 64.03(±3.4) | 82.15 |
| MCER | 45.16(±3.58) | 59.74(±3.51) | 73.15(±3.48) | **91.33** |
| SAE | 72.83(±2.38) | 75.25(±2.1) | 77.43(±1.98) | — |
| DDLM | **80.25(±1.93)** | **86.8(±1.75)** | **93.75(±1.63)** | — |

表 7-9　SIB/PCA、MCER、SAE 以及 DDLM 方法在 USW 数据集上取不同训练样本数时的平均识别率及其标准差　(单位:%)

| 方法 | $E_1$ | $E_2$ | $E_3$ | $E_4$ |
|---|---|---|---|---|
| SIB/PCA | 39(±4.31) | 51.71(±4.28) | 55.33(±4.2) | 81 |
| MCER | 40.25(±3.92) | 53.86(±3.84) | 56.33(±3.7) | **87** |
| SAE | 51.4(±4.55) | 55.8(±4.42) | 57.5(±4.34) | — |
| DDLM | **67.75(±2.9)** | **71.5(±2.88)** | **82(±2.83)** | — |

表 7-10　SIB/PCA、MCER、SAE 以及 DDLM 方法在 SW 数据集上取不同训练样本数时的平均识别率及其标准差　(单位:%)

| 方法 | $E_1$ | $E_2$ | $E_3$ | $E_4$ |
|---|---|---|---|---|
| SIB/PCA | 44.13(±6.68) | 49.14(±6.68) | 54(±6.6) | 59 |
| MCER | 47.13(±4.57) | 50.86(±1.92) | 54.5(±1.85) | **70** |
| SAE | 48.25(±6.28) | 50.1(±6.2) | 53.75(±6.1) | — |
| DDLM | **64(±5.17)** | **71.5(±4.9)** | **75.67(±4.84)** | — |

在 kenwood 数据集、krisun 数据集、USW 数据集和 SW 数据集上的实验结果表明:

(1) DDLM 方法在所有实验条件下均实现了最好的通信辐射个体分类识别性能,如在 kenwood 数据集的 $E_1$ 实验条件下,DDLM 方法的平均识别率比 SIB/PCA、

MCER、SAE 方法高出 37.33%、35.39%和 8.21%，主要原因在于两个方面：一是 DDLM 采用并行学习机模型能够通过实时校正训练误差的方式提高对样本特征的表征能力；二是 DDLM 利用降噪自编码网络提取了泛化性能更强的特征，挖掘个体差异最显著的结构信息。

(2) 与 SAE 方法相比，DDLM 方法在 4 个数据集上的性能都得到显著提升，尤其是在 USW 和 SW 数据集上取得了较为令人满意的结果，如在 SW 数据集上 $E_2$ 实验条件下，平均识别率比 SAE 方法高出约 20.5%，主要原因在于 DDLM 方法利用了降噪自编码网络，有效抵制了来自通信电台内部和外部环境的干扰，提取了泛化性能更强的特征。

(3) 与 SAE 方法相比，DDLM 方法在 4 个数据集上的平均识别率标准差降低，表明该方法稳定性得到增强。

(4) DDLM 方法的性能并没有因为每个数据集包含不同频段、不同频率、不同传输模式（直射和绕射）和不同说话人（$A$、$B$ 和 $C$）的通信辐射源观测样本而受到显著影响，说明 DDLM 方法对频段、频率、传输模式和说话人等因素不敏感。

(5) 在 kenwood 数据集、krisun 数据集、USW 数据集和 SW 数据集上的实验结果表明，DDLM 方法能够有效解决通信辐射源个体识别中存在的“小样本”的问题，且在受到通信辐射源内部和外部环境干扰条件下，获得较为令人满意的识别结果。

## 7.5 基于图嵌入堆栈自编码网络的通信辐射源个体识别

SAE 是一种面向复杂非线性大数据的无监督式特征学习方法，但是，7.3 节的实验结果表明，基于 SAE 的通信辐射源个体识别算法只学习了无标签的通信辐射源观测样本的结构信息，由于无标签样本中带有大量的噪声干扰与冗余信息，导致 SAE 提取的个体特征对于同类型通信辐射源个体的泛化区分性能不够理想，在样本中存在噪声干扰时不能有效提取样本的内在结构特征。而且因为没有利用有标签通信辐射源观测样本的标签信息，对于相似度高的同类型通信辐射源个体，缺少指导信息进行准确识别，从而也导致了在“小样本”条件下一旦受到通信辐射源外部或者内部干扰时，算法的个体识别性能受到明显抑制。

图嵌入（Graph Embedding）是由 Yan 等于 2007 年在 IEEE TPAMI 上提出的一种维数约简框架与算法[91]，本节所采用图嵌入框架的基本思想是设计：本征图和惩罚图两个邻接图，以本征图连接每一个样本点与它同类的近邻点，表征类内的紧致度；以惩罚图连接不同类的边界点，表征类间的可分性，寻找合适的嵌入映射，将有标签通信辐射源观测样本投影到低维特征空间，使同类的 $k_1$ 个近邻样本间的距离尽可能小，而不同类的 $k_2$ 个近邻样本间的距离尽可能大。因此，图嵌入算法可以根据有标签通信辐射源观测样本中的标签信息，在堆栈自编码网络对无标签通信辐射源观测样本进行压缩编码得到的编码系数的基础上，缩小同一个体的编码系数在低维特征空间中的相互距离，扩大不同个体的编码系数在低维特征空间中的距离，从而增强通信辐射源个体特征的类内紧致度与类间分离度。

本节在分析图嵌入算法的基础上，按照“堆栈自编码网络无监督训练+图嵌入有监督训练”的模式，设计了基于图嵌入堆栈自编码网络的通信辐射源个体识别算法(Graph Autoencoder, GAE)，根据有标签通信辐射源观测样本中的标签信息，通过图嵌入算法优化堆栈自编码网络训练所得编码系数，得到融合了标签信息的通信辐射源个体特征，增强个体识别的有效性与可行性。算法首先通过无标签通信辐射源观测样本训练堆栈自编码网络，然后将训练得到的编码系数输入图嵌入算法，结合有标签通信辐射源观测样本的标签信息与样本结构信息，将编码系数投影到更低维的特征空间，进一步寻找个体特征对于同一通信辐射源个体的特征分布，最后在 softmax 分类器上完成分类识别。GAE 算法在实际环境下采集的 kenwood、krisun、USW 和 SW 数据集上验证其有效性与可行性，结果表明 GAE 算法有效利用了有标签样本中的标签信息指导构造个体特征，识别的准确性与可靠性比 SAE 方法有显著提升。

### 7.5.1 基于图嵌入堆栈自编码网络的通信辐射源个体识别方法

基于 GAE 的通信辐射源个体识别方法基本过程如图 7-8 所示，首先堆栈自编码网络根据通信辐射源无标签样本压缩编码；其次图嵌入特征映射将有标签样本的类别信息融入个体特征，构造类内紧致图和类间分离图，从而优化个体识别性能，得到具有较强同类型个体鉴别能力的个体特征；最后在 softmax 分类器中完成个体识别。

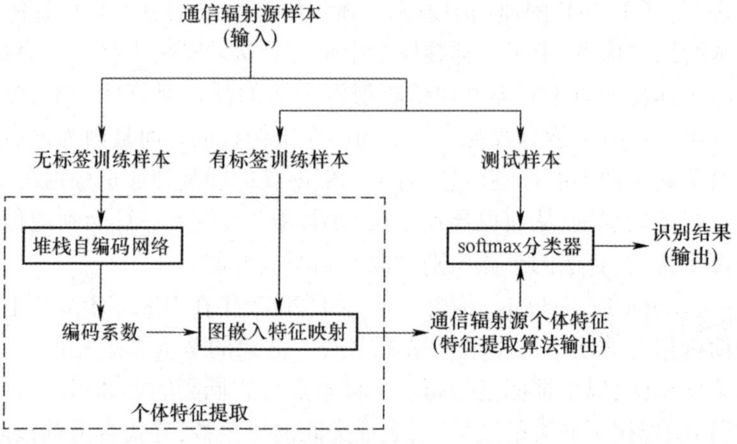


图 7-8　基于 GAE 的通信辐射源个体识别方法基本过程

**1. 基于堆栈自编码网络的无监督预训练**

SAE 提取通信辐射源个体特征流程如图 7-9 所示，其由深度编码、解码重构和迭代优化 3 部分组成。深度编码的目的是对高维无标签样本进行降维压缩编码,一般按照 75%的比例降低样本表示的维度,叠加若干层以实现深度编码降维,利用低维编码系数表达高维样本中的通信辐射源个体的内在结构信息;解码重构过程是根据堆栈自编码网络的顶层编码系数,通过解码映射在输出端重构样本信息,尽可能复现输入样本的所有信息;迭代优化过程是根据解码输出的重构与输入样本之间的误差构造代价函数,并通过最优化方法对堆栈自编码网络中各隐藏层的神经元节点编码系数进行优化计算,使各节点对应的编码系数能够准确描述高维输入样本的内在结构,最后输出最优的编码系数进行有监督训练。

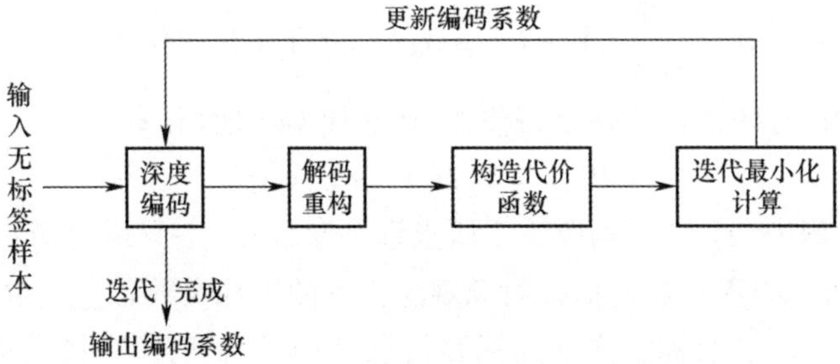


图 7-9 SAE 提取通信辐射源个体特征流程

已知通信辐射源观测样本集 $\boldsymbol{X}=\{\boldsymbol{X}_L,\boldsymbol{X}_U\}\in\boldsymbol{R}^{D\times(M+N)}$ ,其中,每个通信辐射源观测样本 $\boldsymbol{x}_i$ 的特征维度为 $D$ ,观测样本总数为 $M+N$ 。假定无标签的观测样本集 $\boldsymbol{X}_U=\{(\boldsymbol{x}_i,t_i)\mid 0<i<N\}$ 为样本集 $\boldsymbol{X}$ 中的前 $N$ 个样本,后 $M$ 个样本为有标签观测样本,其集合表示为 $\boldsymbol{X}_L=\{(\boldsymbol{x}_{N+i},t_{N+i})\mid 0<i<M\}$ , $t_{N+i}\in\{1,2,\cdots,k\}$ 为样本标签,表示该样本所属通信辐射源个体类别。

首先将无标签样本 $\boldsymbol{X}_U$ 输入堆栈自编码网络进行无监督式预训练。假设堆栈自编码网络的隐层数目为 $L$ ,并且第 $l$ 层中的神经元数目表示为 $s_l$ ,根据 SAE 算法的算法步骤可知,堆栈自编码网络的代价函数为

$$J(\boldsymbol{\omega},\boldsymbol{b})=\frac{1}{N}\sum_{i=1}^{N}\frac{1}{2}\ \|\boldsymbol{x}-\boldsymbol{y}\|^2+\frac{\lambda}{2}\sum_{l=1}^{2}\sum_{i=1}^{s_{l+1}}\sum_{j=1}^{s_l}(\omega_{ij}^{(l)})^2 \tag{7-40}$$

式中: $\boldsymbol{\omega}$ 为堆栈自编码网络隐层中神经元传播路径的权重系数矢量; $\boldsymbol{b}$ 为各隐层的偏置单元; $\boldsymbol{y}$ 为堆栈自编码网络对输入样本的重构; $\lambda$ 为权重衰减因子。

本节通过 L-BFGS 算法迭代计算最优参数,不使用反向传播算法的原因是对于大规模数据的运算,L-BFGS 算法比反向传播算法具有更高的运算效率,能够更快求得代价函数的全局最小值,并且占用的存储空间更少。

将隐层的权重系数矩阵 $\omega\in\boldsymbol{R}^{D\times s_L}$ 按照首尾相连的方式变换成一维矢量 $\boldsymbol{W}$ ,则代价函数 $J(\boldsymbol{\omega},\boldsymbol{b})$ 记作 $J(\boldsymbol{W})$ ,代价函数在每条传播路径上的梯度表示为

$$\boldsymbol{g}_{li}=g_i^{(l)}(W_i^{(l)})(l=1,2,\cdots,L;i=1,2,\cdots,s_l) \tag{7-41}$$

将 $J(\boldsymbol{W})$ 进行泰勒二阶展开并求导可得( $k+1$ 表示迭代次数)

$$\boldsymbol{g}(\boldsymbol{W}) = \boldsymbol{g}(\boldsymbol{W}_{k+1}) + \boldsymbol{H}_{k+1}(\boldsymbol{W} - \boldsymbol{W}_{k+1}) \tag{7-42}$$

式中：$\boldsymbol{H}_{k+1}$ 为代价函数的 Hessian 阵的第 $k+1$ 次计算结果。一般令初次迭代需要的 $\boldsymbol{H}_0$ 为单位对角阵，维度是 $Ds_l \times Ds_l$，并记 $\boldsymbol{W}$ 的第 $k$ 次迭代值为 $\boldsymbol{W}_k$，则可继续变换为

$$\boldsymbol{H}_{k+1}^{-1}[\boldsymbol{g}(\boldsymbol{W}_{k+1}) - \boldsymbol{g}(\boldsymbol{W}_k)] = \boldsymbol{W}_{k+1} - \boldsymbol{W}_k \tag{7-43}$$

在式(7-43)中，令训练参数变化量矩阵 $\boldsymbol{s}_k = \boldsymbol{W}_{k+1} - \boldsymbol{W}_k$，梯度变化量矩阵 $\boldsymbol{y}_k = \boldsymbol{g}_{k+1} - \boldsymbol{g}_k$，以 $\boldsymbol{B}_{k+1}$ 表示待估计的目标函数 Hessian 阵的逆 $\boldsymbol{H}_{k+1}^{-1}$，则

$$\boldsymbol{B}_{k+1}\boldsymbol{y}_k = \boldsymbol{s}_k \tag{7-44}$$

又令辅助算子 $\boldsymbol{\rho}_k = \dfrac{1}{\boldsymbol{s}_k^{\mathrm{T}}\boldsymbol{y}_k}$，$\boldsymbol{V} = \boldsymbol{I} - \boldsymbol{\rho}_k\boldsymbol{y}_k\boldsymbol{s}_k^{\mathrm{T}}$，其中 $\boldsymbol{I}$ 是单位阵。

根据 L-BFGS 的估计矩阵更新公式，在迭代 $k+1$ 次后，有

$$\boldsymbol{B}_{k+1} = \boldsymbol{V}_k^{\mathrm{T}}\boldsymbol{H}_k\boldsymbol{V}_k + \boldsymbol{\rho}_k\boldsymbol{s}_k\boldsymbol{s}_k^{\mathrm{T}} \tag{7-45}$$

在上述过程中，$\boldsymbol{s}_k$ 与 $\boldsymbol{y}_k$ 均取决于所求训练参数 $\boldsymbol{\omega}_{\mathrm{pre}}$，只需得知 $k+1$ 次迭代中的各 $\boldsymbol{B}_{k+1}$ 即可解得无标签通信辐射源观测样本的训练参数 $\omega_{\mathrm{pre}} \in \boldsymbol{R}^{D\times s_l}$。此时提取的训练参数未融合有标签样本的标签信息，对通信辐射源个体的类间区分性不强，因此需加入有监督训练增强特征对通信辐射源个体的类间区分性。

**2. 基于图嵌入特征映射的有监督训练**

为了增强通信辐射源个体特征对同类型不同通信辐射源个体的区分性，本节将有标签通信辐射源观测样本加入训练，通过图嵌入框架发现样本的内在关联，并通过构造类内紧致图和类间分离图进行表达，对 SAE 无监督预训练所得编码权重进行优化，提高最终在 softmax 分类器上的个体识别性能。

首先，根据图嵌入思想，分别构造类内紧致图 $\widetilde{\boldsymbol{S}}_c$ 和类间分离图 $\widetilde{\boldsymbol{S}}_p$。已知有标签通信辐射源观测样本集为 $\boldsymbol{X}_L = [(\boldsymbol{x}_{N+1}, t_{N+1}), \cdots, (\boldsymbol{x}_{N+M}, t_{N+M})]$，每个通信辐射源观测样本 $\boldsymbol{x}_i$ 的特征维度为 $D$，$t_{\mathrm{N}+i}(i=1,2,\cdots,M)$ 表示该观测样本所属的类别，$t_{N+i} \in \{1,2,\cdots,k\}$，$k$ 表示通信辐射源观测样本的类别数。基于 SAE 进行无监督训练得到的训练参数 $\boldsymbol{\omega}_{\mathrm{pre}} \in \boldsymbol{R}^{D\times s_l}$ 为需要优化的特征。

(1) 构造类内紧致图 $\widetilde{\boldsymbol{S}}_c$：

$$\widetilde{\boldsymbol{S}}_c = \sum_i \sum_{i\in N_{k_1}^+(j)\text{或}j\in N_{k_1}^+(i)} \boldsymbol{\omega}_{\mathrm{pre}}^{\mathrm{T}}\boldsymbol{x}_i - \boldsymbol{\omega}_{\mathrm{pre}}^{\mathrm{T}}\boldsymbol{x}_j^2 = 2\boldsymbol{\omega}_{\mathrm{pre}}^{\mathrm{T}}\boldsymbol{X}_L(D^c - I^c)\boldsymbol{X}_L^{\mathrm{T}}\boldsymbol{\omega}_{\mathrm{pre}} \tag{7-46}$$

其中，$i \in N_{k_1}^+(j)$，表示输入样本 $\boldsymbol{x}_i$ 在同类电台样本中最近邻的 $k_1$ 个样本的索引集；$D^c$ 与 $I^c$ 是算子，其计算公式如下：

$$I_{ij}^c = \begin{cases} 1, & i \in N_{k_1}^+(j) \text{ 或 } j \in N_{k_1}^+(i) \\ 0, & \text{其他} \end{cases} \tag{7-47}$$

$$D^c = \sum_{i \neq j} I_{ij}^c, \forall i \tag{7-48}$$

（2）构造类间分离图 $\widetilde{S}_p$ ：

$$\widetilde{S}_p = \sum_i \sum_{(i,j) \in P_{k_2}^+(c_i) \text{或} (i,j) \in P_{k_2}^+(c_j)} \boldsymbol{\omega}_{\text{pre}}^{\mathrm{T}} \boldsymbol{x}_i - \boldsymbol{\omega}_{\text{pre}}^{\mathrm{T}} \boldsymbol{x}_j^2 = 2\boldsymbol{\omega}_{\text{pre}}^{\mathrm{T}} \boldsymbol{X}_L (D^{\mathrm{p}} - I^{\mathrm{p}}) \boldsymbol{X}_L^{\mathrm{T}} \boldsymbol{\omega}_{\text{pre}} \tag{7-49}$$

式中：$(i,j) \in P_{k_2}^+(c_i)$ 表示输入样本 $\boldsymbol{x}_i$ 在不同类电台样本中最近邻的 $k_2$ 个样本的索引集。$D^p$ 与 $I^p$ 是算子，其计算公式如下：

$$I_{ij}^p = \begin{cases} 1, & (i,j) \in P_{k_2}^+(c_i) \text{或} (i,j) \in P_{k_2}^+(c_j) \\ 0, & \text{其他} \end{cases} \tag{7-50}$$

$$D^p = \sum_{i \neq j} I_{ij}^p, \forall i \tag{7-51}$$

其次可以根据最佳映射公式，求解图嵌入特征映射下的训练参数：

$$\boldsymbol{\omega}^* = \operatorname{argmin} \frac{\boldsymbol{\omega}_{\text{pre}}^{\mathrm{T}} \boldsymbol{x}_L (D^c - I^c) \boldsymbol{x}_L^{\mathrm{T}} \boldsymbol{\omega}_{\text{pre}}}{\boldsymbol{\omega}_{\text{pre}}^{\mathrm{T}} \boldsymbol{x}_L (D^p - I^p) x_L^{\mathrm{T}} \boldsymbol{\omega}_{\text{pre}}} \tag{7-52}$$

最后将图嵌入特征 $\boldsymbol{\omega}^*$ 初始化 Softmax 分类器，进行训练，对测试样本进行个体识别。

**3. 算法步骤**

算法具体步骤如下。

步骤 1：将输入的通信辐射源信号预处理为易于进行深度编码的矩形积分双谱特征，并依照先验信息划分成无标签数据 $\boldsymbol{X}_U$ 与有标签数据 $\boldsymbol{X}_L$。

步骤 2：随机初始化堆栈自编码网络的训练参数 $\boldsymbol{\omega},\boldsymbol{b}$ ，输入无标签样本 $\boldsymbol{X}_U$。

步骤 3：计算堆栈自编码网络解码重构 $\boldsymbol{y}$。

步骤 4：构造代价函数 $J(\boldsymbol{W})$ ，计算其梯度矩阵 $\boldsymbol{g}(\boldsymbol{W})$。

步骤 5：由 L-BFGS 法，迭代计算代价函数 Hessian 矩阵的逆阵 $\boldsymbol{B}_{k+1}$ ，使 $J(\boldsymbol{W})$ 最小。

步骤 6：根据 $\boldsymbol{B}_{k+1}$ 求解关于 $\boldsymbol{W}$ 的方程，解得对应深度编码系数 $\boldsymbol{\omega}_{\text{pre}}$。

步骤 7：计算训练参数的图嵌入特征 $\boldsymbol{\omega}^*$ 。

步骤 8：将图嵌入特征 $\boldsymbol{\omega}^*$ 初始化 softmax 分类器，并输入有标签样本 $\boldsymbol{X}_L$，进行训练。

步骤 9：进行个体识别，将测试样本输入由 DDLM 方法训练的 softmax 分类器，输出分类结果。

## 7.5.2 实验与结果分析

实验目的在于评价基于图嵌入堆栈自编码网络的通信辐射源个体识别方法是否能够在“小样本”条件下有效识别同厂家、同型号的通信辐射源个体，分别在

kenwood 数据集、krisun 数据集、USW 数据集以及 SW 数据集上进行分类识别实验。为验证算法有效性，将该方法(GAE)与矩形积分双谱降维方法(SIB/PCA)、杂散分量 R 特征方法(R)、稀疏表示特征提取方法(MCER)以及堆栈自编码网络方法(SAE)进行比较。

将划分好的"小样本"条件下不同数据集按照"小样本"条件的不同将实验编号为 $E_1$、$E_2$、$E_3$、$E_4$。每个实验重复 50 次，取 50 次的平均识别率作为评价指标。SIB/PCA、R、MCER、SAE 以及 GAE 方法在不同数据集上的平均识别率及其标准差如表 7-11~表 7-14 所列。

表 7-11　SIB/PCA、R、MCER、SAE 以及 GAE 方法在 kenwood 数据集上取不同训练样本数时的平均识别率及其标准差　(单位:%)

| 方法 | $E_1$ | $E_2$ | $E_3$ | $E_4$ |
|---|---|---|---|---|
| SIB/PCA | 46(±2.99) | 56.43(±2.94) | 65.25(±2.76) | 85.5 |
| R | 43.26(±3.93) | 43.86(±3.77) | 48.21(±3.64) | 58.3 |
| MCER | 47.94(±3.07) | 62.22(±2.83) | 76.37(±2.56) | **92** |
| SAE | 75.12(±1.84) | 78.59(±1.63) | 79.45(±1.53) | — |
| GAE | **78.66(±1.61)** | **84.4(±1.99)** | **86.18(±1.38)** | — |

表 7-12　SIB/PCA、R、MCER、SAE 以及 GAE 方法在 krisun 数据集上取不同训练样本数时的平均识别率及其标准差　(单位:%)

| 方法 | $E_1$ | $E_2$ | $E_3$ | $E_4$ |
|---|---|---|---|---|
| SIB/PCA | 44.67(±3.56) | 57.46(±3.48) | 64.03(±3.4) | 82.15 |
| R | 42.58(±4.43) | 42.94(±4.4) | 44.1(±4.13) | 55.67 |
| MCER | 45.16(±3.58) | 59.74(±3.51) | 73.15(±3.48) | **91.33** |
| SAE | **72.83(±2.38)** | 75.25(±2.1) | 77.43(±1.98) | — |
| GAE | 72.18(±2.06) | 78.5(±1.83) | 85.13(±1.64) | — |

表 7-13　SIB/PCA、R、MCER、SAE 以及 GAE 方法在 USW 数据集上取不同训练样本数时的平均识别率及其标准差　(单位:%)

| 方法 | $E_1$ | $E_2$ | $E_3$ | $E_4$ |
|---|---|---|---|---|
| SIB/PCA | 39(±4.31) | 51.71(±4.28) | 55.33(±4.2) | 81 |
| R | 40(±5.75) | 42.14(±5.67) | 42.17(±5.64) | 60 |
| MCER | 40.25(±3.92) | 53.86(±3.84) | 56.33(±3.7) | **87** |
| SAE | 51.4(±4.55) | 55.8(±4.42) | 57.5(±4.34) | — |
| GAE | **65.33(±3.98)** | **67.5(±3.78)** | **72.83(±3.34)** | — |

表 7-14　SIB/PCA、R、MCER、SAE 以及 GAE 方法在 SW 数据集上取不同训练样本数时的平均识别率及其标准差　(单位:%)

| 方法 | $E_1$ | $E_2$ | $E_3$ | $E_4$ |
|---|---|---|---|---|
| SIB/PCA | 44.13(±6.68) | 49.14(±6.68) | 54(±6.6) | 59 |
| R | 20(±7.9) | 20(±7.34) | 19.83(±7.13) | 20 |
| MCER | 47.13(±4.57) | 50.86(±1.92) | 54.5(±1.85) | **70** |
| SAE | 48.25(±6.28) | 50.1(±6.2) | 53.75(±6.1) | — |
| GAE | **50.1(±5.8)** | **51.37(±5.62)** | **56.33(±5.6)** | — |

在 kenwood 数据集、krisun 数据集、USW 数据集和 SW 数据集上的实验结果表明:

(1) 除 krisun 数据集的 $E_1$ 实验外,GAE 方法在所有其他实验条件下均实现了最好的通信辐射个体分类识别性能,如在 kenwood 数据集的 $E_3$ 实验条件下,GAE 方法的平均识别率比 SIB/PCA、R、MCER、SAE 方法高出 20.93%、37.97%、9.81% 和 6.73%。其主要原因在于基于图嵌入框架有效利用有标签样本中的类别信息指导无监督训练所得深度编码系数对通信辐射源个体特异性的表达,有助于提高 GAE 的分类识别性能。

(2) 与 SAE 方法相比,GAE 方法在 kenwood 数据集、krisun 数据集和 USW 数据集上的性能都得到显著提升,如在 USW 数据集上 $E_2$ 实验条件下,平均识别率比 SAE 方法高出约 11.7%,主要原因在于 GAE 方法基于图嵌入框架有效利用有标签样本中的类别信息指导无监督训练所得深度编码系数对通信辐射源个体特异性的表达,因此相比单纯利用无标签样本进行训练的 SAE 方法,识别准确性与可靠性均有显著提升。

(3) 与 SIB/PCA、R、MCER、SAE 方法相比,随着有标签样本数量的增加,GAE 方法的识别性能提升更加明显,这主要是因为有标签样本数量的增加将有益于 GAE 方法能够利用更多有标签样本中的类别信息对无监督训练所获得的深度编码系数进行指导与精校。

(4) 对于 SW 数据集,尽管 GAE 方法在 3 种"小样本"实验条件下均取得了最高的平均识别率,但其识别性能远没有达到令人满意的结果,分析其主要原因是由于在短波频段背景信号密集且环境复杂,外部干扰因素较多,而 GAE 方法设计思想是在图嵌入框架下利用有标签样本对无监督训练所获得的深度编码特征进行指导与精校,而不是像 DDLM 方法通过降噪处理消除干扰达到提升分类识别性能。

(5) GAE 方法的性能并没有因为每个数据集包含了不同频率、不同传输模式(直射和绕射)和不同说话人($A$、$B$ 和 $C$)的通信辐射源观测样本而受到显著影响,说明 SAE 方法对频率、传输模式和说话人等因素不敏感。

(6) 在 kenwood 数据集、USW 数据集和 krisun 数据集上的实验结果表明,GAE

方法能够有效解决通信辐射源个体识别中存在的“小样本”问题,但是在受到通信频段背景环境干扰条件下,其识别性能受到不同程度的影响。

## 7.6 基于降噪矩形网络的通信辐射源个体识别

7.4 节的 DDLM 算法训练没有考虑有标签样本的使用,因而个体识别性能仍有进一步提高的空间。虽然标签样本在实际环境中具有难以获取、数量少的缺点,但其中包含的先验个体类别信息对于指导个体特征提取的作用却不可忽视。考虑到“小样本”问题的影响,为实现准确有效的通信辐射源个体识别,本节在设计算法的同时利用大量无标签通信辐射源样本以及尽可能少的有标签通信辐射源样本,以半监督的方式训练个体识别算法模型。

Rasmus 等[93]研究自编码网络算法时发现,并行学习机结构对于在自编码网络中结合有监督训练极为便利:网络可以通过映射函数将编码器与对应解码器相连,使自编码网络顶层不需要表征所有输入信息,而只对其中抽象信息进行表达。并且 Valpola[94]也提出,通过横向映射结构的降噪自编码网络进行有监督学习能够有效增强自编码网络对多种数据有效学习的泛化性能。在通信辐射源个体识别的研究中结合横向映射结构的降噪自编码网络,可以发挥该模型的优势,针对通信辐射源信号中的个体类别信息进行表达,并且获得降噪自编码网络的泛化与抗噪性能,有利于在“小样本”条件下实现有效个体识别。

本节以改善“小样本”条件下 DDLM 方法个体识别性能为目标,在降噪深度学习机的基础上,提出了一种基于降噪矩形网络的通信辐射源个体识别算法(Denoising Rectangular Network,DRN),与 DDLM 算法相比,主要在以下 3 个方面进行了改进:①针对 DDLM 算法仅仅利用无标签样本对降噪深度学习机进行无监督训练的问题,DRN 算法采用了并行半监督模式(GAE 算法采用串行半监督模式),即利用有标签样本训练降噪编码器,同时利用无标签样本训练堆栈编码器;②在解码器中,设计了可训练的横向映射函数,跳过了自底向上的参数传递过程,直接将降噪编码投影成降噪解码;③专门设计了融入判别信息的代价目标函数代替了 DDLM 算法的基于重构误差的代价函数。在实际采集的 4 种通信电台数据集上进行验证实验,结果验证了该方法分类识别性能相比 DDLM 算法有一定提升,并且在“小样本”条件下能够准确识别多部同类型通信辐射源个体。

### 7.6.1 基于降噪矩形网络的通信辐射源个体识别方法

7.4 节提出的 DDLM 算法没有将有标签样本在降噪自编码网络训练时就加入,而是以串行处理的方式提取其中类别信息,这样会使未经提取细微特征的有标签样本在分类器的训练中获得较高的权重,在最终个体识别时造成识别错误;本节在 DDLM 的基础上进行了改进:首先,DRN 算法分别通过降噪自编码网络和堆栈自编码网络对所有通信辐射源观测样本进行学习，以优化顶层的 Softmax 分类性能为目标，设计了有监督代价函数；其次，通过一个横向映射函数将降噪自编码网络编码器部分的结果投影到解码器部分，使较低层的较高维特征表达样本中较为显著的表层结构信息，较高层的较低维特征表达样本中更加抽象的内在结构信息，达到准确提取通信辐射源个体特征的目的；最后，设计了一个无监督代价函数 $J_D$，结合堆栈自编码网络的编码器部分对降噪自编码网络降噪编码过程校正误差，增强了所提取通信辐射源个体特征对通信辐射源个体表达的有效性。

**1. 降噪矩形网络**

如图 7-10 所示，降噪自编码网络与堆栈自编码网络由于通过横向映射将堆栈自编码网络的参数传递到解码器上，整体模型呈现矩形结构，加上以降噪自编码网络作为目标函数训练的核心算法，故将算法模型命名为降噪矩形网络。

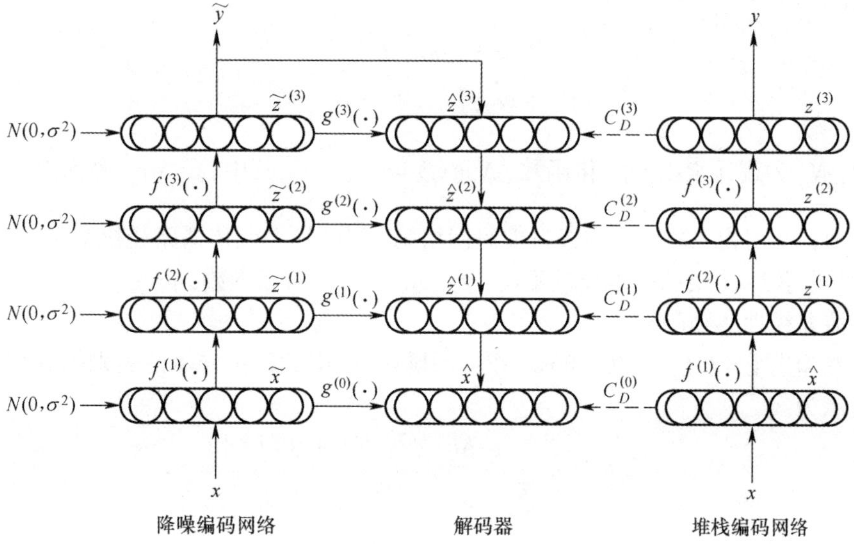


图 7-10　降噪矩形网络结构

图 7-10 中，降噪矩形网络的隐藏层数 $L = 3$，左侧是降噪自编码网络的编码前馈网络 $\tilde{\boldsymbol{x}} \to \tilde{\boldsymbol{z}}^{(1)} \to \tilde{\boldsymbol{z}}^{(2)} \to \tilde{\boldsymbol{z}}^{(3)} \to \tilde{\boldsymbol{y}}$，与 DDLM 直接在输入层注入人为噪声不同，DRN 在编码器每层都注入相同的高斯噪声 $\boldsymbol{N}(0,\sigma^2)$ 进行污染；并且降噪编码 $\tilde{z}$ 通过横向映射与中央解码器端的对应层相连，该横向映射函数与 DDLM 算法中采用编码权重与偏置单元不同，设计一个投影向量将前一层的降噪解码投影到后一层的特征空间中，不需要训练整个网络，而是只通过相邻的两层即可实现编、解码的过程；DRN 的主体是降噪自编码网络的降噪解码 $\hat{z}$，在顶层通过一个 softmax 分类器层输出通信辐射源个体类别标签估计。右侧是堆栈自编码网络，其编码系数与降噪自编码网络完全一致，与 DDLM 中用于构造投影误差的方式不同，它在 DRN

中的作用是由堆栈编码结果 $z$ 与降噪解码 $\hat{z}$ 构造无监督代价项,以无监督训练优化降噪自编码网络的编码权重。

假设通信辐射源观测样本为 $\boldsymbol{X} = \{\boldsymbol{X}_L, \boldsymbol{X}_U\} \in \boldsymbol{R}^{D\times(M+N)}$,其中,每个通信辐射源观测样本 $\boldsymbol{x}_i$ 的特征维度为 $D$,观测样本总数为 $M + N$。假定无标签的观测样本集 $\boldsymbol{X}_U = \{(\boldsymbol{x}_i, t_i) \mid 0 < i < N\}$ 为样本集 $\boldsymbol{X}$ 中的前 $N$ 个样本,后 $M$ 个样本为有标签观测样本,其集合表示为 $\boldsymbol{X}_L = \{(\boldsymbol{x}_{N+i}, t_{N+i}) \mid 0 < i < M\}$,$t_{N+i} \in \{1,2,\cdots,k\}$ 为样本标签,表示该样本所属通信辐射源个体类别。

首先,堆栈自编码网络和降噪自编码网络分别对无标签和有标签观测样本进行编码。

(1) 堆栈自编码网络编码过程。SAE 需要对原始编码进行批归一化处理,令输入样本的原始编码为 $\boldsymbol{h}^{(0)}=\boldsymbol{x}$,对 $l=1,2,\cdots,L$,批归一化的深度编码 $\boldsymbol{z}^{(l)}$ 和网络的激励 $\boldsymbol{a}^{(l)}$ 分别为

$$\boldsymbol{z}^{(l)} = N_B(\boldsymbol{\omega}^{(l)}\boldsymbol{h}^{(l-1)}) \tag{7-53}$$

$$a_i^{(l)} = \phi(\gamma_i^{(l)}(z_i^{(l)} + \beta_i^{(l)})) \tag{7-54}$$

式中:$N_B$ 为逐元素批归一化函数,$N_B(x_i) = \dfrac{x_i - \hat{\mu}_{x_i}}{\hat{\sigma}_{x_i}}$,其中,$\hat{\mu}_{x_i}$、$\hat{\sigma}_{x_i}$ 是由迷你批进行近似计算所得;$\boldsymbol{\omega}^{(l)}$ 为堆栈自编码网络第 $l$ 层的神经元传播路径权重系数矢量;$\boldsymbol{h}^{(l-1)}$ 为第 $l-1$ 层的样本原始编码;$\gamma_i^{(l)}$、$\beta_i^{(l)}$ 为可训练参数;$\phi(\sim)=\max(0, \sim)$ 为整流非线性激励函数。

在输出 $\boldsymbol{y} = \boldsymbol{h}^{(L)}$ 中以 softmax 作为激励函数,因此每个样本的类别标签估计可以表示为

$$\boldsymbol{y} = \boldsymbol{h}^{(L)} = \frac{\exp(\gamma_i^{(L)}(z_i^{(L)} + \beta_i^{(L)})}{\sum_j \exp((\gamma_j^{(L)}(z_j^{(L)} + \beta_j^{(L)}))} \tag{7-55}$$

(2) 降噪自编码网络编码过程。在降噪自编码网络中,令 $\tilde{\boldsymbol{h}}^{(0)} = \tilde{\boldsymbol{x}} = \boldsymbol{x} + \boldsymbol{\varepsilon}^{(0)}$,每层都要向原始编码加入噪声 $\boldsymbol{\varepsilon}^{(l)}$ 污染,从而得到降噪编码 $\tilde{\boldsymbol{z}}^{(l)}$,即

$$\tilde{\boldsymbol{z}}^{(l)} = \boldsymbol{N_B}(\boldsymbol{\omega}^{(l)}\tilde{\boldsymbol{h}}^{(l-1)}) + \boldsymbol{\varepsilon}^{(l)} \tag{7-56}$$

激励与输出的计算方法与堆栈自编码网络中相同,激励表达式为

$$\tilde{\boldsymbol{a}}_i^{(l)} = \phi(\gamma_i^{(l)}(\tilde{z}_i^{(l)} + \beta_i^{(l)})) \tag{7-57}$$

输出降噪分类预测的表达式为

$$\tilde{\boldsymbol{y}} = \tilde{\boldsymbol{h}}^{(L)} = \frac{\exp(\gamma_i^{(L)}(\tilde{z}_i^{(L)} + \beta_i^{(L)}))}{\sum_j \exp(\gamma_i^{(L)}(\tilde{z}_i^{(L)} + \beta_i^{(L)}))} \tag{7-58}$$

那么,根据降噪分类预测 $\tilde{\boldsymbol{y}}$,可以构造降噪矩形网络的有监督代价:

$$J_C = -\frac{1}{N}\sum_{n=1}^{N}\log P(\tilde{y}_i = t_i|\boldsymbol{x}) \tag{7-59}$$

式中：$P(\tilde{y}_i = t_i|\boldsymbol{x})$ 表示降噪自编码网络对样本所属个体类别标签的估计 $\tilde{\boldsymbol{y}}$ 与实际个体类别标签相同的概率，即正确分类的概率。

其次，横向映射函数可以将降噪自编码网络的编码器部分与解码器部分进行连接，只通过两层即实现样本降噪。降噪自编码网络的解码器每一层都与编码器中同一层通过横向映射函数相连，解码器该层通过横向映射函数 $g_i(\tilde{\boldsymbol{z}}_i^{(l)},\boldsymbol{u}_i^{(l)})$ 将降噪编码 $\tilde{\boldsymbol{z}}^{(l)}$ 以及前一层解码矢量 $\hat{\boldsymbol{z}}^{(l+1)}$ 共同对本层的解码矢量 $\hat{\boldsymbol{z}}^{(l)}$ 进行重构，实现样本降噪。

定义投影矢量 $\boldsymbol{u}^{(l)}$，将第 $l+1$ 层的解码矢量 $\hat{\boldsymbol{z}}^{(l+1)}$ 通过投影矩阵 $\boldsymbol{V}^{(l)}$，投影到维度与第 $l$ 层编码矢量 $\boldsymbol{z}^{(l)}$ 相同的特征空间：

$$\boldsymbol{u}^{(l)} = N_B(\boldsymbol{V}^{(l)}\hat{\boldsymbol{z}}^{(l+1)}) \tag{7-60}$$

从而可以定义横向映射函数 $g_i(\tilde{\boldsymbol{z}}_i^{(l)},\boldsymbol{u}_i^{(l)})$，横向映射分为两步：第一步，将投影矢量 $\boldsymbol{u}^{(l)}$ 进行非线性变换，得到映射系数 $\mu_i$ 和 $\nu_i$，即

$$\mu_i(\boldsymbol{u}_i^{(l)}) = \boldsymbol{a}_{i1}^{(l)}\mathrm{sigmoid}(\boldsymbol{a}_{i2}^{(l)}\boldsymbol{u}_i^{(l)} + \boldsymbol{a}_{i3}^{(l)}) + \boldsymbol{a}_{i4}^{(l)}\boldsymbol{u}_i^{(l)} + \boldsymbol{a}_{i5}^{(l)} \tag{7-61}$$

$$\nu_i(\boldsymbol{u}_i^{(l)}) = \boldsymbol{a}_{i6}^{(l)}\mathrm{sigmoid}(\boldsymbol{a}_{i7}^{(l)}\boldsymbol{u}_i^{(l)} + \boldsymbol{a}_{i8}^{(l)}) + \boldsymbol{a}_{i9}^{(l)}\boldsymbol{u}_i^{(l)} + \boldsymbol{a}_{i10}^{(l)} \tag{7-62}$$

式中：$\boldsymbol{a}_{i1}^{(l)},\cdots,\boldsymbol{a}_{i10}^{(l)}$ 为解码器训练参数。

第二步，利用横向映射函数 $g_i(\tilde{\boldsymbol{z}}_i^{(l)},\boldsymbol{u}_i^{(l)})$ 根据降噪编码 $\tilde{\boldsymbol{z}}^{(l)}$ 映射为降噪解码 $\hat{\boldsymbol{z}}^{(l)}$：

$$\hat{z}_i^{(l)} = g_i(\tilde{\boldsymbol{z}}_i^{(l)},\boldsymbol{u}_i^{(l)}) = (\tilde{z}_i^{(l)} - \mu_i(\boldsymbol{u}_i^{(l)}))\nu_i(\boldsymbol{u}_i^{(l)}) + \mu_i(\boldsymbol{u}_i^{(l)}) \tag{7-63}$$

在上述横向映射过程中，令第 $L$ 层的投影矢量 $\boldsymbol{u}^{(L)} = 0$，输入层的降噪编码矢量为 $\tilde{z}^{(0)} = \tilde{\boldsymbol{x}}$，输出的样本重构 $\hat{\boldsymbol{x}} = \hat{z}^{(0)}$。

此外，由于降噪矩形网络采用批归一化的方法处理样本降噪编码矢量，引入噪声干扰两路自编码网络中梯度的传输使 $\hat{\boldsymbol{z}}^{(l)} \approx \tilde{\boldsymbol{z}}^{(l)}$，故引入堆栈自编码网络中的深度编码矢量：

$$\boldsymbol{z}^{(l)} = N_B(\boldsymbol{h}) = \frac{\boldsymbol{h} - \mu}{\sigma} \tag{7-64}$$

式中：$\mu$、$\sigma$ 分别是 $\boldsymbol{h}$ 的批量均值与批量标准差，用于将 $\boldsymbol{h}$ 批量归一化为 $z$。

对误差修正项进行批归一化：

$$\hat{z}_N = \frac{\hat{z} - \mu}{\sigma} \tag{7-65}$$

将 $z$ 作为训练横向映射函数的参考值构造代价函数：

$$\frac{1}{\sigma^2}\|z-\hat{z}\|^2=\left\|\frac{\boldsymbol{h}-\mu}{\sigma}-\frac{\hat{z}-\mu}{\sigma}\right\|^2=\|z-\hat{z}_N\|^2 \tag{7-66}$$

对解码器定义无监督训练代价 $J_D$：

$$J_D=\sum_{l=0}^{L}\lambda_l J_D^{(l)}=\sum_{l=0}^{L}\frac{\lambda_l}{Ns_l}\sum_N\|z^{(l)}-\hat{z}_N\|^2 \tag{7-67}$$

式中：$s_l$ 为该层神经元总数，$N$ 为训练中用到的无标签样本数目；超参数 $\boldsymbol{\lambda}_l$ 是整体代价权重因子，决定每层无监督代价在整体代价函数中所占权重。

从而可以得出降噪矩形网络的整体代价函数，是有监督代价与无监督代价的和：

$$J=J_C+J_D \tag{7-68}$$

最后，由梯度下降法实现有监督代价函数与无监督代价函数最小化，通过在降噪自编码网络输出的 $\widetilde{\boldsymbol{y}}$ 可以得到 DRN 对输入的每一个通信辐射源观测样本所属类别的识别结果。

**2. 算法步骤**

根据算法原理推导，归纳基于降噪矩形网络的通信辐射源个体识别算法步骤如下。

步骤 1：向隐层数为 $L$ 的 DRN 输入包含有标签样本 $\boldsymbol{X}_L$ 与无标签样本 $\boldsymbol{X}_U$ 的通信辐射源样本，分别对降噪矩形网络中的堆栈自编码网络与降噪自编码网络进行批归一化处理，计算批归一化的深度编码矢量 $z^{(l)}$ 与降噪编码矢量 $\widetilde{z}^{(l)}$。

步骤 2：计算降噪自编码网络中各神经元的降噪编码激励 $\widetilde{\boldsymbol{a}}_i^{(l)}$。

步骤 3：计算降噪自编码网络输出 $\widetilde{\boldsymbol{y}}=\widetilde{\boldsymbol{h}}^{(L)}$。

步骤 4：由输入的有标签样本 $\boldsymbol{X}_L$、降噪自编码网络输出 $\widetilde{\boldsymbol{y}}$ 构造降噪矩形网络有监督代价 $J_C$。

步骤 5：将解码矢量 $\hat{z}^{(l+1)}$ 投影到维度与低一层的编码矢量 $z^{(l)}$ 相同的特征空间，并批归一化计算投影矢量 $\boldsymbol{u}^{(l)}$。

步骤 6：根据构造的横向映射函数，计算降噪解码矢量 $\hat{z}^{(l)}$。

步骤 7：计算无监督代价 $J_D$。

步骤 8：依据有监督代价 $J_C$ 和无监督代价 $J_D$ 可计算降噪矩形网络的整体代价函数。

步骤 9：通过迭代计算降噪矩形网络代价函数的最小值，得到此时网络的最佳权重系数。

步骤 10：输入测试样本，顶层 softmax 分类器输出个体识别结果 $\widetilde{\boldsymbol{y}}$。

### 7.6.2 实验与结果分析

实验目的在于评价基于降噪矩形网络的通信辐射源个体识别方法是否能够在"小样本"条件下有效识别同厂家、同型号的通信辐射源个体,分别在 kenwood 数据集、krisun 数据集、USW 数据集以及 SW 数据集上进行分类识别实验。为验证算法有效性,将该方法(GAE)与矩形积分双谱降维方法(SIB/PCA)、稀疏表示特征提取方法(MCER)、基于降噪深度学习机方法(DDLM)、基于图嵌入堆栈自编码网络方法(GAE)进行比较。

将划分好的"小样本"条件下不同数据集按照"小样本"条件的不同将实验编号为 $E_1$、$E_2$、$E_3$、$E_4$。每个实验重复 50 次,取 50 次的平均识别率作为评价指标。SIB/PCA、MCER、GAE、DDLM 以及 DRN 方法在 Kenwood 数据集上的平均识别率及其标准差如表 7-15~表 7-18 所列。

表 7-15 SIB/PCA、MCER、GAE、DDLM 以及 DRN 方法在 kenwood 数据集上取不同训练样本数时的平均识别率及其标准差 (单位:%)

| 方法 | $E_1$ | $E_2$ | $E_3$ | $E_4$ |
|---|---|---|---|---|
| SIB/PCA | 46(±2.99) | 56.43(±2.94) | 65.25(±2.76) | 85.5 |
| MCER | 47.94(±3.07) | 62.22(±2.83) | 76.37(±2.56) | **92** |
| GAE | 78.66(±1.61) | 84.4(±1.99) | 86.18(±1.38) | — |
| DDLM | 83.33(±1.23) | 84.67(±1.13) | 91.58(±0.87) | — |
| DRN | **85.2(±1.17)** | **86.88(±0.84)** | **94.5(±0.75)** | — |

表 7-16 SIB/PCA、MCER、GAE、DDLM 以及 DRN 方法在 krisun 数据集上取不同训练样本数时的平均识别率及其标准差 (单位:%)

| 方法 | $E_1$ | $E_2$ | $E_3$ | $E_4$ |
|---|---|---|---|---|
| SIB/PCA | 44.67(±3.56) | 57.46(±3.48) | 64.03(±3.4) | 82.15 |
| MCER | 45.16(±3.58) | 59.74(±3.51) | 73.15(±3.48) | **91.33** |
| GAE | 72.18(±2.06) | 78.5(±1.83) | 85.13(±1.64) | — |
| DDLM | 80.25(±1.93) | 86.8(±1.75) | 93.75(±1.63) | — |
| DRN | **81.86(±1.84)** | **88.54(±1.42)** | **95.62(±1.38)** | — |

表 7-17 SIB/PCA、MCER、GAE、DDLM 以及 DRN 方法在 USW 数据集上取不同训练样本数时的平均识别率及其标准差 (单位:%)

| 方法 | $E_1$ | $E_2$ | $E_3$ | $E_4$ |
|---|---|---|---|---|
| SIB/PCA | 39(±4.31) | 51.71(±4.28) | 55.33(±4.2) | 81 |
| MCER | 40.25(±3.92) | 53.86(±3.84) | 56.33(±3.7) | **87** |

（续）

| 方法 | $E_1$ | $E_2$ | $E_3$ | $E_4$ |
|---|---|---|---|---|
| GAE | 65.33(±3.98) | 67.5(±3.78) | 72.83(±3.34) | — |
| DDLM | 67.75(±2.9) | 71.5(±2.88) | 82(±2.83) | — |
| DRN | **69.01(±2.56)** | **72.93(±2.38)** | **83.64(±2.25)** | — |

表 7-18 SIB/PCA、MCER、GAE、DDLM 以及 DRN 方法在 SW 数据集上取不同训练样本数时的平均识别率及其标准差 (单位:%)

| 方法 | $E_1$ | $E_2$ | $E_3$ | $E_4$ |
|---|---|---|---|---|
| SIB/PCA | 44.13(±6.68) | 49.14(±6.68) | 54(±6.6) | 59 |
| MCER | 47.13(±4.57) | 50.86(±1.92) | 54.5(±1.85) | **70** |
| GAE | 50.1(±5.8) | 51.37(±5.62) | 56.33(±5.6) | — |
| DDLM | 64(±5.17) | 71.5(±4.9) | 75.67(±4.84) | — |
| DRN | **65.28(±3.93)** | **72.93(±3.67)** | **77.18(±3.49)** | — |

在 kenwood 数据集、krisun 数据集、USW 数据集和 SW 数据集上的实验结果表明：

(1) DRN 方法在所有实验条件下均实现了最好的通信辐射个体分类识别性能，如在 kenwood 数据集的 $E_1$ 实验条件下，DRN 方法的平均识别率比 SIB/PCA、MCER、GAE 和 DDLM 方法高出 39.2%、37.26%、6.54%和 1.87%。其主要原因有两个方面：一是 DRN 通过横向映射编码器和解码器，使网络高层的低维特征能够主要表达通信辐射源观测样本中的抽象本质特征，提高了对样本的表达能力；二是 DRN 以并行半监督的模式进行训练，有效融入了有标签通信辐射源观测样本中的标签信息。

(2) 与 DDLM 方法相比，DRN 方法在 4 个数据集上的个体识别性能都得到了显著提升，实现有效的通信辐射源个体识别，特别是在稳定性上有了明显改善，如在 SW 数据集的 $E_1$ 实验条件下，DRN 方法的平均识别率标准差比 DDLM 方法低 1.24%，稳定性明显增强。其主要原因在于 DRN 方法融入了有标签通信辐射源观测样本中的标签信息，增强了在“小样本”条件下的个体识别性能。

(3) 与 SIB/PCA、GAE、DDLM 方法相比，随着有标签样本数量的增加，DRN 方法的识别性能提升更加明显，主要是因为 DRN 以有监督训练为主体，有标签样本数量的增多有利于 DRN 方法利用更多类别标签信息提取更加准确的通信辐射源个体特征。

(4) DRN 方法的性能并没有因为每个数据集包含不同频率、不同传输模式（直射和绕射）和不同说话人（$A$、$B$ 和 $C$）的通信辐射源观测样本而受到显著影响，说明 SAE 方法对频率、传输模式和说话人等因素不敏感。

（5）在 kenwood 数据集、krisun 数据集、USW 数据集和 SW 数据集上的实验结果表明，DRN 方法能够有效解决通信辐射源个体识别中存在的“小样本”问题，但是在受到通信频段背景环境干扰条件下，其识别性能受到不同程度的影响，但识别率能够达到通信辐射源个体识别的基本要求。

# 第 8 章　基于聚类的通信辐射源个体识别

## 8.1 引　　言

前面讲述的通信辐射源个体分类识别方法大都需要提供大量有类别标签的通信辐射源观测样本(监督学习),或者提供少量有类别标签和大量无类别标签的通信辐射源观测样本(半监督学习),然而在实际复杂战场电磁环境中,经常会面临难以获得充足带类别标签的通信辐射源观测数据,甚至连一个带类别标签信息的通信辐射源观测数据都无法获得的情况,即无监督通信辐射源个体识别问题,如果再将前述方法直接应用于上述情况,势必会影响通信辐射源个体识别的性能。

本章针对现有的通信辐射源个体识别技术在面对实际复杂电磁环境下通信辐射源大规模、无类别信息的观测数据时,其性能受到严重影响,识别效果不佳的问题,从无监督学习中的角度,开展密度峰值聚类及其改进方法研究,有效解决无先验信息条件下通信辐射源个体静态识别与动态识别问题,为通信辐射源个体识别技术的发展提供了新思路。

## 8.2 基于密度峰值聚类的通信辐射源个体识别

密度峰值聚类是一种基于密度的聚类方法,该方法基于高密度簇中心应由其低密度邻居点环绕这一认识,提出一种利用数据对象之间的距离测算数据对象的局部密度及其与高密度邻居的距离,进而快速实现数据分类的新型静态聚类方法[96]。该方法能够有效发现具有任意空间结构和可变密度簇,同时可实现自适应簇数目估计和离群点识别,相比于其他类型的静态聚类方法,体现出较好的数据集适应性,具有广阔的应用前景。

针对实际复杂电磁环境下通信辐射源的大规模、无标签观测数据,本节提出基于密度峰值聚类的通信辐射源个体识别方法,实现无监督条件下通信辐射源个体的分类识别,为通信辐射源个体识别发展提供新思路。

### 8.2.1 基于密度峰值聚类的通信辐射源个体识别方法

基于密度峰值聚类的通信辐射源个体识别算法原理框图如图 8-1 所示,主要包括双谱直方图特征提取和密度峰值聚类。双谱直方图特征主要通过双谱直方图特征提取算法求解能够区分通信辐射源个体的差异特征,密度峰值聚类是在没有任何类别标签先验信息的条件下完成通信辐射源个体的分类识别。

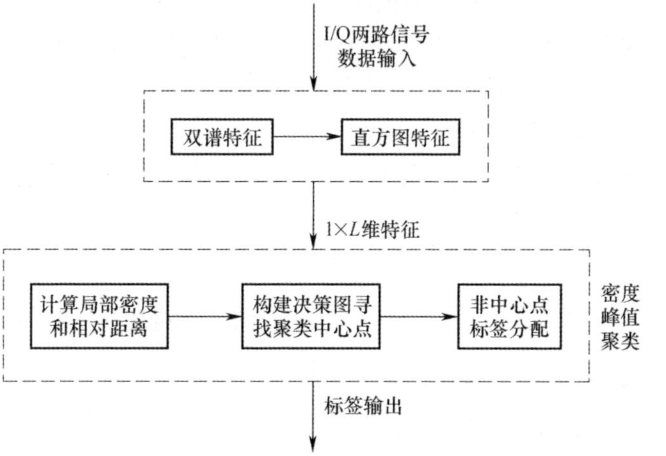


图 8-1　基于密度峰值聚类的通信辐射源个体识别方法原理框图

**1. 双谱直方图特征提取**

基于模式识别思想,一些学者纷纷开始研究从通信信号中提取信号指纹特征,并且该方法已经被证明在通信辐射源个体识别领域是确实有效的。从实际应用的角度出发,将合适的通信信号指纹特征作为算法的输入,表征与通信辐射源相关联的个体信息是合理的选择。双谱特征是通信辐射源个体识别领域常用的特征,为了丰富双谱特征的表征能力,研究人员相继提出了矩形积分双谱(SIB)特征、径向积分双谱(RIB)特征、轴向积分双谱(AIB)特征、圆周积分双谱(CIB)特征等。在本节提出的基于密度峰值聚类的通信辐射源个体识别方法中,为了进一步提升双谱特征区分通信辐射源个体差异的能力,在双谱特征的基础上进行直方图统计。

双谱是高阶谱的一种,可用于描述信号的不对称程度和非线性程度,并测量信号偏离高斯分布的程度。双谱 $B_x(w_1,w_2)$ 定义为

$$B_x(w_1,w_2)=\sum_{\tau_1=-\infty}^{+\infty}\sum_{\tau_2=-\infty}^{+\infty}c_{3x}(\tau_1,\tau_2)\mathrm{e}^{-\mathrm{j}(w_1\tau_1+w_2\tau_2)} \tag{8-1}$$

式中:$c_{3x}(\tau_1,\tau_2)$ 表示信号 $x_n$ 对时延 $\tau_1$ 和 $\tau_2$ 的三阶累计量或者偏离度,其定义为

$$c_{3x}(\tau_1,\tau_2)=E\{x^*(n)x(n+\tau_1)x(n+\tau_2)\} \tag{8-2}$$

式中:$E\{\cdot\}$ 表示期望值;上标 * 表示共轭。

为了计算直方图特征,以 $\Delta w$ 为间隔将 $(w_1,w_2)$ 网格离散化,将记录信号幅度和相位信息的复数矩阵 $\boldsymbol{B}_x(w_1,w_2)$ 转化为新矩阵 $\boldsymbol{R}=[|B_x(w_1,w_2)|,\varphi_B(w_1,w_2)]$,其中,$|B_x(w_1,w_2)|$ 和 $\varphi_B(w_1,w_2)$ 分别表示信号双谱 $B_x(w_1,w_2)$ 的幅度和相位。然后将矩阵 $\boldsymbol{R}$ 转换成 $\gamma$ - bit 的灰度图图像,最后利用 $\boldsymbol{S}_k(g)=I(x_g)$ 计算该灰度图直方图矢量,其中 $x_g$ 表示灰度值,$I(x_g)$ 表示对应的灰度值出现频率的统

计值。

通信辐射源个体观测数据的双谱直方图特征提取算法如下：首先将每个通信辐射源时域观测信号 $r_k(t)$ 数字离散化为 $\{r_k(q)\}_{q=0}^{Q-1}$，其中 $k \in \{1,2,\cdots,n\}$ 表示第 $k$ 个通信辐射源时域观测信号，$q=0,1,2,\cdots,Q-1$；其次采用双谱直方图特征提取算法求解观测信号的双谱直方图特征 $\{\boldsymbol{S}_k(g)\}_{g=0}^{G-1}$。

步骤 1：由 $n$ 个通信辐射源观测信号 $\{r_k(q)\}_{q=0}^{Q-1}$，$k=1,2,\cdots,n$ 以及双谱直方图特征向量长度为 $G$ 计算离散序列 $\{r_k(q)\}_{q=0}^{Q-1}$ 的傅里叶变换 $\{\boldsymbol{F}_k(\omega)\}$：

$$\boldsymbol{F}_k(\omega)=\sum_{q=0}^{Q-1} r_k(q)\mathrm{e}^{-\mathrm{j}\omega q}$$

式中：$\omega=\left\{\frac{2\pi h}{Q}\pi, h=0,1,2,\cdots,Q-1\right\}$，$Q$ 为信号的数据长度。

步骤 2：计算双谱 $\{B_x(w_1,w_2)\}$：

$$\boldsymbol{B}_k(\omega_1,\omega_2)=\boldsymbol{F}_k(\omega_1)\boldsymbol{F}_k(\omega_2)\boldsymbol{F}_k(-\omega_1-\omega_2)$$

步骤 3：构建双谱相位矩阵：

$$\boldsymbol{R}=[|B_x(w_1,w_2)|,\varphi_B(w_1,w_2)]$$

步骤 4：计算双谱直方图特征 $\{\boldsymbol{S}_k(g)\}$：

$$\boldsymbol{R}\Rightarrow\gamma\text{bit 灰度直方图}$$

$$\boldsymbol{S}_k(g)=I(x_g)$$

式中：$x_g$ 表示灰度值；$I(x_g)$ 表示 $x$ 出现频率的统计值，$g=0,1,2,\cdots,G-1$，最后输出 $\{\boldsymbol{S}_k(g)\}_{g=0}^{G-1}$。

**2. 密度峰值聚类**

密度峰值聚类算法[97]（Density Peaks Clustering，DPC）是一种无监督聚类算法，广泛应用于图像处理、模式识别、计算机视觉等领域。该算法分为两个步骤：一是聚类（簇）中心点的选取；二是非中心点的相似特征点合并。其中，聚类（簇）中心点的选取是该算法的核心，密度峰值聚类算法在聚类（簇）中心点时，要求簇中心点的密度大于同簇中其他点的密度，而且要求簇中心点与更高密度点之间的相对距离较大。与其他聚类算法相比，密度峰值聚类算法的思想简单新颖、运算高效，不需要多次迭代，能够对任意形状的数据集进行聚类。本节引入密度峰值聚类算法，开展无监督条件下的通信辐射源个体的识别。首先通过一个实例来直观描述基于密度峰值聚类的通信辐射源个体识别方法的基本思想。如图 8-2 所示，选择背负式超短波电台数据集中的 5 部共 4000 个（每部电台 800 个）双谱直方图特征样本构成输入样本集 $\boldsymbol{X}$，通过密度峰值聚类算法对输入样本集 $\boldsymbol{X}$ 进行聚类分析。首先计算通信辐射源观测数据的双谱直方图特征之间的欧式距离和输入样本集对应的截断距离，其次计算每个双谱直方图特征样本的局部密度 $\rho$ 和相对距离 $\delta$，最后构建以局部密度为横轴、相对距离为纵轴的二维决策图（图 8-2）。根据密度峰值聚类算法对中心点的要求，从图 8-2 中不难看出，可以选择决策图中右上角

5 个点作为 4000 个双谱直方图特征样本的聚类中心点,然后通过选择合适的相似性度量完成非中心点的相似特征点合并,从而实现通信辐射源个体观测数据集的分类识别。

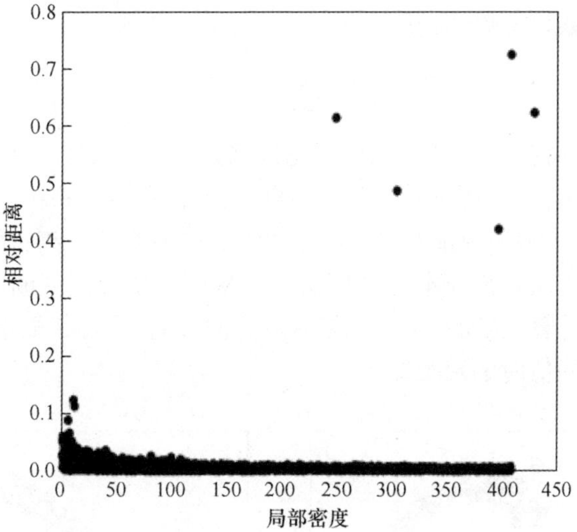


图 8-2　4000 个电台信号样本决策图

**3. 密度峰值聚类模型**

下面从理论上分析密度峰值聚类模型。已知 $m$ 类通信辐射源个体的 $n$ 个双谱直方图特征样本 $\{\boldsymbol{x}_k\}_{k=1}^{n}$ 构成了输入样本集 $\boldsymbol{X}=[\boldsymbol{x}_1,\boldsymbol{x}_2,\cdots,\boldsymbol{x}_k,\cdots,\boldsymbol{x}_n]\in\boldsymbol{R}^{D\times n}$,每个双谱直方图特征样本 $\boldsymbol{x}_k$ 即为样本集 $\boldsymbol{X}$ 的 $D$ 维列向量。密度峰值聚类算法通过计算局部密度和相对距离、聚类中心点的选取与非中心点的聚类,以及离群点检测实现对样本集 $\boldsymbol{X}$ 的正确划分。

1) 计算局部密度与相对距离

通信辐射源观测数据的双谱直方图特征样本 $\boldsymbol{x}_i$ 与 $\boldsymbol{x}_j$ 之间的欧式距离 $d_{ij}$ 定义为

$$d_{ij}=\left(\sum_{i=1}^{D}\left|x_i-y_i\right|^2\right)^{1/2} \tag{8-3}$$

双谱直方图特征样本 $\boldsymbol{x}_i$ 的局部密度 $\boldsymbol{\rho}_i$ 定义为以双谱直方图特征样本 $\boldsymbol{x}_i$ 为中心,截断距离 $d_c$ 区域内数据点的个数:

$$\boldsymbol{\rho}_i=\sum_{j}\chi(d_{ij}-d_c) \tag{8-4}$$

式中:$\chi(x)$ 为 0-1 函数,当 $x\geqslant0$ 时,$\chi(x)=0$;当 $x<0$ 时,$\chi(x)=1$; $d_c$ 一般由人工设定,该值限制了样本的搜索范围。

从式(8-4)可以看出,当双谱直方图特征样本间的欧式距离小于截断距离 $d_c$

时,双谱直方图特征样本在以截断距离为半径的球形区域内,此时局部密度$\boldsymbol{\rho}_i$的意义是以双谱直方图特征样本$\boldsymbol{x}_i$为球心,该球形区域内其他双谱直方图特征样本的个数;不在该球形区域内的双谱直方图特征样本不计入$\boldsymbol{x}_i$的局部密度。但是因为式(8-5)采用截断核函数,计算局部密度时会出现离散值,为避免出现该情况,一般采用高斯核函数计算局部密度:

$$\boldsymbol{\rho}_i = \sum_{j \neq i} \mathrm{e}^{-\left(\frac{d_{ij}}{d_c}\right)^2} \tag{8-5}$$

在实际的局部密度计算过程中,首先根据式(8-3)计算所有双谱直方图特征样本间的欧式距离;其次将所有的欧式距离进行升序排列,并在该序列中选取一个值作为截断距离,一般选取前0.5%~2%时的值作为截断距离;最后通过式(8-5)计算每个双谱直方图特征样本的局部密度。从中不难发现截断距离$d_c$取值直接影响局部密度的计算,从而对聚类效果有较大的影响,图8-3显示了同一个数据集在截断距离取不同值时的聚类结果。

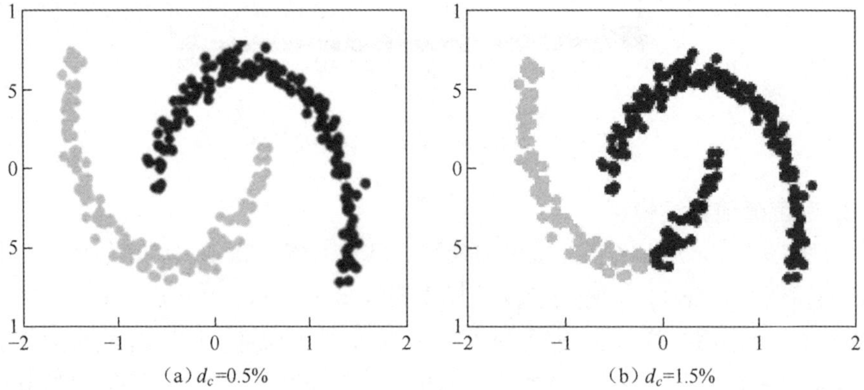


图8-3　截断距离取不同值时的聚类结果

相对距离$\delta_i$的定义如式(8-6)所示,对于每个双谱直方图特征样本$\boldsymbol{x}_i$都能找到比$\boldsymbol{x}_i$局部密度大的样本$\boldsymbol{x}_j$,找到距$\boldsymbol{x}_i$最近的样本$x_j$,两点之间的距离为$\delta_i$;若样本$\boldsymbol{x}_i$有最大的局部密度,则$\delta_i$为该点到其他点的最大距离。

$$\delta_i = \begin{cases} \max(d_{ij}) & ,\rho_i > \rho_j \\ \min(d_{ij}) & ,\text{其他} \end{cases} \tag{8-6}$$

2) 聚类中心点的选取及非中心点的聚类

对于每个双谱直方图特征样本$\boldsymbol{x}_i$,根据式(8-5)和式(8-6)可以计算得到它的二元对$(\delta_i,\rho_i)$。以局部密度为横轴,相对距离为纵轴构建双谱直方图特征样本集的决策图,拥有较大相对距离和较高局部密度的双谱直方图特征样本一般选择为聚类中心点,一般而言聚类中心点分布在决策图的右上方。下面以参考文献[97]提供的数据为例(图8-4(a)),直观显示密度峰值聚类算法选取聚类中心点的方法。图 8-4(b)是基于此数据计算得到的局部密度 $\rho$ 和相对距离 $\delta$ 的二维坐标图。从图 8-4(b)中可以看出,数据点①和数据点⑩是聚类中心,而数据点㉖、㉗、㉘虽然有较大的相对距离,但其密度偏小,不能作为聚类中心,被认为是“离群点”。

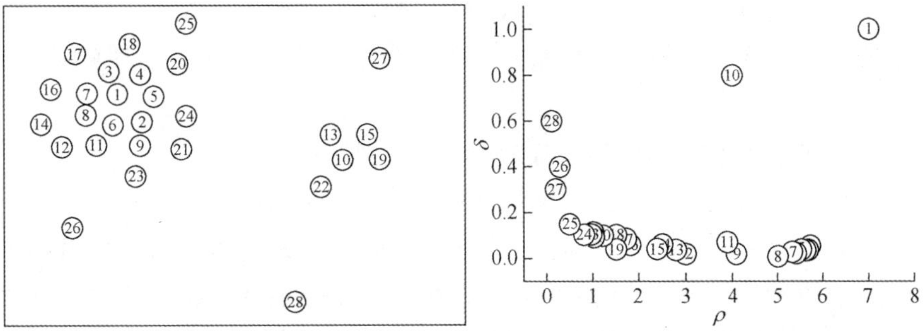


(a) 示例数据　　(b) 决策图

图 8-4　示例数据决策图

密度峰值聚类算法通过局部密度和相对距离的约束选择聚类中心,既保证聚类中心点有足够大的局部密度,又保证聚类中心点之间有足够大的距离,且聚类中心点易于选取。

在选定了 $m$ 个聚类中心点之后,可以构成聚类中心点集合 $\boldsymbol{C}=\{\boldsymbol{c}_k \mid \boldsymbol{c}_k \in X\}$ ,其中 $k=1,2,\cdots,m$, 即该数据集内存在 $m$ 个通信辐射源个体,每个聚类中心点属于一个类别,则聚类中心点的归属类别可以定义为

$$i\_\text{cluster}=\begin{cases} j, \ \boldsymbol{x}_i \in \boldsymbol{C} \\ -1, \text{其他} \end{cases} \tag{8-7}$$

从式(8-7)中可以看出,若双谱直方图特征样本 $\boldsymbol{x}_i$ 是已经被选出来的聚类中心点,且是第 $j$ 类,则归属于第 $j$ 类通信辐射源个体的观测样本;否则,就属于非聚类中心点。

对于非聚类中心的样本点,其所属的类是其最近且密度比其大的样本点所属的类别,可以按照局部密度值从大到小的顺序进行遍历,逐步扩充到每一个类,整个非聚类中心数据点的归类只需要一次遍历即可完成,不需要多次迭代。

3) 离群点检测

在密度峰值聚类过程中,会出现一些特殊的样本点,对于自己属于的类,它是远离的,这样的点称为离群点(噪声点),它们的存在会影响算法的收敛性,同时也影响算法的识别效果。一般通过边界密度来检测密度峰值聚类过程中所产生的离群点。

每个类都会存在边界区域,边界区域的定义为:某些直方图特征样本点划分给

该类,但是与属于其他类的直方图特征样本点的距离小于截断距离 $d_c$ ,由这些点组成的区域称为该类的边界区域。边界样本点的数量即为该类的边界密度,对于每一个类,定义边界密度为 $\rho_b$ (这意味对于不同的类有不同的 $\rho_b$ )。然后对属于该类的数据点进行判断,其中密度大于 $\rho_b$ 的部分被视为核心(鲁棒性分配),其他的视为光晕(可以视为噪声)。

假设一共有 $N$ 个特征样本,计算距离矩阵的复杂度为 $O(N^2)$ ,计算密度矩阵的复杂度为 $O(N^2)$ ,此外进行快速搜索的复杂度为 $O(N\log N)$ ,算法的总复杂度为 $O(N^2) + O(N^2) + O(N\log N)$ 。

**4. 基于密度峰值聚类的通信辐射源个体识别算法**

基于密度峰值聚类的通信辐射源个体识别算法步骤见图 8-1,首先利用双谱直方图特征提取方法计算得到通信辐射源观测数据的双谱直方图特征,其次计算每个双谱直方图特征样本的局部密度与相对距离,选取样本集的聚类中心点,完成非中心点的聚类以及离群点检测,实现对通信辐射源个体的无监督识别。

步骤 1:根据训练样本信号 $\{r_k(q)\}_{q=0}^{Q-1}$ , $k=1,2,\cdots,n$ 和参数 $d_c$ 计算通信辐射源观测数据的双谱直方图特征 $\boldsymbol{X}$ 、样本间的欧式距离。

步骤 2:根据式(8-5)和式(8-6)分别计算每个双谱直方图特征样本的局部密度和相对距离。

步骤 3:根据局部密度和相对距离构建双谱直方图特征样本集的决策图。

步骤 4:基于决策图选择聚类中心以及合并非中心点。

步骤 5:根据双谱直方图特征样本的边界密度检测离群点,输出双谱直方图特征样本集的类别标签 $\text{class}(\boldsymbol{X})$ 。

## 8.2.2 实验与结果分析

为了验证基于密度峰值聚类的通信辐射源个体识别方法(DPC)的分类识别性能,在背负式超短波电台数据集上进行了实验。

对于背负式超短波电台数据集,将原始的每个样本划分成 3000 个子序列,每个子序列包含 2048 个数据点,每个子序列相当于 1 个通信辐射源时域观测样本,共得到 5 部电台的 15000 个时域观测样本,实验过程中的参数设置如表 8-1 所列。

表 8-1 在背负式超短波电台数据集上的实验参数设置

| 数据集 | 信号频率 | 电台个数 | 每个观测样的时域采样点数 | 瞬时特性 | 时域观测样本个数 | DPC 输入特征维数 |
|---|---|---|---|---|---|---|
| 背负式超短波电台数据集 | 55MHz | 5 | 2048 | 瞬时频率 | 15000 | 32、64、128、256、320 |

分别选择矩形积分双谱(SIB)特征、径向积分双谱(RIB)特征、轴向积分双谱

(AIB)特征和双谱直方图(Histogram,HIS)特征作为密度峰值聚类(DPC)算法的输入,比较不同特征条件下 DPC 算法的识别率,在实验过程中,所有特征维度均为256维。图 8-5 显示了不同特征条件下 DPC 算法的识别率(横坐标是每部电台样本信号数量,纵坐标是识别率),从图 8-5 可以看出,随着通信电台样本数量的增加,基于 SIB、RIB、AIB 和 HIS 输入的 DPC 算法的识别率均呈上升趋势;与 SIB、RIB、AIB 和 HIS 输入特征相比,基于 HIS 的 DPC 算法取得更优的分类识别性能。

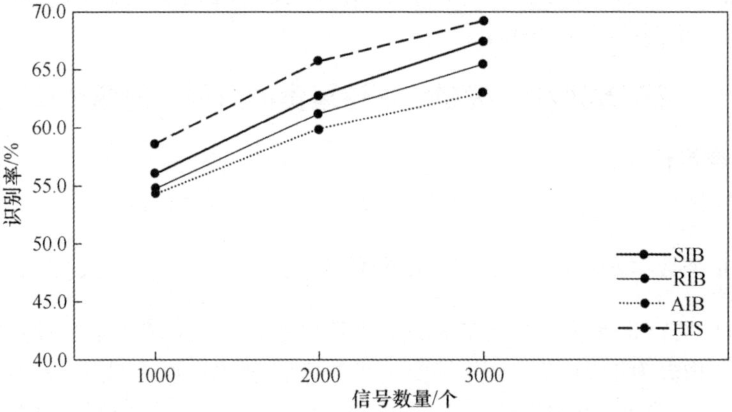


图 8-5　基于 SIB、RIB、AIB 和 HIS 输入的 DPC 识别率

实验结果表明:

(1) 同 SIB、RIB、AIB 特征相比,双谱直方图特征能够获得更优的分类识别性能。

(2) 基于 DPC 算法的通信辐射源个体识别方法在进行分类识别时不需要先验信息和带标签的信号样本,这一显著特点将通信辐射源个体识别从现有的监督学习/半监督学习模式推广到无监督学习模式。

## 8.3　基于改进核函数密度峰值聚类的通信辐射源个体识别

8.2 节开展了基于密度峰值聚类的通信辐射源个体识别方法研究,并通过超短波 FM 电台信号数据集验证了该方法的可行性,但是通过 8.2.2 节实验,不难发现,基于密度峰值聚类的通信辐射源个体识别方法的整体识别率偏低,很难应用于实际环境。这是因为密度峰值聚类模型存在以下两个方面的缺陷:

(1) 仅使用高斯核函数估计数据的局部密度,导致估计出的局部密度与数据实际密度差异较大。

(2) 局部密度的计算对截断距离的取值十分敏感,而该参数的值主要由人工根据经验进行选取,针对不同的数据集,很难选取到合适的值。

本节采用热扩散方程估计通信辐射源双谱直方图样本数据的核密度(Kernel

Density Estimation, KDE)，利用 $\theta$ 核代替高斯核。在带宽较小时，该核函数类似于高斯核；在带宽较大时，该核密度是统一内核函数。实验表明，本书提出的核密度估计方法得到的核密度更接近于数据的真实密度。同时，本书提出改进的 Sheather-Jones(SJ)算法实现带宽自适应选择，相对于原始的 SJ 方法以数据满足正态分布为前提进行带宽估计，改进后的 SJ 方法估计得到的带宽更加接近数据实际带宽。在经典机器学习数据集和多个实际采集的通信辐射源专用数据集上的实验表明，与其他方法相比，基于改进核函数密度峰值聚类的通信辐射源识别方法(DPC-KDE)获得更优的分类识别性能。

### 8.3.1 基于改进核函数密度峰值聚类的通信辐射源个体识别方法

#### 1. 核密度估计

核密度估计是一种常用的非参数密度估计方法。假设 $\{x_1, x_2, \cdots, x_n\}$ 是独立同分布的 $n$ 个数据样本点，其概率密度函数为 $f$，则 $K_h(x)=\frac{1}{h}k(x/h)$ 该数据集的核密度估计如式(8-8)所示，其中 $K(\cdot)$ 是核函数，必须满足 4 个特性：非负、在整个数据集上积分为 1、均值为 0 并且要满足概率密度函数所有性质。$h>0$ 是一个平滑参数，称为带宽，也称为核窗宽。$K_h(\boldsymbol{x})=1/h\ K(\boldsymbol{x}/h)$ 为缩放核函数，常用的核函数包括均匀核函数(Uniform Kernel)、三角核函数(Triangular Kernel)、双全核函数(Biweight Kernel)、高斯核函数(Gaussian Kernel)、依潘涅契科夫核函数(Epanechnikov Kernel)以及正规核函数(Normal Kernel)等，各种核函数分布情况如彩图 8-6 所示。

$$\hat{f}_h(x_i:h)=\frac{1}{n}\sum_{i=1}^{n}K_h(x-x_i)=\frac{1}{nh}\sum_{i=1}^{n}K\left(\frac{x-x_i}{h}\right) \tag{8-8}$$

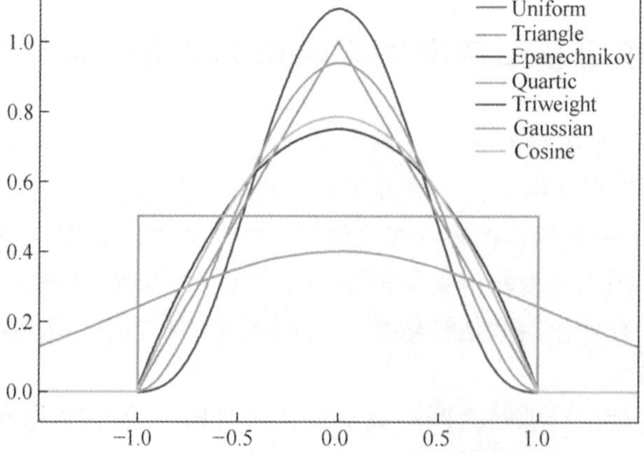


图 8-6 几种常用核函数(彩图见书末)

对于每一个数据样本点 $x_i$，估计密度是在整个数据集上计算所有内核值的积分。对于独立同分布的未知概率密度函数的数据样本点的核密度度估计由式(8-9)定义：

$$\hat{f}_h(\boldsymbol{x}_i:h)=\frac{1}{n}\sum_{i=1}^{n}K_h(x-x_i) \tag{8-9}$$

如式(8-10)所示，当 $K_h(\cdot)$ 为高斯核 $K(x;x_i;h)$ 时，式(8-9)即成为高斯核密度估计，原始的密度峰值聚类算法就采用了高斯核密度估计，即

$$K(x;x_i;h)=\frac{1}{\sqrt{2\pi h}}\mathrm{e}^{-\frac{(x-x_i)^2}{2h}} \tag{8-10}$$

式(8-9)的性能在很大程度上依赖于对带宽 $h$ 的选择，选择不同的带宽，估计的结果也会有很大的差异，如彩图 8-7 所示，随机选择 100 个标准正态分布数据样本点，使用不同的带宽进行估计，其估计结果的差异显著。

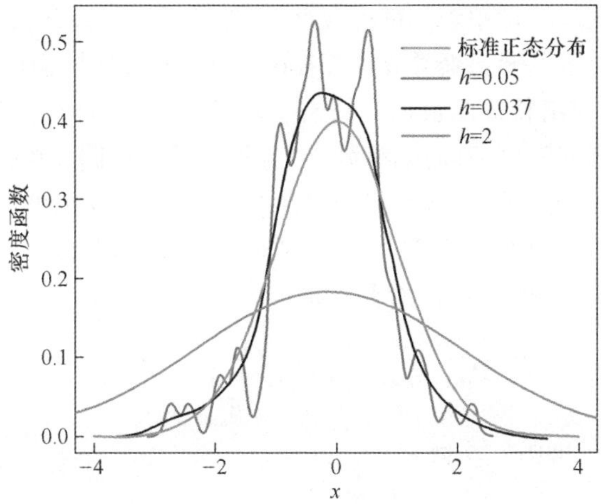


图 8-7　不同带宽下核密度估计结果(彩图见书末)

如何选择合适的带宽 $h$ 是核密度估计中的一个重要问题，显然使得误差越小的带宽，密度估计效果越好，更加接近数据的真实密度。平均积分平方误差(Mean Integrated Squared Error，MISE)[99] 是用于衡量带宽 $h$ 优劣的最佳工具之一，即

$$\mathrm{MSIE}\{\hat{f}\}(h)=\mathrm{E}_f\int[\hat{f}(x;h)-f(x)]^2\mathrm{d}x \tag{8-11}$$

在弱假设条件下，$\mathrm{MSIE}\{\hat{f}\}(h)=\mathrm{AMSIE}\{\hat{f}\}(h)+O(1/nh+h^4)$，其中 AMSIE 是渐进平均积分均方误差，AMSIE 的定义为

$$\mathrm{MSIE}\{\hat{f}\}(h)=\frac{R(K)}{nh}+\frac{1}{4}m(k^2)h^4R(f'') \tag{8-12}$$

式中：$m(k)=\int x^2K(x)\mathrm{d}x$，$R(g)=\int g(x)^2\mathrm{d}x$。为了使 $\mathrm{MSIE}\{\hat{f}\}(h)$ 能够达到最小

值,也就是使 AMSIE$\{\hat{f}\}(h)$ 最小,该问题转化为求极点问题。

$$\frac{\partial}{\partial h}\text{AMSIE}\{\hat{f}\}(h) = -\frac{R(K)}{nh^2} + m(K)^2h^3R(f'') = 0 \tag{8-13}$$

则

$$h_{\text{AMSIE}\{\hat{f}\}} = \frac{R(K)^{1/5}}{m(K)^{3/5}R(f'')^{3/5}n^{1/5}} \tag{8-14}$$

当核函数确定之后,式(8-14)中的 $R$、$m$ 和 $f''$ 都可以被确定,即 $h_{\text{AMSIE}\{\hat{f}\}}$ 可以被求解。

**2. 基于热扩散方程的核密度估计**

密度峰值聚类使用高斯核函数估计数据点的核密度,会存在以下问题:

(1) 参数 $h$ (带宽)难以选择。

(2) 未考虑数据内部结构,会遭受边界误差的影响。

(3) 高斯核密度估计缺乏局部适应性,这通常导致对异常值较为敏感。

针对上述原始密度峰值聚类算法存在的问题,本节提出基于热扩散方程(一种线性扩散过程)的平滑特性的自适应核密度估计方法。该方法将估算的内核密度视为扩散过程的迁移密度,其时间参数 $t$ 与带宽 $h$ 意义相同。该方法采用简单且直观的核估计,大大降低了渐近偏差和均方误差,同时该估计也可以很好地处理边界偏差。已知 $n$ 个 $D$ 维通信辐射源信号的双谱直方图特征样本 $\{x_1,x_2,\cdots,x_n\}$ ,采用高斯核计算从点 $\boldsymbol{x}_i$ 到 $\boldsymbol{x}_j$ 的转移概率为

$$P_{\text{transition}} = \frac{1}{n}\sum_{j=1}^{n}\frac{1}{\sqrt{2\pi t}}\mathrm{e}^{-\frac{(x-x_j)^2}{2t}} \tag{8-15}$$

式(8-15)满足偏微分方程。

$$\frac{\partial}{\partial t}\hat{f}(x,t) = \frac{1}{2}\frac{\partial^2}{\partial x^2}\hat{f}(x,t),\ x \in \boldsymbol{X}, t > 0 \tag{8-16}$$

式(8-16)中 $\boldsymbol{X} \in \boldsymbol{R}$ ,初始条件为 $\hat{f}(x;0) = \Delta(x)$ ,其中 $\Delta(x) = \frac{1}{n}\sum_{j=1}^{n}\delta(x - x_j)$ ,这是数据集 $\boldsymbol{X}$ 的经验密度。$\delta(x - x_j)$ 是狄拉克函数,它将点质量分配给数据集上所有的数据点。当数据域具有限的端点时(对于一个有限的数据集,这是必然的),式(8-9)需要边界校正。因此,以偏微分方程为基础,利用 Neumann 边界条件和初始条件 $\hat{f}(x;0) = \Delta(x)$ 求解式(8-16)。

$$\frac{\partial}{\partial t}\hat{f}(x;t)\Big|_{x=X_l} = \frac{\partial}{\partial t}\hat{f}(x;t)\Big|_{x=X_u} = 0 \tag{8-17}$$

式中:$X_l$ 和 $X_u$ 是域对应的上限和下限。考虑到 Neumann 边界条件和数据点的概率密度在 $[0,1]$ 内,因此这个偏微分方程的解可以用 Theta 核 $(\theta)$ 来代替高斯核表示。

$$\hat{f}(x;t)=\frac{1}{n}\sum_{j=1}^{n}\theta(x;x_j;t),x\in[0,1] \tag{8-18}$$

$$\theta(x;x_j;t)=\sum_{k=-\infty}^{+\infty}[\phi(x,2k+x_j;t)+\phi(x,2k-x_j;t)] \tag{8-19}$$

式(8-19)约等于(详细证明见参考文献[100]):

$$\hat{f}(x;t)\approx\sum_{k=0}^{n-1}a_k\mathrm{e}^{-k^2\pi^2t/2}\cos(k\pi x) \tag{8-20}$$

式中:$n$ 是一个正整数,$a_k$ 定义为

$$a_k=\begin{cases}1,k=0\\ \dfrac{1}{n}\sum\limits_{i=1}^{n}\cos(k\pi-x_i),k=1,2,\cdots,n-1\end{cases} \tag{8-21}$$

式(8-20)是核密度估计的自适应和替代形式,并且考虑了最佳带宽选择和边界校正。此外,式(8-20)可以用快速傅里叶变换求解。带宽较小时,式(8-20)与高斯核相似;而带宽较大时,是一个统一的内核,因此它的性能更优越且估计出的密度与数据的真实密度一致,而原始密度峰值聚类算法估计出的密度与真实密度相差较大。

**3. 最佳带宽自适应选择**

一般使用式(8-14)来估计最佳带宽,但在实际应用中效果并不好,本书提出基于改进 Sheather-Jones 算法(Improved Sheather-Jones,ISJ)的最佳带宽自适应选择方法。递归的定点解被看作带宽的最佳值,并且可以使用快速余弦变换来估计,而不需要考虑分布是否满足正态分布特性。利用非线性方程的唯一解可以自适应找到核密度估计的最佳带宽 $t$,证明见参考文献[99]。

$$t=\xi\gamma^{[l]}(t) \tag{8-22}$$

$$^*\hat{t}=\zeta\,\gamma^{l}(^*\hat{t}_{l+1}) \tag{8-23}$$

$$\gamma^{[k]}(t)=\underbrace{\gamma_1(\cdots\gamma_{k-1}(\gamma_k(t)}_{k}\cdots) \tag{8-24}$$

式中:$\zeta=0.90$,一般 $l=5$。

高斯核密度估计一般利用式(8-24)求解带宽 $t$,这个假设的前提是 $f$ 满足正态分布且可以估算出数据的均值和方差。这个迭代过程的最大弱点是假设 $f$ 为正态分布密度,这个假设会导致 $^*\hat{t}$ 出现随机错误,如 $f$ 与高斯分布相差较大时。因此,本书利用非线性方程求解以获得带宽的最佳值。

$$^*t=\left(\frac{1}{2N\sqrt{\pi}\ \|f''\|^2}\right)^{2/5} \tag{8-25}$$

ISJ 算法流程如下。

步骤 1:初始化 $z_0=\varepsilon$,$\varepsilon$ 是计算精度,$n=0$。

步骤 2:计算 $z_{n+1}=\xi\gamma^{[l]}(z_n)$(一般 $l$ 的取值为 5)。

步骤 3：如果 $|z_{n+1}-z_n|<\varepsilon$ ，迭代停止且 $^*t=z_{n+1}$ ；否则 $n=n+1$，重复步骤 2。

步骤 4：在 $^*t$ 处评估的高斯核密度估计量作为 $f$ 的最终估计量，$^*t_2=\gamma^{[l-1]}(z_{n+1})$ 作为 $\|f''\|$ 的最佳估计的带宽。

如图 8-8 所示，选取 100 个高斯分布的点，运用两种方法进行带宽估计，然后估计各个点的密度，从图 8-8 可以明显看到，与传统方法（SJ）相比，利用 ISJ 方法求解的带宽估计出的密度更加接近于数据的实际密度。

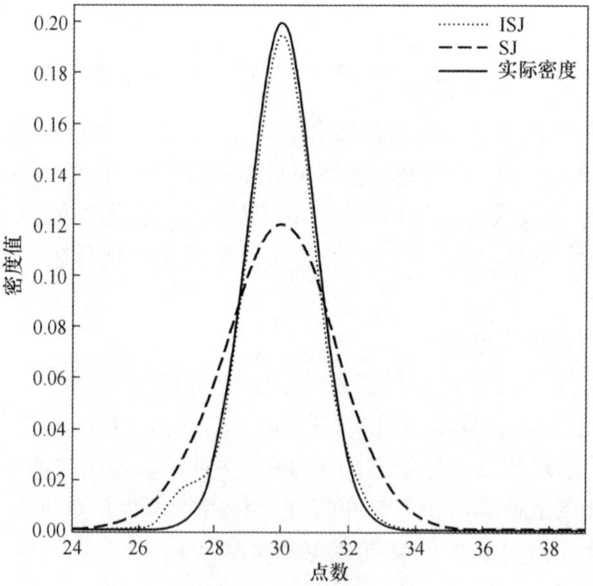


图 8-8　不同带宽估计方法

基于改进核密度、核函数密度峰值聚类的通信辐射源个体识别算法主要步骤如下。

步骤 1：由训练样本信号 $\{r_k(q)\}_{q=0}^{Q-1}$ ，$k=1,2,\cdots,n$ 和参数 $d_c$ ，分别计算通信辐射源样本特征 $\boldsymbol{X}$、特征样本距离。

步骤 2：根据式（8-21）计算带宽 $h$。

步骤 3：式（8-20）计算局部密度 $\rho_i$ ，通过式（8-6）计算相对距离 $\delta_i$。

步骤 4：构建决策图、选择聚类中心点以及非中心点聚类。

步骤 5：离群点检测，输出特征样本的类别标签 class($X$)。

假设有 $N$ 个特征样本，计算距离矩阵的复杂度为 $O(N^2)$ ，估计带宽 $h$ 的复杂度为 $O(N^3)$，计算密度矩阵的复杂度为 $O(N^2)$ ，此外进行快速搜索的复杂度为 $O(N\log N)$ ，算法的总复杂度为 $O(N^2)+O(N^3)+O(N^2)+O(N\log N)$ 。

### 8.3.2 实验与结果分析

为了评估基于改进核函数密度峰值聚类的通信辐射源个体识别方法的可行性和有效性,在背负式超短波电台数据集、背负式短波电台数据集以及手持式 krisun 调频电台数据集上进行了大量实验。为了更好地分析实验结果,将提出算法(DPC-KDE)与 DBSCN 算法[103]、OPTICS 算法[104]、k-means 算法以及 DPC 算法进行了实验比较。

3 个实际采集的通信辐射源专用数据集,每个数据集均裁剪选取 5 部电台共 15000 个信号样本,每部电台 3000 个样本,每个样本由 2048 个点组成。

在背负式超短波电台数据集、背负式短波电台数据集以及手持式 krisun 调频电台数据集上,信噪比分别取 0dB、10dB、20dB 和 30dB,比较 k-means 算法、DBSCN 算法、DPC 算法以及 DPC-KDE 算法的识别率。表 8-2~表 8-4 分别显示了不同信噪比条件下 4 种算法在背负式超短波电台数据集、背负式短波电台数据集以及手持式 krisun 调频电台数据集上的识别率,从表 8-2~表 8-4 可以看出,与其他 3 种算法相比,DPC-KDE 算法取得了最优的分别识别率;随着输入信噪比的增加,4 种算法的识别率均呈上升趋势。

表 8-2 在背负式超短波电台数据集上识别结果

| 信噪比 | k-means | DBSCN | DPC | DPC-KDE |
|---|---|---|---|---|
| 0 | 50.2 | 45.7 | 54.2 | 54.6 |
| 10 | 55.8 | 53.4 | 60.1 | 63.4 |
| 20 | 60.2 | 61.5 | 64.9 | 70.0 |
| 30 | 64.2 | 66.3 | 69.1 | 74.7 |

表 8-3 在背负式短波电台数据集上识别结果

| 信噪比 | k-means | DBSCN | DPC | DPC-KDE |
|---|---|---|---|---|
| 0 | 47.1 | 40.3 | 49.1 | 50.2 |
| 10 | 51.3 | 48.9 | 54.4 | 59.3 |
| 20 | 55.4 | 57.4 | 59.2 | 67.2 |
| 30 | 60.0 | 61.2 | 63.8 | 68.9 |

表 8-4 在手持式 krisun 调频电台数据集上识别结果

| 信噪比 | k-means | DBSCN | DPC | DPC-KDE |
|---|---|---|---|---|
| 0 | 53.0 | 48.0 | 55.8 | 59.1 |
| 10 | 58.0 | 55.9 | 62.4 | 70.0 |
| 20 | 62.5 | 63.4 | 66.8 | 71.4 |
| 30 | 67.0 | 69.1 | 71.3 | 75.9 |

## 8.4 基于改进距离测度密度峰值聚类的通信辐射源个体识别

基于密度峰值聚类的通信辐射源个体识别方法可以在无监督条件下实现通信辐射源个体的分类识别，但在实际电台数据集上的识别性能难以满足实际需求，无法推广使用。从距离测度的角度，原始的密度峰值聚类算法(DPC)存在以下两个问题：①密度峰值聚类采用欧式距离度量表征数据的内部结构，即人为地假定通信辐射源个体的观测样本分布于线性的欧氏空间，然而众所周知，实际的通信辐射源个体发射的信号具有非平稳性、非高斯性和非线性等特点，使用欧式距离度量很难充分揭示信号内部的本质结构；②截断距离 $d_c$ 主要依靠主观经验在 0.5%~2.5% 取值，受人为因素影响较大，很难选取到合适的值。

测地距离是指两个数据点在流形表面相连留下的路径距离。在数学上，流形的定义为，假设 $M$ 是一个 Hausdoff 拓扑空间，若对每一点 $p \in M$，都有 $p$ 的一个开邻域 $U$ 与 $\mathcal{R}^d$ 空间中一个开子集同胚，则称 $M$ 是 $d$ 维拓扑流形。由流形的定义可知，流形在局部上与欧式空间存在着同胚映射，从局部上看，流形与欧式空间几乎是一样的，因而线性欧式空间可以看作流形最简单的实例。流形上的测地距离为我们描述具有高度非平稳性、非高斯性和非线性的通信辐射源观测样本数据之间的不相似性度量提供了有力支撑。局部密度信息熵可以描述数据的密度分布情况，熵值越大，数据点之间的密度就越相似，我们可以通过使局部密度信息熵的值达到最小来确定参数 $d_c$ 的值。

本节首先采用测地距离代替欧式距离，以更好地揭露通信辐射源观测数据的内在本质结构；其次对密度峰值聚类的第二个假设重新建模，提出比较距离的概念，优化决策图性能，提升算法鲁棒性；最后引入局部密度信息熵的概念，利用局部信息熵实现参数 $d_c$ 自适应选择。在 4 种数据集上的实验结果验证了该方法具有较好的识别性能。

### 8.4.1 基于改进距离测度密度峰值聚类的通信辐射源个体识别方法

**1. 测地距离**

众所周知，通信辐射源观测样本具有非平稳性、非高斯性和非线性等特点，每个通信辐射源发射的信号经过数学变换后一般分布在高维的观测空间，第 2 章基于密度峰值聚类的通信辐射源个体识别方法把数据的观测空间看作高维欧式空间，所要处理和分析的数据看作分布在高维欧式空间的点，点与点之间的距离自然地就采用欧式几何的直线距离。然而欧式空间是全局线性空间，即存在定义在整个空间上的笛卡儿直角坐标系。如果数据分布确实是全局线性的，这些方法能够有效地学习出数据的线性结构，但对于通信辐射源观测数据而言，其分布呈现高度的非线性或强属性相关，那么欧式空间的全局线性结构的假设很难获得这些非线性数据集内在的几何结构及其规律性。实验表明,对于同一通信辐射源,尽管不同的观测样本位于观测空间的不同位置,但是从通信辐射源个体指纹特征而言,它们本质上是一致的,也就是说同一通信辐射源个体的不同观测样本分布位于嵌入在高维观测空间的某个低维流形上;对于不同的通信辐射源,辐射源噪声特性、杂散特性和调制特性等暂态特征与稳态特征影响使得不同通信辐射源个体之间产生本质差异,因此不同通信辐射源的观测样本之间存在本质区别,也即不同通信辐射源个体的观测样本分别位于嵌入在高维空间的不同低维流形。因此,相对于欧氏距离,流形中的测地距离更适合揭示通信辐射源观测样本内在的几何结构和规律。

下面通过一个实例说明欧式距离与测地距离之间的区别。如图 8-9 所示,以螺旋线为例(图 8-9(a)),两点间的欧氏距离和测地距离分别如图 8-9(b)和(c)所示,从图 8-9(b)和(c)可以看出,欧氏距离无法正确度量螺旋线上两点之间的距离,而测地距离能够有效描述螺旋线上两点之间的距离。

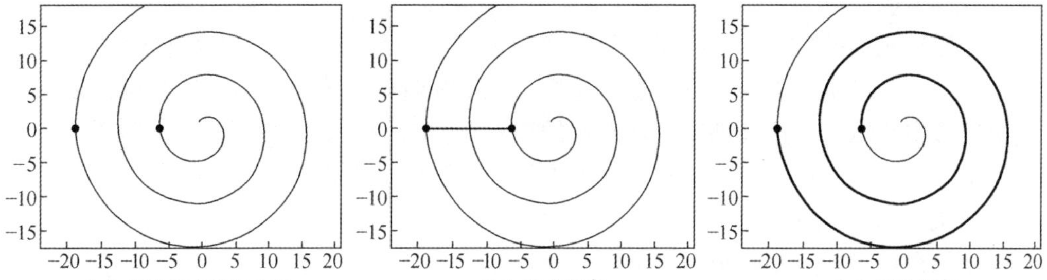


图 8-9　螺旋线上两点的距离度量

在给定输入空间欧式距离的情况下,各数据点之间测地距离的求解思路如下:对于相邻的点,输入空间欧式距离近似于测地距离;对于不相邻点,两点间的测地距离可以通过相邻点之间的"短跳"序列叠加来估算,这些近似值是通过在近邻图中找到具有连接相邻数据点的边的最短路径进行有效计算的。如图 8-10 所示,测地距离计算分为两个步骤:①利用欧式度量计算各数据点间的距离,构成"旧"距离矩阵;②在"旧"距离矩阵的基础上采用测地距离,形成"新"距离矩阵。

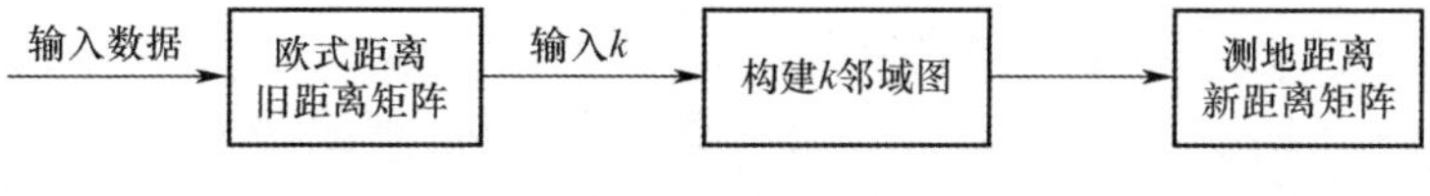


图 8-10　测地距离计算框图

具体地,使用"旧"距离矩阵(欧氏距离矩阵)寻找各个数据点的邻域(直接相连的数据点),构建数据点的近邻图,近邻图的构建通常有两种方法:一种是指定近邻点个数,如欧氏距离中最近的 $k$ 个数据点为近邻点,这样得到的近邻图称为 $K$-近邻图;另一种是指定距离阈值 $\varepsilon$,距离小于 $\varepsilon$ 的数据点被认为是近邻点,这样得

到的近邻图称为 $\varepsilon$ 近邻图。由于第一种方法实现起来较为简单,采用第一种方法构建数据点的 $K$-近邻图。当 $K$-近邻图构建完成后,两个相邻数据点间的欧式距离就表示在两点在 $K$-近邻图上的测地距离,对于不相邻点,两点之间的测地距离近似为沿连接两个点的最短路径的距离。

假设近邻图 $G$ 将所有的数据点都连接在一起,对于数据点 $\boldsymbol{x}_i$ 和 $\boldsymbol{x}_j$ ,数据点 $\boldsymbol{x}_i$ 是 $\boldsymbol{x}_j$ 的近邻点,则在图上两点是直接相连的,图上两点间的距离可以用欧式距离表示。用 $d_G(i,j)$ 表示数据点 $\boldsymbol{x}_i$ 和 $\boldsymbol{x}_j$ 的测地距离,则

$$d_G(i,j)=\begin{cases}d(i,j),\boldsymbol{x}_i \text{ 和 } \boldsymbol{x}_j \text{ 是相连的}\\ \infty \qquad\quad ,\text{其他}\end{cases} \tag{8-26}$$

对于 $k=1,2,\cdots,n$ ,利用式(8-26)替代所有的 $d_G(i,j)$ 值,最终一个新的距离矩阵 $\boldsymbol{D}_G=\{d_G\}$ 被构造,这个矩阵包含了近邻图 $G$ 上所有数据点之间的最短距离。

$$d_G=\min\{d_G(i,j),d_G(i,k)+d_G(k,j)\} \tag{8-27}$$

**2. 比较距离**

比较距离的提出是对密度峰值聚类算法(DPC)第二个假设的改进,希望能够对第二个假设中隐含的比较量进行建模。密度峰值聚类算法中第二个假设仅仅指定聚类中心点到其他局部密度较大点的相对距离较大。定义变量 $\tau_i$ 如式(8-28)所示,希望能够进一步约束 DPC 算法的第二个假设。由式(8-28)可知,如果数据点 $\boldsymbol{x}_i$ 是全局密度最小点,则将 $\tau_i$ 设置为 $\delta_i$ ,否则 $\tau_i$ 表示数据点 $\boldsymbol{x}_i$ 到比其局部密度较小的数据点的最小距离。

$$\tau_i=\begin{cases}\delta_i, & j\in s,\rho_i<\rho_j\\ \min\{d(i,j)\mid \rho_i>\rho_j,j\in s\}, & \text{其他}\end{cases} \tag{8-28}$$

进一步,定义一个新的变量 $\theta_i$ 来表示 $\delta_i$ 与 $\tau_i$ 之差,即 $\theta_i=\delta_i-\tau_i$ 。变量 $\theta_i$ 是用来比较 $\delta_i$ 的相对大小,帮助寻找潜在的聚类中心。当 $\delta_i$ 远远大于 $\tau_i$ 时,意味着高密度区域到数据点 $\boldsymbol{x}_i$ 的距离远比低密度区域到数据点 $\boldsymbol{x}_i$ 的距离要大。这说明数据点 $\boldsymbol{x}_i$ 是被低密度点环绕且离高密度区域距离较远,这与假设中关于聚类中心点的描述是一致的,在这种情况下, $\theta_i$ 远大于零。但是对于聚类中的大多数数据点,它们都可以接近具有较高或较低密度的数据点,因此它们的 $\theta_i$ 值较小或者接近零。变量 $\theta_i$ 通过 $\delta_i$ 与 $\tau_i$ 的比较进一步说明 $\delta_i$ 的相对大小,那些具有较高 $\theta_i$ 的聚类中心点在决策图中将会变得更突出。

如图 8-11 所示,聚类中心点 $\boldsymbol{x}_1$ 和非聚类中心 $\boldsymbol{x}_2$,点 $\boldsymbol{x}_1$ 被低密度点环绕,到低密度点的最小距离为 $\tau_1$,距较高密度点的最小距离为 $\delta_1$。从图上可以清晰地看出 $\delta_1$ 远比 $\tau_1$ 大,这就意味着对于 $\theta$ 而言,在这种情景中(存在聚类中心点),其值是远大于零的。相反,对于簇中的其他点,它们的 $\theta$ 值是非常小的,大约在零值附近。从中可以看出,变量 $\theta$ 的数值表示 $\delta$ 和 $\tau$ 比较的相对大小,将 $\theta$ 代替 $\delta$ 放到决策图中将会取到更好的结果。

为了了解 $\theta$ 如何影响密度峰值聚类算法的性能,将从决策树的角度进一步分

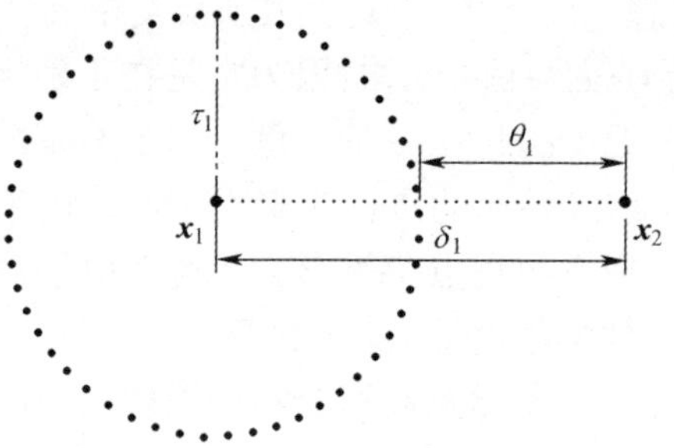


图 8-11　关于变量 $\theta_i$ 的具体说明

析聚类过程。密度峰值算法的聚类过程是构建树结构然后拆分子树的过程,查找具有更高密度的最近邻点 $\Delta_i$ ,这类似于在贪婪策略中构建特定的最小生成树。考虑图 $G=(S,E)$ , $S$ 是所有数据点的集合, $E$ 是所有边线的集合。若 $\rho_j > \rho_i$ ,则边线 $E_{ij}$ 的长度为 $d_{ij}$ ,否则为 $\infty$(表示两点是不相连的),这样的图是有向图,其中每个点都以更高的密度连接到其他点,并且这些连接显示了数据的总顺序关系。类似于在图上应用 prim 算法[105],以递归的方式将点 $\Delta_i$ 分配为数据点 $\boldsymbol{x}_i$ 的父节点。因为每次都会选择最小距离,所以该方法称为贪婪策略。由于总顺序关系影响了任意节点的连接,导致树结构与理想树结构之间存在差异,这样的树结构定义为 Δ-tree结构。聚类中心点的选择和剩下群集的分配等同于从 Δ-tree 上拆分子树,局部密度最高的数据点是 Δ-tree 的根,且该数据点一定是聚类中心点。这些中心点被赋予唯一的簇标记,并且将簇标记分配给自己的“后裔”。这就像子树是从原始树中被拆分出来的,每棵树都形成一个集群。从这个角度看,密度峰值聚类类似于分层聚类方法。图 8-12(a)是 Δ-tree 的实例。

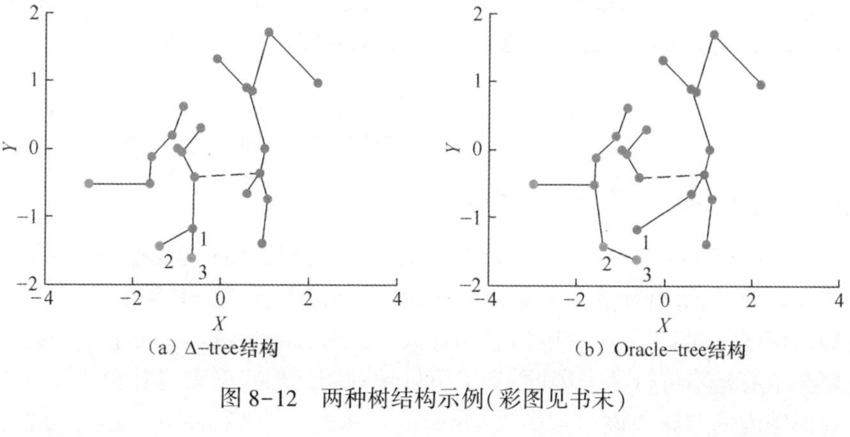


图 8-12　两种树结构示例(彩图见书末)

可以想象一个数据集进行理想聚类的情况。给定所有数据点的局部密度值,如果 $\Delta_i$ 是距数据点 $\boldsymbol{x}_i$ 最近的同类别的点且局部密度比数据点 $\boldsymbol{x}_i$ 大,通过分配数据

点 $\Delta_i$ 的标签,可以进行理想聚类,除非 $\boldsymbol{x}_i$ 在其所属类中具有最大的局部密度值,则称这种完美的树结构为 Oracle-tree 结构,因为它是在正确标签类别先验知识的基础上建立的,图 8-12(b)是 Oracle-tree 的示例。基于 Oracle-tree 并给定类别的数量 $c$,可以选择每个类中密度最高的点作为聚类中心。由于每个子树中的所有数据点都属于同一类,并且所有数据点都被分为 $c$ 类。由于每个子树中的所有节点都属于同一类,因此这是数据集进行了理想的聚类。

彩图 8-12 中的两组数据都是从高斯分布中采样的,在树结构中,每个数据点都与其父节点相连接,但在进行子树分离时会切断虚线的连接。图 8-12(a)是根据 DPC 算法得到的 Δ-tree 结构,图 8-12(b)是 Oracle-tree 结构,它们之间的差异体现在被标记的点上。在图 8-12(a)中蓝色数据点 1 具有橙色的父节点,该节点的密度较大,但在整个数据中最接近数据点 1。在图 8-12(b)中,数据点 1 具有相同颜色的父节点,仅在蓝色数据点中选择父节点。同时,父节点也应具有更大的密度,并且最接近蓝色组中的数据点 1。在数据点 2 和数据点 3 上可以看到与数据点 1 相似的差异,它们在 Δ-tree 中是以蓝色点跟随数据点 1,但在 Oracle-tree 中它们仅追随相同颜色的点。可以看到,实际中生成的 Δ-tree 与理想中的 Oracle-tree 是有一定的差异且子树的分离也不一定是理想的,这些都会对聚类结果产生影响。

通过上面的叙述,可以总结出得到较好的聚类结果的两个条件:Δ-tree 结构接近于 Oracle-tree 结构且 Δ-tree 被很好地分割。$\theta$ 的使用与 DPC 算法的第二个假设有关,它有助于找到在 Δ-tree 中与其父节点相对距离较大的点。Δ-tree 通过定量比较,将子树与聚类中心分开。

**3. 基于局部密度信息熵的参数自适应选择**

密度峰值聚类算法主要依赖经验选择参数 $d_c$,一般而言,每个数据点的邻居数据点数量为数据集总数目的 0.5%~2%。基于经验法选择参数对算法的性能有很大的影响,对于不同的数据集,最佳参数应当是不同的。可通过求解局部密度信息熵函数的最优解来确定合适的参数 $d_c$。局部密度信息熵函数定义如下:

$$H(d_c) = -\sum_{i=1}^{N}\frac{\rho_i}{Z}\log\left(\frac{\rho_i}{Z}\right) \tag{8-29}$$

式中:$Z = \sum_{i=1}^{N}\rho_i$ 为所有数据点的局部密度之和。

根据式(8-29),当参数 $d_c$ 值被确定,所有数据点的局部密度越小,局部密度信息熵越大。相反,所有数据点的局部密度越大,局部密度信息熵越小。当所有数据点的局部密度相同时,局部密度信息熵最大。此时,通过数据点的局部密度的差异寻找聚类中心是不可行的。因此,为了更好地利用局部密度来寻找聚类中心点,数据点局部密度的差异应该达到最大,此时局部密度信息熵最小。因此,参数 $d_c$ 可以在局部密度信息熵函数取得最小值时确定,即

$$d_c = \arg\min_{d_c}\left\{H(d_c) = -\sum_{i=1}^{N}\frac{\rho_i}{Z}\log\left(\frac{\rho_i}{Z}\right)\right\} \tag{8-30}$$

这是一个不受限制的优化问题,可以使用梯度下降算法获取局部密度信息熵函数 $H(d_c)$ 的最小值,以确定截断距离 $d_c$ 的值。

### 8.4.2 实验与结果分析

为了评估基于改进距离测度密度峰值聚类的通信辐射源个体识别方法的性能,在 3 个实际采集的通信辐射源专用数据集:背负式超短波电台数据集、背负式短波电台数据集以及手持式 krisun 调频电台数据集上进行了实验。为了更好地分析实验结果,将提出算法与 DBSCN 算法、OPTICS 算法、k-means 算法以及 DPC 算法进行了实验比较。

对 3 个实际采集的通信辐射源专用数据集,每个数据集均裁剪选取 5 部电台共 15000 个信号样本,每部电台 3000 个样本,每个样本由 2048 个点组成。

在背负式超短波电台数据集、背负式短波电台数据集以及手持式 krisun 调频电台数据集上,信噪比分别取 0dB、10dB、20dB 和 30dB,比较 k-means 算法、DBSCN 算法、DPC 算法以及新算法的识别率。表 8-5~表 8-7 分别显示了不同信噪比条件下 4 种算法在背负式超短波电台数据集、背负式短波电台数据集以及手持式 krisun 调频电台数据集上的识别率,从表 8-5~表 8-7 可以看出,与其他 3 种算法相比,新算法取得了最优的分别识别率,尤其是在手持式 krisun 调频电台数据集上,当信噪比为 30dB 时的识别率甚至达到了 80.2%;随着输入信噪比的增加,4 种算法的识别率均呈上升趋势。

表 8-5　在背负式超短波电台数据集上识别结果

| 信噪比 | k-means | DBSCN | DPC | 新算法 |
|---|---|---|---|---|
| 0 | 50.2 | 45.7 | 54.2 | 56.7 |
| 10 | 55.8 | 53.4 | 60.1 | 67.5 |
| 20 | 60.2 | 61.5 | 64.9 | 73.8 |
| 30 | 64.2 | 66.3 | 69.1 | 78.6 |

表 8-6　在背负式短波电台数据集上识别结果

| 信噪比 | k-means | DBSCN | DPC | 新算法 |
|---|---|---|---|---|
| 0 | 47.1 | 40.3 | 49.1 | 51.2 |
| 10 | 51.3 | 48.9 | 54.4 | 61.3 |
| 20 | 55.4 | 57.4 | 59.2 | 67.9 |
| 30 | 60.0 | 61.2 | 63.8 | 72.5 |

表 8-7 在手持式 krisun 调频电台数据集上识别结果

| 信噪比 | k-means | DBSCN | DPC | 新算法 |
|---|---|---|---|---|
| 0 | 53.0 | 48.0 | 55.8 | 57.4 |
| 10 | 58.0 | 55.9 | 62.4 | 68.5 |
| 20 | 62.5 | 63.4 | 66.8 | 74.9 |
| 30 | 67.0 | 69.1 | 71.3 | 80.2 |

## 8.5 基于增量模型的通信辐射源个体识别

现有的通信辐射源个体识别方法一般采用静态处理机制,即在训练模型前,必须将所有的通信辐射源观测数据准备好,且对于不属于历史数据集中任何一类的新增信号样本,训练好的模型不能进行识别分类。面对新增数据,往往需要放弃以前的学习成果,重新打包所有数据再重新进行训练,导致大量的时间及空间资源被消耗。

在通信辐射源个体识别实际应用中,由于采集观测数据的代价或时间等原因,大都很难一次性获得全部样本,况且实际情况也不允许等到全部观测数据被侦收完后再进行分类识别,只能逐步将所获得的观测数据送入模型中进行学习和分类识别。因此,开展基于增量学习的通信辐射源个体识别技术研究对推动通信辐射源个体识别工程实用化具有重要意义。

本节首先提出了增量密度峰值聚类算法(Incremental Density Peaks Clustering, INDPC),能够有效利用历史信息实现对新增数据的分类识别,即使新增数据不属于历史数据集中任何一类,也能够进行分类识别,将通信辐射源个体识别算法从静态模式推广到增量模式,利用有限的训练样本数据解决未知通信辐射源分类识别问题。然后将增量密度峰值聚类算法和基于卡方度量的 KNN 分类器相结合组成增量模型,利用聚类的结果作为先验信息构建 KNN 分类器的训练集,基于训练后的 KNN 分类器对数据集重新分类,提高模型识别性能。在实际电台数据集上的实验结果验证了该算法的有效性。

### 8.5.1 通信辐射源个体增量识别框架

由增量密度峰值算法和基于卡方距离度量的 KNN 分类器组成的增量模型如图 8-13 所示,具体流程如下:

第一次训练:

步骤 1:使用增量密度峰值聚类算法对已有信号样本进行聚类,输出聚类结果作为历史数据集并保留到列表。

步骤 2:对聚类后的信号样本选取距离聚类中心最近的一定数量的信号样本

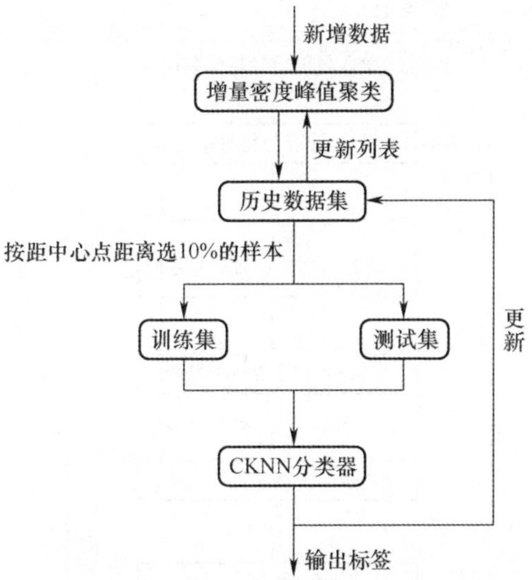


图 8-13　通信辐射源个体增量识别框架

作为基于卡方度量的 KNN 分类器(CKNN)的训练集(一般取 10%)。

步骤 3:以步骤 2 中得到的训练集对信号样本重新分类。

后续新增数据训练:

步骤 4:依照增量密度峰值聚类算法更新各个列表,存储信息。

步骤 5:当用户执行增量密度峰值算法步骤 8(8.5.2 节)时,对新增数据对象进行聚类,出现新的类时,在增量密度峰值算法数据库和 CKNN 分类训练集数据库中新增一类;未出现新的类时,比较新增数据与增量密度峰值算法数据库和 CKNN 分类器训练集数据库中同类别数据距离聚类中心的距离,若新增数据距离较小,则更新上述提到的数据库中的数据,反之不做变化。

步骤 6:当使用 CKNN 对数据进行精分类后,根据分类结果及距离聚类中心距离的大小,对增量密度峰值算法数据库和 CKNN 分类器训练集数据库进行更新,重新计算增量密度峰值算法中的各个列表项并更新。

### 8.5.2　增量密度峰值聚类算法

本节拟使用增量密度峰值聚类方法解决对未知通信辐射源的分类识别问题,其具体步骤如图 8-14 和图 8-15 所示。首先计算通信辐射源观测数据的双谱直方图特征,其次归一化处理作为算法的输入特征样本,最后使用增量密度峰值聚类算法和基于卡方度量的 KNN 分类器对输入特征进行第一次训练生成历史信号特征数据集 $\mathcal{X} \in \boldsymbol{R}^{n\times D}$,历史信号特征数据集存放数据总数为 $n$ 的历史数据对象,每一信号特征数据对象含有特征维度为 $D$ 的数据,令样本数据对象的密度表为 $P \in \boldsymbol{R}^{n}$,邻居关系表为 $K \in \boldsymbol{R}^{n}$,邻居距离表为 $W \in \boldsymbol{R}^{n}$,邻居半径为 $r$,新增数据对象

为 $x \in \boldsymbol{R}^D$，其具体操作步骤如下。

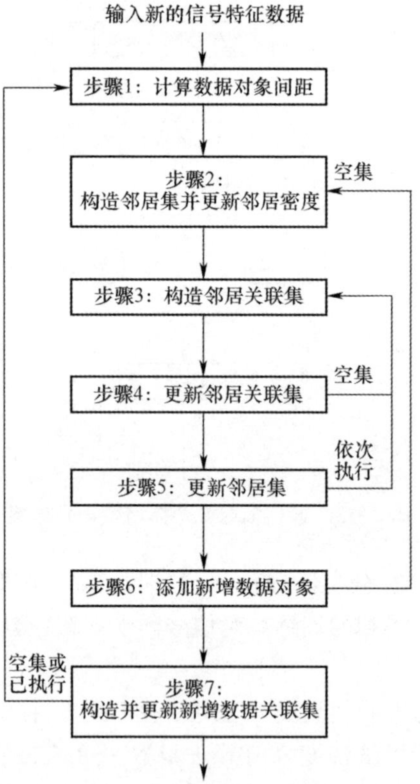


图 8-14　增量密度峰值聚类算法流程示意图

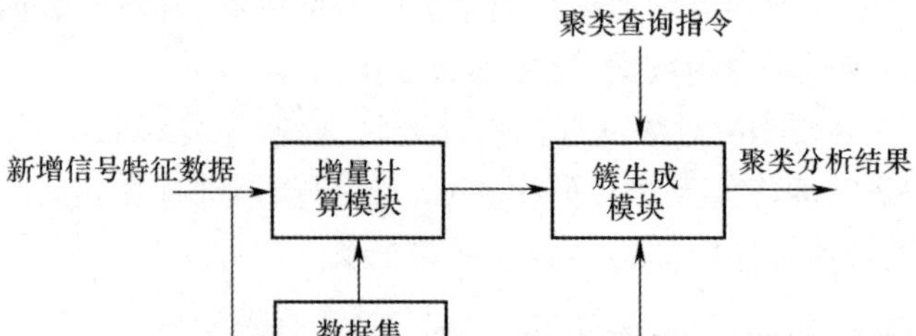


图 8-15　基于增量密度峰值聚类的通信辐射源个体识别方法原理框图

步骤 1：根据欧式距离测算关系式 $d_i = \| x - x_i \|, i=1,2,\cdots,n$，其中 $\|\cdot\|$ 代表 =范数，依次计算新增信号样本特征数据对象 $x$ 与历史信号特征数据集 $\mathcal{X}$ 中的历史数据对象之间的欧式距离，其中 $x_i \in \mathcal{X}$。

步骤 2：从历史信号特征数据集 $\mathcal{X}$ 中构造新增数据对象 $x$ 的邻居集 $\vartheta$，其中邻居集 $\vartheta \subset \mathcal{X}$ 中任一数据对象与新增数据对象 $x$ 之间的欧式距离 $d_i$ 均应满足邻居集

选择条件式 $d_i \leq r$，若邻居集 $\vartheta$ 为空集，则跳转至步骤6；若邻居集 $\vartheta$ 非空，则将密度表 $P$ 中数据编号对应于邻居集 $\vartheta$ 中所有数据对象的密度值加1。

步骤3：从邻居集 $\vartheta$ 中取出一个邻居关系尚未更新的数据对象作为当前数据对象，然后从数据集 $\chi$ 中构造关于该数据对象的邻居关联集 $\mu \subset \chi$，其中假设邻居关联集 $\mu$ 中任一数据对象的密度为 $p$，令邻居集 $\vartheta$ 中当前数据对象的密度为 $q$，其未更新之前的历史密度为 $q-1$，则邻居关联集 $\mu$ 中任一数据对象与邻居集 $\vartheta$ 中当前数据对象之间应满足邻居关联集选择条件式 $q-1 \leq p \leq q$。

步骤4：若邻居关联集 $\mu$ 非空，则依欧式距离计算关系式依次计算邻居关联集 $\mu$ 中所有数据对象至邻居集 $\vartheta$ 中当前数据对象之间的距离；当此距离小于邻居关联集 $\mu$ 中某数据对象对应的历史邻居距离时，则将邻居集 $\vartheta$ 中当前数据对象设定为邻居关联集 $\mu$ 中该数据对象的邻居，同时更新与邻居关联集 $\mu$ 中该数据对象对应的邻居关系表 $K$ 和邻居距离表 $W$ 的相应表项；若邻居关联集 $\mu$ 为空集，则返回步骤3。

步骤5：根据以最短距离高密度数据对象为邻准则更新邻居集 $\vartheta$ 中当前数据对象在邻居关系表 $K$ 和其对应的邻居距离表 $W$ 中的相应表项；重复步骤3~步骤5，直至邻居集 $\vartheta$ 中所有数据对象依次被执行一遍。

步骤6：将密度表 $P$、邻居关系表 $K$ 和邻居距离表 $W$ 分别追加一个表项，然后将邻居集 $\vartheta$ 中所有数据对象的数目作为新增数据对象 $x$ 的密度添加进密度表 $P$ 的相应表项中；若邻居集 $\vartheta$ 为空集，则记新增数据对象 $x$ 的密度为1并添加进密度表 $P$ 的相应表项中；接着根据以最短距离高密度数据对象为邻准则将新增数据对象 $x$ 的邻居及其邻居距离分别添加进邻居关系表 $K$ 和邻居距离表 $W$ 的相应表项。

步骤7：从数据集 $\chi$ 中构造密度低于新增数据对象密度的新增数据关联集 $S$。若新增数据关联集 $S$ 非空，则依欧式距离计算关系式依次计算新增数据关联集 $S$ 中所有数据对象与新增数据对象 $x$ 之间的距离；当该距离小于新增数据关联集 $S$ 中某数据对象对应的邻居距离时，则将新增数据对象 $x$ 设定为新增数据关联集 $S$ 中该数据对象的邻居，同时更新与新增数据关联集 $S$ 中该数据对象对应的邻居关系表 $K$ 和邻居距离表 $W$ 的相应表项；若新增数据关联集 $S$ 为空集或该步操作已全部完成，则将新增数据对象 $x$ 添加进数据集 $\chi$，同时输出增量计算结果，然后返回等待下一个新增数据对象到达。

步骤8：当用户提出聚类查询指令时，根据增量计算结果对数据集 $\chi$ 中所有数据对象进行簇划分，即依据簇头度量关系式 $T = P \otimes W$ 计算簇头度量 $T$ 并对其元素 $\tau_i$ 进行降序排列，其中符号 $\otimes$ 表示矩阵哈达马乘积[106]；再依据簇头选择条件式 $\dfrac{\tau_i - \tau_{i+1}}{\tau_i + \tau_{i+1}} > \partial$，选择簇头度量 $T$ 中分离度超过阈值 $\partial$ 的一组元素对应的数据对象作为簇头；然后给各个簇头分配不同簇编号，并分别以各个簇头作为根节点，通过遍历邻居关系表 $K$ 将每一数据对象划分入特定簇中，向用户输出聚类分析结果。

上述基于增量密度峰值聚类的通信辐射源个体识别方法是一种基于密度峰值聚类的通信辐射源个体识别方法的扩展应用。针对新增的通信辐射源观测数据集,将插入新增数据对数据集中历史数据聚类结果的影响限制在新增数据的邻居集、邻居关联集及新增数据关联集 3 个局部数据子集,通过增量式更新局部数据子集对应的密度表、邻居关系表和邻居距离表表项,有效避免了冗余计算,使执行效率获得显著提升。值得指出的是,增量密度峰值聚类方法严格遵循以最短距离高密度数据对象为邻准则,其聚类结果与直接对完整数据集使用密度峰值聚类方法获得的结果完全一致。采用上述基于增量密度峰值聚类的通信辐射源个体识别方法能够快速有效地实现未知通信辐射源的个体识别,解决有限的训练样本数据无法解决所有未知通信辐射源的分类识别问题;上述方式的另一个优点是可以不断更新数据集,更改列表中的项,当侦收到特征更为明显的通信辐射源观测数据时,将其替代数据集中的项,优化算法的识别效果。

### 8.5.3 基于卡方度量的 KNN 分类器

**1. KNN 分类器**

KNN 分类器是一种常用的分类器,广泛应用于模式识别与机器学习。KNN 分类器的主要优点有:

(1) 分类器原理简单易理解,易于实现。

(2) 可以直接利用训练样本对未知的数据进行分类,而且对噪声具有一定的鲁棒性。

(3) 在对测试样本进行分类时,只需要用到 $k$ 个最近邻样本,所以能够有效避免因训练样本类别分布不平衡给分类带来的影响。

KNN 分类器以测试样本点为基础,不断扩大生长区域,直到包含 $k$ 个训练样本点为止,最后依据这 $k$ 个训练样本点中频率出现最大的类别给测试样本点分类,其具体流程如下。

步骤 1:划分测试样本集和训练样本集。$X = \{(x_i, c_i) | i = 1, 2, \cdots, n\}$ 表示训练样本集,$x_i = [x_1^i, x_2^i, \cdots, x_D^i]^{\mathrm{T}}$ 是一个 $D$ 维的向量,这里是指通信辐射源观测信号经过变换后提取的双谱直方图特征向量,$c_i$ 是第 $i$ 个样本 $\boldsymbol{x}_i$ 的标签,表示样本 $\boldsymbol{x}_i$ 属于哪一类。$Y = \{\boldsymbol{y}_j | j = 1, 2, \cdots, m\}$ 表示测试样本集,$\boldsymbol{y}_j = [y_1^j, y_2^j, \cdots, y_D^j]^{\mathrm{T}}$ 是一个 $D$ 维的特征向量。

步骤 2:设定 $k$ 值,$k$ 的取值范围一般在 5~20,一般很难得到最优的 $k$ 值。

步骤 3:计算测试样本点和所有训练样本点的距离,一般采用欧式距离度量。

步骤 4:以距离为标准,选择距测试样本最近的 $k$ 个近邻训练样本。

步骤 5:判别测试样本所属类别。对步骤 4 中得到的 $k$ 个近邻训练样本进行统计,计算在这 $k$ 个样本中每个类别所占的个数,把测试样本划分为所占个数最多的训练样本所属的类别。

**2. 基于卡方度量的 KNN 分类器**

KNN 分类器的性能主要取决于 $k$ 的选择以及应用的距离度量。然而,当数据分布不均匀时,预先确定 $k$ 的值很困难。通常,较大的 $k$ 值对噪声的处理能力更强,并使类之间的边界更加平滑。欧式距离只计算各个样本特征的绝对距离,忽视了样本特征间相对距离的作用。然而在分类中,使用相对距离往往效果会更好,卡方距离能够有效地反映各个样本特征之间相对距离的差异。对于特征样本 $x = \{x_1, x_2, \cdots, x_n\}$ 和 $y = \{y_1, y_2, \cdots, y_n\}$ ,卡方距离计算式为

$$\chi^2(\boldsymbol{x}, \boldsymbol{y}) = \sum_{i=1}^{n} \frac{(x_i - y_i)^2}{x_i + y_i} \tag{8-31}$$

将卡方距离代替欧式距离,其余步骤与 KNN 分类器一致,则得到基于卡方度量的 KNN 分类器,简称为 CKNN 分类器。

### 8.5.4 实验与结果分析

为了验证基于增量模型的通信辐射源个体识别方法的性能,在背负式超短波电台数据集上进行了大量实验。将提出算法与 DBSCN 算法、OPTICS 算法以及 DPC 算法进行了实验比较,实验设置与 8.3.2 节相同。

表 8-8 显示了 DBSCN、k-means 和 DPC 在背负式超短波电台数据集上的识别率,其中所使用的双谱直方图特征样本数目为 15000 个,每个通信辐射源个体的样本数目为 3000 个。表 8-9 是本书提出的增量模型(增量密度峰值聚类算法和基于卡方度量的 KNN 分类器相结合)在背负式超短波电台数据集上进行增量学习所获得的识别率,增量密度峰值聚类算法对样本数据进行分类后,依照各个样本到各自聚类中心点的距离,选取各个簇中距离中心点最近的前 10%样本作为 KNN 分类器的训练集。

表 8-8 3 种算法在 15000 个样本时的识别率

| 算法 | DBSCN | k-means | DPC |
|---|---|---|---|
| 识别率/% | 66.3 | 64.2 | 69.1 |

表 8-9 增量模型在不同样本数量时的识别率

| 样本数量 | 4000 | 5000 | 6000 | 7000 | 8000 |
|---|---|---|---|---|---|
| 识别率/% | 64.35 | 71.43 | 74.63 | 74.80 | 74.92 |

可以看出,当样本总数达到 6000 个时,识别率达到了 74.63%;随着样本数量的增加,提出的增量模型的识别率会上升,当样本总量达到 6000 个以后,随着样本数量继续增加,识别率趋于稳定。将表 8-8 和表 8-9 进行比较,可以发现提出的增量模型在样本数量较少时,就能达到较高的识别率,这意味着增量模型在花费较少的运算开销时可以达到更高的识别率,性能明显优于其他算法。

# 参 考 文 献


[1] 许丹. 辐射源指纹机理及识别方法研究[D]. 长沙:国防科学技术大学,2008.

[2] SARKAR R,GAO J. Differential Forms for Target Tracking and Aggregate Queries in Distributed Networks[J]. IEEE Transactions on Networking,2013,21(4): 1159-1172.

[3] Information Processing Techniques Office. Behavioral Learning for Adaptive Electionic Warfare: DARPA-BAA-10-79[EB]. 2010.

[4] 周志华. 机器学习[M]. 北京:清华大学出版社,2016.

[5] CHOE H C,POOLE C E,YU A M,et al. Novel identification of intercepted signals from unknown radiotransmitters[C]//Proceedings of The International Society for Optical Engineering. Orlando: SPIE,1995,2491:504-517.

[6] WISELL D,OBERG T. Analysis and Identification of Transmitter Non-linnaeties[EB/OL]. http://www. signal. uu. se/Publications/pdf/c0014. pdf.

[7] GILLESPIE B W,ATLAS L. Optimizing time-feuqnecy kneres for classification[J]. IEEE Trans On Siganl processing,2001,49(3): 485-495.

[8] HRINAO T,SUGIYMAA T,Shibuki M,et al. ,Sutdy on time-frequency spectrum pattern for radio transmitter identification[C]//Spring Conf. of IEIEE,Mar. 2000,B-4-24: 121-127.

[9] ZHANG J W,WANG F G,ZHANG Z D,et al. Novel Hilbert Spectrum Based Specific Emitter Identification for Single-hop and Relaying Scenarios[C]//IEEE GLOBECOM,2015: 1-6.

[10] ZHANG J W,WANG F G,DOBRE O A,et al. Specific Emitter Identification via Hilbert-Huang Transform in Single-Hop and Relaying Scenarios[J]. IEEE Transactions on Information Forensics and Security,2016,11(6): 1192-1205.

[11] HIPPENESTIEL R D,PAYA Y. Wavelet Based Transmitter Identification[C]//Pro. ceedings of the 4th ISSPA,Gold Coast:IEEE,1996:740-743.

[12] TOONSTRA J,KINSNER W. Transient Analysis and Genetic Algorithms for Classification[C]//Proceedings of the 1995 IEEE WESCANEX Communications, Power, and Computing Conference. Winnipeg: IEEE,1995:432-437.

[13] 杨旭东. 基于小波变换的 ECG 信号特征参数提取研究[D]. 成都:电子科技大学,2020.

[14] SCRINKEN N,URETCN O. Generalised dimension characterisation of radio transmitter turn-on transients[J]. Electronics Letters,2000,36(12): 1064-1066.

[15] 王欢欢. 通信辐射源信号细微特征分析与个体识别技术研究[D]. 郑州:解放军信息工程大学,2017.

[16] 黄培培. 通信辐射源特征提取技术研究[D]. 成都:电子科技大学,2017.

[17] 张德馨. 通信信号特征提取与识别技术研究[D]. 成都:电子科技大学,2016.

[18] 姚艳艳,俞璐,武欣嵘,等. 面向个体识别的通信辐射源特征提取方法综述[J]. 计算机时代,2020(9):41-44,49.

[19] 黄渊凌,郑辉. 基于瞬时频率畸变特性的 FSK 电台指纹特征提取[J]. 电讯技术,2013(7):868-872.

[20] 胡瑾贤,高墨昀,王金锋. 外场条件下辐射源脉内瞬时频率特征提取与个体识别有效性分析[J]. 舰船电子对抗,2020,43(2):70-74.

[21] 陆满君,詹毅,司锡才,等. 基于瞬时频率细微特征分析的 FSK 信号个体识别[J]. 系统工程与电子技术,2009,31(5):1043-1046.
[22] 李少伟,楼才义,李新付,等. 基于系统辨识的电台类型分类实验研究[J]. 通信对抗,2011(4):8-11.
[23] 谭薇,严丽娜,姚晖,等. 基于分形理论的通信个体电台细微特征提取技术研究[J]. 通信技术,2019,52(11):2593-2597.
[24] 赵国庆,彭华,王彬,等. 一种基于小波和分形理论的电台个体识别方法[J]. 信息工程大学学报,2012,13(1):76-81.
[25] 汪勇,段田东,刘瑞东,等. 短时频率稳定度特征分析的 FSK 信号个体识别[J]. 太赫兹科学与电子信息学报,2013(6):880-885,890.
[26] 顾晨辉,王伦文. 基于频域瞬时特征的跳频电台个体识别方法[J]. 计算机工程与应用,2013,49(22):223-226.
[27] 徐玉龙,王金明,徐志军,等. 基于小波熵的辐射源指纹特征提取方法[J]. 数据采集与处理,2014,29(4):631-635.
[28] 宋春云,詹毅,郭霖. 基于固有时间尺度分解的电台瞬态特征提取[J]. 信息与电子工程,2010,8(5):544-549.
[29] 蔡忠伟,李建东. 基于双谱的通信辐射源个体识别[J]. 通信学报,2007,28(2):75-79.
[30] 徐书华,黄本雄,徐丽娜. 基于 SIB/PCA 的通信辐射源个体识别[J]. 华中科技大学学报(自然科学版),2008,36(7): 14-17.
[31] 郭瑞,周亚建,孙娜. 短时三谱分析在通信电台个体识别中的应用[J]. 现代电子技术,2011,34(2):116-118,122.
[32] 李秋雪. 通信辐射源个体识别技术研究[D]. 成都:电子科技大学,2021.
[33] 李楠,曲长文,平殿发,等. 基于分形理论的辐射源识别算法[J]. 航天电子对抗,2010,26(2):62-64.
[34] 赵国庆,彭华,王彬,等. 一种新的通信辐射源个体识别方法[J]. 计算机应用,2012,32(5):1460-1462,1466.
[35] 陈志伟,徐志军,王金明,等. 一种基于循环谱切片的通信辐射源识别方法[J]. 数据采集与处理,2013,28(3):284-288.
[36] 陈浩,杨俊安,刘辉. 基于深度残差适配网络的通信辐射源个体识别[J]. 系统工程与电子技术,2021,43(3):603-609.
[37] 张绪. 基于深度学习的复杂环境下通信辐射源个体识别[D]. 北京:北京邮电大学,2021.
[38] 刘剑锋. 基于深度学习的通信辐射源个体识别关键技术研究[D]. 郑州:战略支援部队信息工程大学,2021.
[39] 唐哲,基于稀疏表示的通信辐射源个体识别技术[D]. 合肥:解放军,2016.
[40] 黄健航,基于深度学习的通信辐射源个体识别技术研究[D]. 长沙:国防科技大学.2018.
[41] 姚瑶. 无线通信射频发射机非线性特性研究[D]. 成都:电子科技大学,2019.
[42] 孙宇. 短波环境分析研究与模拟实现[D]. 哈尔滨:哈尔滨工程大学,2016.
[43] 颜文清,张宁,赵扩敏. 典型环境下短波通信场强计算建模研究[J]. 中国新通信,2009,11(19):65-68.
[44] 梁宇. 信道特性分析的短波远距离地空通信研究[J]. 无线互联科技,2017(2):9-10.

[45] 宋铮、张建华等．天线与电波传播[M]．西安电子科技大学出版社,2021.
[46] Chen T. The Post,Dresent,and Future of Neural Networks for signal Processing[J]. Signal Procesing ,1997,14(11):28-48.
[47] 尹峻松．流形学习理论与方法研究及在人脸识别中的应用[D]．长沙：国防科技大学,2007.
[48] 冯西安,寇思玮,谭伟杰,等．水声信号处理中的稀疏表示理论及应用[J]．电子学报,2021,49(9):1840-1851.
[49] 雷迎科,郝晓军,韩慧,等．一种新颖的通信辐射源个体细微特征提取方法[J]．电波科学学报,2016,31(1):98-105.
[50] 雷迎科．复杂电磁环境下通信辐射源个体细微特征提取方法[J]．数据采集与处理,2018,33(1):22-31.
[51] HINTON G E,SALAKHUTDINOV R R.Reducingthe dimensionality of data with neural networks [J].Science,2006,313(5786):504-507.
[52] SEUNG H S,LEE D D. The manifold ways of perception[J]. Science,2000,290(5500):2268-2269.
[53] SILVA V,TENENBAUM J B. Global versus local methods in nonlinear dimensionality reduction [C]//Proc. of the 15th Int'l Conf. on Neural Information Processing Systems,2002,15:705-712.
[54] TENENBAUM J B,SILVA V,LANGFORD J. C. A global geometric framework for nonlinear dimensionality reduction[J]. Science,2000,290(5500):2319-2323.
[55] ROWEIS S T,SAUL L K. Non-linear dimensionality reduction by locally linear embedding[J]. Science,2000,290(5500):2323-2326.
[56] BELKIN M,NIYOGI P. Laplacian eigenmaps and spectral techniques for embedding and clustering[C]//Advances in Neural Information Processing,2001,14:585-591.
[57] BELKIN M,NIYOGI P. Laplacian eigenmaps for dimensionality reduction and data representation [J]. Neural Computation,2003,15(6):1373-1396.
[58] DONOHO D L,GRIMES C. Hessian eigenmaps: Locally linear embedding techniques for high-dimensional data[C]//Proceedings of the National Academy of Sciences of the United States of America,2003,100(10):5559-5591.
[59] ZHANG Z Y,ZHA H Y. Principal manifolds and nonlinear dimensionality reduction Via tangent space alignment[J]. SIAM J. Sci. Comput,2004,26(1):313-338.
[60] WEINBERGER K Q,SAUL L K. Unsupervised learning of image manifolds by semidefinite programming[J]. Int. J. Comput. Vision,2006,70(1):77-90.
[61] 徐蓉,姜峰,姚鸿勋．流形学习概述[J]．智能系统学报, 2006,1(1): 44-51.
[62] De Silva V,Tenenbaum J. Global versus local Method in Nonlinear Dimensionality Reduction [C]//Proc. of the 15th Int'l Conf. on Neural Information Processing Systems, 2002:721-728.
[63] BRAND M. Charting a Manifold[C]//Proc. of the 15th Int'l Conf. on Neural Information Processing Systems,2002:985-992.
[64] HE X F,YAN S C,HU Y X,et al. Face Recognition Using Laplacianfaces [J]. IEEE Transactions on Pattern Analysis,and Machine Intelligence,2005,27(3): 328-340.
[65] COIFMAN R R,LAFON S. Diffusion Maps[J]. Applied and Computational Harmonic Analysis,

2006,21(1):5-30.

[66] Lafon S,Lee A B. Diffusion Maps and Coarse-Graining a unitied framework for dimensionality reduction,graph paritioning, and data set parameterization[J]. IEEE Transactions on Pattern Analysis and Machine Intelligence,2006,28(9): 1393-1403.

[67] SHA F,SAUL L K. Analysis and Extension of Spectral Methods for Nonlinear Dimensionality Reduction[C]//Proc. 22nd Int'l Conf. Machine Learning,2005:784-791.

[68] LAW M H C,JAIN A K. Incremental Nonlinear Dimensionality Reduction by Manifold Learning [J]. IEEE Transactions on Pattern Analysis and Machine Intelligence,2006,28(3): 377-391.

[69] LIN T,ZHA H B. Riemannian Manifold Learning[J]. IEEE Transactions on Pattern Analysis and Machine Intelligence,2008,30(5): 796-809.

[70] GUI J,SUN Z N,JIA W. Discriminant sparse neighborhood preserving embedding for face recognition[J]. Pattern Recognition,2012,45(8):2884-2893.

[71] ZHOU Y,SUN S L. Manifold partition discriminant analysis[J]. IEEE Transactions on Cybernetics,2016,47(4):830-840.

[72] ZHAO Y,YOU X G,YU S J,et al. Multi-view manifold learning with locality alignment[J].Pattern Recognition,2018,78:154-166.

[73] COX T F,COX M A A. Multidimensional Scaling[M]. London: Chapman and Hall,1994.

[74] 雷迎科,张善文,杨俊安,等. 流形学习及其应用[M]. 北京:国防工业出版社,2018.

[75] XIANG S M,NIE F P,ZHANG C S,et al. Nonlinear dimensionality reduction with local spline embedding[J]. IEEE Transactions on Knowledge and Data Engineering,2009,21(9): 1285: 1298.

[76] WRIGHT J,GANESH A,RAO S,et al. Robust rrincipal component analysis: exact recovery of corrupted low-rank matrices [C] // Proc. of the 22nd Int'l Conf. on Neural Information Processing Systems,2009:2080-2088.

[77] TSENG P. On accelerated proximal gradient methods for convex-concave optimization [J]. Siam Journal on Optimization,2008.

[78] LIN Z C,CHEN M M,MA Y. The augmented lagrange multiplier method for exact recovery of corrupted low-rank matrices [J]. Eprint Arxiv:1009. 5055. 2010.

[79] 刘明骞,李兵兵,吴启军. 基于矩形积分双谱和核主分量分析的电台指纹识别[J]. 西北大学学报(自然科学版),2011,41(1):43-47.

[80] CHANDRANV,ELGAR S L. Pattern recognition using Invariants defined from higher order spectra-one dimensional inputs [J]. IEEE Transactions on Signal Processing,1993,41(1): 205-212.

[81] TUGNAIT J K. Detection of non-Gaussian signals using integrated ployspectrum [J]. IEEE Transactions on Signal Processing,1994,42(11): 3137-3149.

[82] LIAO X J,BAO Z. Circularly integrated bispectra: novel shift invariant features for high resolution radar target recognition [J]. Electronics Letters,1998,34(19): 1879-1880.

[83] ZHANG L,YANG M,Feng X C. Sparse representation or collaborative representation: which helps face recognition[C]//Proceedings of 2011 IEEE International Conference on Computer Vision,2011:471-478.

[84] BOYD S, VANDENBERGHE L. Convex Optimization [M]. New York: Cambridge University Press, 2016.
[85] WRIGHT J, YANG A Y, GANESH A, et al. Robust face recognition via sparse representation [J]. IEEE Transactions on Pattern Analysis and Machine Intelligence, 2009, 31(2): 210-227.
[86] WRIGHT S J. On reduced convex QP formulations of monotone LCPs [J]. Mathematical Programming, 2014, 90(3): 459-473.
[87] 黄健航,雷迎科. 通信辐射源个体识别的自编码器构造方法[J]. 火力与指挥控制,2018,43(11):108-112.
[88] 黄健航,雷迎科. 基于深度学习的通信辐射源指纹特征提取算法[J]. 信号处理,2018,34(01):31-38.
[89] 唐哲,雷迎科. 基于最大相关熵的通信辐射源个体识别方法[J]. 通信学报,2016,37(12):171-175.
[90] WU Z Z, TAKAKI S, YAMAGISHI J. Deep denoising auto-encoder for statistical speech synthesis [J]. arXiv: 1506.05268, 2015.
[91] YAN S C, XU D, ZHANG B Y, et al. Graph embedding and extensions: A general framework for dimensionality reduction[J]. IEEE Transactions on Pattern Analysis and Machine Intelligence, 2007, 29(1): 40-51.
[92] 孙志军,薛磊,许阳明. 基于深度学习的边际 Fisher 分析特征提取算法[J]. 电子与信息学报,2013,35(4): 805-811.
[93] RASMUS A, VALOPLA H, RAIKO H. Lateral connections in denoising autoencoders support supervised learning[J]. Computer Science, 2015, 31(4): 555-63.
[94] VALPOLA H. Chapter 8 - From neural PCA to deep unsupervised learning[M]// Advances in Independent Component Analysis and Learning Machines. New York: Elsevier Ltd, 2015: 143-171.
[95] 梁江海,黄光泉,王丰华,等. 通信辐射源个体识别研究现状及发展趋势[J]. 电子对抗,2014,(1):42-48.
[96] 李昕,雷迎科. 基于核密度估计密度峰聚类的通信辐射源个体识别[J]. 空军工程大学学报(自然科学版),2020,21(3):63-69.
[97] RODRIGUEZ A, LAIO A. Clustering by fast search and find of density peaks[J]. Science, 2014, 344(6191): 1492-1496.
[98] 孙志华,尹俊平,陈菲菲,等. 非参数与半参数统计[M]. 北京:清华大学出版社,2016:78-92.
[99] BOTEV Z I, GROTOWSKI J F, KROESE D P. Kernel density estimation via diffusion[J]. The annals of Statistics, 2010, 38(5): 2916-2957.
[100] CHEN X Q. An effective synchronization clustering algorithm[J]. Applied Intelligence, 2017, 46(1): 135-157.
[101] LEHMANN E L. Model specification: the views of Fisher and Neyman, and later developments [M]//Selected Works of EL Lehmann. Springer, Boston, MA, 2012: 955-963.
[102] 李昕,雷迎科. 基于密度峰值算法的通信电台个体识别[J]. 信号处理,2019,35(7):1242-1249.

[103] 安建瑞,张龙波,王雷,等. 一种基于网格与加权信息熵的 OPTICS 改进算法[J]. 计算机工程,2017,43(2):206-209.

[104] 熊良鹏,刘晓丽. 从属解析函数族的有限阶哈达玛乘积[J]. 数学物理学报,2014,34(1):150-156.

[105] 雷迎科. 流形学习算法及其应用研究[D]. 合肥:中国科学技术大学,2011:4-18.

[106] Latourrette M. Toward an explanatory similarity measure for nearest-neighbor classification [C]//Proc. of the 11th European Conference on Machine Learning. Springer, Berlin, Heidelberg, 2000: 238-245.

# 内容简介

通信辐射源个体识别技术在军用和民用领域都有着广阔的应用前景,但目前“小样本”“细微特征提取”等问题,严重制约了通信辐射源个体识别技术的应用与发展。本书在介绍机器学习和通信辐射源个体识别的基本概念与研究现状的基础上,用机器学习领域最新的理论成果去解决通信辐射源个体识别存在的具体问题,系统阐述了流形学习、稀疏表示、深度学习、浅层学习等机器学习方法在通信辐射源个体识别中应用的最新研究成果。

本书可作为高等院校通信、信息、计算机、自动化及相关专业的本科生或研究生的教材或教学参考书,也可供其他专业的师生以及科研和工程技术人员自学或参考。

# Content Summary

Specific emitter identification for communication (SEIC) technology has broad application prospects in military and civil fields, but the problems of "small sample" and "subtle feature extraction" seriously restrict the application and development of SEIC. This book introduces the machine learning method into SEIC. On the basis of introducing the basic concepts and research status of machine learning and SEIC, this book uses the latest theoretical achievements in the field of machine learning to solve the specific problems existing in the SEIC, and systematically describes the latest research results of the application of machine learning such as manifold learning, sparse representation, deep learning in SEIC.

This book can be used as a teaching material for communication, information, computer, automation and related majors, and can also be used as the reference material of scientific researchers and engineering technicians.